U0343942

国家科技重大专项

大型油气田及煤层气开发成果丛书

（2008—2020）

卷21

沁水盆地南部高煤阶煤层气L型水平井开发技术创新与实践

朱庆忠　胡秋嘉　张　聪　张建国　史玉才　等编著

石油工業出版社

内容提要

本书详细介绍了华北油田煤层气L型水平井的技术创新与实践成果，较为全面、准确地反映了"十三五"期间L型水平井在煤层气开发领域的主要技术创新。主要内容包括煤层气L型水平井井位部署与设计、钻完井技术优化、压裂改造技术、增产技术等。针对煤层气储层特点与低成本开发的理念，介绍了通过技术创新形成的适合煤层气开发的技术系列。最后，针对不同井区给出了实例解剖。

本书可供从事煤层气研究与开发的技术人员及高等院校相关专业师生阅读。

图书在版编目（CIP）数据

沁水盆地南部高煤阶煤层气L型水平井开发技术创新与实践 / 朱庆忠等编著 . —北京：石油工业出版社，2023.4
（国家科技重大专项 · 大型油气田及煤层气开发成果丛书：2008—2020）
ISBN 978-7-5183-5723-9

Ⅰ . ① 沁… Ⅱ . ① 朱… Ⅲ . ① 煤层 – 水平井 – 煤矿开采 – 研究
Ⅳ . ① TD823.21

中国版本图书馆 CIP 数据核字（2022）第 200771 号

责任编辑：方代煊
责任校对：罗彩霞
装帧设计：李　欣　周　彦

出版发行：石油工业出版社
（北京安定门外安华里 2 区 1 号　100011）
网　址：www.petropub.com
编辑部：（010）64523583　图书营销中心：（010）64523633
经　销：全国新华书店
印　刷：北京中石油彩色印刷有限责任公司

2023 年 4 月第 1 版　2023 年 4 月第 1 次印刷
787×1092 毫米　开本：1/16　印张：12.75
字数：320 千字

定价：120.00 元

《国家科技重大专项·大型油气田及煤层气开发成果丛书（2008—2020）》

编委会

《沁水盆地南部高煤阶煤层气L型水平井开发技术创新与实践》

编写组

组　长： 朱庆忠　胡秋嘉

副组长： 张　聪　张建国　史玉才

成　员：（按姓氏拼音排序）

曹永春　崔新瑞　樊　彬　范秀波　冯树仁　郭　晶
郝晓锋　何　珊　贾慧敏　金国辉　李　俊　李可心
李学博　刘春春　马　辉　毛崇昊　毛生发　彭　鹤
乔茂坡　任智剑　王　琪　王金鹏　吴定泉　闫　玲
杨瑞强　姚　伟　于家盛　张　慧　张　庆　张金笑
张武昌　周立春

丛书 · 序

能源安全关系国计民生和国家安全。面对世界百年未有之大变局和全球科技革命的新形势，我国石油工业肩负着坚持初心、为国找油、科技创新、再创辉煌的历史使命。国家科技重大专项是立足国家战略需求，通过核心技术突破和资源集成，在一定时限内完成的重大战略产品、关键共性技术或重大工程，是国家科技发展的重中之重。大型油气田及煤层气开发专项，是贯彻落实习近平总书记关于大力提升油气勘探开发力度、能源的饭碗必须端在自己手里等重要指示批示精神的重大实践，是实施我国“深化东部、发展西部、加快海上、拓展海外”油气战略的重大举措，引领了我国油气勘探开发事业跨入向深层、深水和非常规油气进军的新时代，推动了我国油气科技发展从以“跟随”为主向“并跑、领跑”的重大转变。在“十二五”和“十三五”国家科技创新成就展上，习近平总书记两次视察专项展台，充分肯定了油气科技发展取得的重大成就。

大型油气田及煤层气开发专项作为《国家中长期科学和技术发展规划纲要（2006—2020 年）》确定的 10 个民口科技重大专项中唯一由企业牵头组织实施的项目，以国家重大需求为导向，积极探索和实践依托行业骨干企业组织实施的科技创新新型举国体制，集中优势力量，调动中国石油、中国石化、中国海油等百余家油气能源企业和 70 多所高等院校、20 多家科研院所及 30 多家民营企业协同攻关，参与研究的科技人员和推广试验人员超过 3 万人。围绕专项实施，形成了国家主导、企业主体、市场调节、产学研用一体化的协同创新机制，聚智协力突破关键核心技术，实现了重大关键技术与装备的快速跨越；弘扬伟大建党精神、传承石油精神和大庆精神铁人精神，以及石油会战等优良传统，充分体现了新型举国体制在科技创新领域的巨大优势。

经过十三年的持续攻关，全面完成了油气重大专项既定战略目标，攻克了一批制约油气勘探开发的瓶颈技术，解决了一批“卡脖子”问题。在陆上油气勘探、陆上油气开发、工程技术、海洋油气勘探开发、海外油气勘探开发、非常规油气勘探开发领域，形成了6大技术系列、26项重大技术；自主研发20项重大工程技术装备；建成35项示范工程、26个国家级重点实验室和研究中心。我国油气科技自主创新能力大幅提升，油气能源企业被卓越赋能，形成产量、储量增长高峰期发展新态势，为落实习近平总书记“四个革命、一个合作”能源安全新战略奠定了坚实的资源基础和技术保障。

《国家科技重大专项·大型油气田及煤层气开发成果丛书（2008—2020）》（62卷）是专项攻关以来在科学理论和技术创新方面取得的重大进展和标志性成果的系统总结，凝结了数万科研工作者的智慧和心血。他们以“功成不必在我，功成必定有我”的担当，高质量完成了这些重大科技成果的凝练提升与编写工作，为推动科技创新成果转化为现实生产力贡献了力量，给广大石油干部员工奉献了一场科技成果的饕餮盛宴。这套丛书的正式出版，对于加快推进专项理论技术成果的全面推广，提升石油工业上游整体自主创新能力和科技水平，支撑油气勘探开发快速发展，在更大范围内提升国家能源保障能力将发挥重要作用，同时也一定会在中国石油工业科技出版史上留下一座书香四溢的里程碑。

在世界能源行业加快绿色低碳转型的关键时期，广大石油科技工作者要进一步认清面临形势，保持战略定力、志存高远、志创一流，毫不放松加强油气等传统能源科技攻关，大力提升油气勘探开发力度，增强保障国家能源安全能力，努力建设国家战略科技力量和世界能源创新高地；面对资源短缺、环境保护的双重约束，充分发挥自身优势，以技术创新为突破口，加快布局发展新能源新事业，大力推进油气与新能源协调融合发展，加大节能减排降碳力度，努力增加清洁能源供应，在绿色低碳科技革命和能源科技创新上出更多更好的成果，为把我国建设成为世界能源强国、科技强国，实现中华民族伟大复兴的中国梦续写新的华章。

中国石油董事长、党组书记
中国工程院院士 戴厚良

丛书·前言

石油天然气是当今人类社会发展最重要的能源。2020年全球一次能源消费量为134.0×10^8t油当量，其中石油和天然气占比分别为30.6%和24.2%。展望未来，油气在相当长时间内仍是一次能源消费的主体，全球油气生产将呈长期稳定趋势，天然气产量将保持较高的增长率。

习近平总书记高度重视能源工作，明确指示“要加大油气勘探开发力度，保障我国能源安全”。石油工业的发展是由资源、技术、市场和社会政治经济环境四方面要素决定的，其中油气资源是基础，技术进步是最活跃、最关键的因素，石油工业发展高度依赖科学技术进步。近年来，全球石油工业上游在资源领域和理论技术研发均发生重大变化，非常规油气、海洋深水油气和深层—超深层油气勘探开发获得重大突破，推动石油地质理论与勘探开发技术装备取得革命性进步，引领石油工业上游业务进入新阶段。

中国共有500余个沉积盆地，已发现松辽盆地、渤海湾盆地、准噶尔盆地、塔里木盆地、鄂尔多斯盆地、四川盆地、柴达木盆地和南海盆地等大型含油气大盆地，油气资源十分丰富。中国含油气盆地类型多样、油气地质条件复杂，已发现的油气资源以陆相为主，构成独具特色的大油气分布区。历经半个多世纪的艰苦创业，到20世纪末，中国已建立完整独立的石油工业体系，基本满足了国家发展对能源的需求，保障了油气供给安全。2000年以来，随着国内经济高速发展，油气需求快速增长，油气对外依存度逐年攀升。我国石油工业担负着保障国家油气供应安全，壮大国际竞争力的历史使命，然而我国石油工业面临着油气勘探开发对象日趋复杂、难度日益增大、勘探开发理论技术不相适应及先进装备依赖进口的巨大压力，因此急需发展自主科技创新能力，发展新一代油气勘探开发理论技术与先进装备，以大幅提升油气产量，保障国家油气能源安全。一直以来，国家高度重视油气科技进步，支持石油工业建设专业齐全、先进开放和国际化的上游科技研发体系，在中国石油、中国石化和中国海油建立了比较先进和完备的科技队伍和研发平台，在此基础上于2008年启动实施国家科技重大专项技术攻关。

国家科技重大专项“大型油气田及煤层气开发”（简称“国家油气重大专项”）是《国家中长期科学和技术发展规划纲要（2006—2020年）》确定的16个重大专项之一，目标是大幅提升石油工业上游整体科技创新能力和科技水平，支撑油气勘探开发快速发展。国家油气重大专项实施周期为2008—2020年，按照“十一五”“十二五”“十三五”3个阶段实施，是民口科技重大专项中唯一由企业牵头组织实施的专项，由中国石油牵头组织实施。专项立足保障国家能源安全重大战略需求，围绕“6212”科技攻关目标，共部署实施201个项目和示范工程。在党中央、国务院的坚强领导下，专项攻关团队积极探索和实践依托行业骨干企业组织实施的科技攻关新型举国体制，加快推进专项实施，攻克一批制约油气勘探开发的瓶颈技术，形成了陆上油气勘探、陆上油气开发、工程技术、海洋油气勘探开发、海外油气勘探开发、非常规油气勘探开发6大领域技术系列及26项重大技术，自主研发20项重大工程技术装备，完成35项示范工程建设。近10年我国石油年产量稳定在2×10^8t左右，天然气产量取得快速增长，2020年天然气产量达$1925\times10^8m^3$，专项全面完成既定战略目标。

通过专项科技攻关，中国油气勘探开发技术整体已经达到国际先进水平，其中陆上油气勘探开发水平位居国际前列，海洋石油勘探开发与装备研发取得巨大进步，非常规油气开发获得重大突破，石油工程服务业的技术装备实现自主化，常规技术装备已全面国产化，并具备部分高端技术装备的研发和生产能力。总体来看，我国石油工业上游科技取得以下七个方面的重大进展：

（1）我国天然气勘探开发理论技术取得重大进展，发现和建成一批大气田，支撑天然气工业实现跨越式发展。围绕我国海相与深层天然气勘探开发技术难题，形成了海相碳酸盐岩、前陆冲断带和低渗—致密等领域天然气成藏理论和勘探开发重大技术，保障了我国天然气产量快速增长。自2007年至2020年，我国天然气年产量从$677\times10^8m^3$增长到$1925\times10^8m^3$，探明储量从$6.1\times10^{12}m^3$增长到$14.41\times10^{12}m^3$，天然气在一次能源消费结构中的比例从2.75%提升到8.18%以上，实现了三个翻番，我国已成为全球第四大天然气生产国。

（2）创新发展了石油地质理论与先进勘探技术，陆相油气勘探理论与技术继续保持国际领先水平。创新发展形成了包括岩性地层油气成藏理论与勘探配套技术等新一代石油地质理论与勘探技术，发现了鄂尔多斯湖盆中心岩性地层大油区，支撑了国内长期年新增探明 10×10^8t 以上的石油地质储量。

（3）形成国际领先的高含水油田提高采收率技术，聚合物驱油技术已发展到三元复合驱，并研发先进的低渗透和稠油油田开采技术，支撑我国原油产量长期稳定。

（4）我国石油工业上游工程技术装备（物探、测井、钻井和压裂）基本实现自主化，具备一批高端装备技术研发制造能力。石油企业技术服务保障能力和国际竞争力大幅提升，促进了石油装备产业和工程技术服务产业发展。

（5）我国海洋深水工程技术装备取得重大突破，初步实现自主发展，支持了海洋深水油气勘探开发进展，近海油气勘探与开发能力整体达到国际先进水平，海上稠油开发处于国际领先水平。

（6）形成海外大型油气田勘探开发特色技术，助力“一带一路”国家油气资源开发和利用。形成全球油气资源评价能力，实现了国内成熟勘探开发技术到全球的集成与应用，我国海外权益油气产量大幅度提升。

（7）页岩气、致密气、煤层气与致密油、页岩油勘探开发技术取得重大突破，引领非常规油气开发新兴产业发展。形成页岩气水平井钻完井与储层改造作业技术系列，推动页岩气产业快速发展；页岩油勘探开发理论技术取得重大突破；煤层气开发新兴产业初见成效，形成煤层气与煤炭协调开发技术体系，全国煤炭安全生产形势实现根本性好转。

这些科技成果的取得，是国家实施建设创新型国家战略的成果，是百万石油员工和科技人员发扬艰苦奋斗、为国找油的大庆精神铁人精神的实践结果，是我国科技界以举国之力团结奋斗联合攻关的硕果。国家油气重大专项在实施中立足传统石油工业，探索实践新型举国体制，创建“产学研用”创新团队，创新人才队伍建设，创新科技研发平台基地建设，使我国石油工业科技创新能力得到大幅度提升。

为了系统总结和反映国家油气重大专项在科学理论和技术创新方面取得的重大进展和成果，加快推进专项理论技术成果的推广和提升，专项实施管理办公室与技术总体组规划组织编写了《国家科技重大专项 · 大型油气田及煤层气开发成果丛书（2008—2020）》。丛书共 62 卷，第 1 卷为专项理论技术成果总论，第 2～9 卷为陆上油气勘探理论技术成果，第 10～14 卷为陆上油气开发理论技术成果，第 15～22 卷为工程技术装备成果，第 23～26 卷为海洋油气理论技术装备成果，第 27～30 卷为海外油气理论技术成果，第 31～43 卷为非常规油气理论技术成果，第 44～62 卷为油气开发示范工程技术集成与实施成果（包括常规油气开发 7 卷，煤层气开发 5 卷，页岩气开发 4 卷，致密油、页岩油开发 3 卷）。

各卷均以专项攻关组织实施的项目与示范工程为单元，作者是项目与示范工程的项目长和技术骨干，内容是项目与示范工程在 2008—2020 年期间的重大科学理论研究、先进勘探开发技术和装备研发成果，代表了当今我国石油工业上游的最新成就和最高水平。丛书内容翔实，资料丰富，是科学研究与现场试验的真实记录，也是科研成果的总结和提升，具有重大的科学意义和资料价值，必将成为石油工业上游科技发展的珍贵记录和未来科技研发的基石和参考资料。衷心希望丛书的出版为中国石油工业的发展发挥重要作用。

国家科技重大专项“大型油气田及煤层气开发”是一项巨大的历史性科技工程，前后历时十三年，跨越三个五年规划，共有数万名科技人员参加，是我国石油工业史上一项壮举。专项的顺利实施和圆满完成是参与专项的全体科技人员奋力攻关、辛勤工作的结果，是我国石油工业界和石油科技教育界通力合作的典范。我有幸作为国家油气重大专项技术总师，全程参加了专项的科研和组织，倍感荣幸和自豪。同时，特别感谢国家科技部、财政部和发改委的规划、组织和支持，感谢中国石油、中国石化、中国海油及中联公司长期对石油科技和油气重大专项的直接领导和经费投入。此次专项成果丛书的编辑出版，还得到了石油工业出版社大力支持，在此一并表示感谢！

中国科学院院士 贾承造

《国家科技重大专项 · 大型油气田及煤层气开发成果丛书（2008—2020）》

分卷目录

序号	分卷名称
卷 1	总论：中国石油天然气工业勘探开发重大理论与技术进展
卷 2	岩性地层大油气区地质理论与评价技术
卷 3	中国中西部盆地致密油气藏“甜点”分布规律与勘探实践
卷 4	前陆盆地及复杂构造区油气地质理论、关键技术与勘探实践
卷 5	中国陆上古老海相碳酸盐岩油气地质理论与勘探
卷 6	海相深层油气成藏理论与勘探技术
卷 7	渤海湾盆地（陆上）油气精细勘探关键技术
卷 8	中国陆上沉积盆地大气田地质理论与勘探实践
卷 9	深层—超深层油气形成与富集：理论、技术与实践
卷 10	胜利油田特高含水期提高采收率技术
卷 11	低渗—超低渗油藏有效开发关键技术
卷 12	缝洞型碳酸盐岩油藏提高采收率理论与关键技术
卷 13	二氧化碳驱油与埋存技术及实践
卷 14	高含硫天然气净化技术与应用
卷 15	陆上宽方位宽频高密度地震勘探理论与实践
卷 16	陆上复杂区近地表建模与静校正技术
卷 17	复杂储层测井解释理论方法及 CIFLog 处理软件
卷 18	成像测井仪关键技术及 CPLog 成套装备
卷 19	深井超深井钻完井关键技术与装备
卷 20	低渗透油气藏高效开发钻完井技术
卷 21	沁水盆地南部高煤阶煤层气 L 型水平井开发技术创新与实践
卷 22	储层改造关键技术及装备
卷 23	中国近海大中型油气田勘探理论与特色技术
卷 24	海上稠油高效开发新技术
卷 25	南海深水区油气地质理论与勘探关键技术
卷 26	我国深海油气开发工程技术及装备的起步与发展
卷 27	全球油气资源分布与战略选区
卷 28	丝绸之路经济带大型碳酸盐岩油气藏开发关键技术

序号	分卷名称
卷 29	超重油与油砂有效开发理论与技术
卷 30	伊拉克典型复杂碳酸盐岩油藏储层描述
卷 31	中国主要页岩气富集成藏特点与资源潜力
卷 32	四川盆地及周缘页岩气形成富集条件、选区评价技术与应用
卷 33	南方海相页岩气区带目标评价与勘探技术
卷 34	页岩气气藏工程及采气工艺技术进展
卷 35	超高压大功率成套压裂装备技术与应用
卷 36	非常规油气开发环境检测与保护关键技术
卷 37	煤层气勘探地质理论及关键技术
卷 38	煤层气高效增产及排采关键技术
卷 39	新疆准噶尔盆地南缘煤层气资源与勘查开发技术
卷 40	煤矿区煤层气抽采利用关键技术与装备
卷 41	中国陆相致密油勘探开发理论与技术
卷 42	鄂尔多斯盆缘过渡带复杂类型气藏精细描述与开发
卷 43	中国典型盆地陆相页岩油勘探开发选区与目标评价
卷 44	鄂尔多斯盆地大型低渗透岩性地层油气藏勘探开发技术与实践
卷 45	塔里木盆地克拉苏气田超深超高压气藏开发实践
卷 46	安岳特大型深层碳酸盐岩气田高效开发关键技术
卷 47	缝洞型油藏提高采收率工程技术创新与实践
卷 48	大庆长垣油田特高含水期提高采收率技术与示范应用
卷 49	辽河及新疆稠油超稠油高效开发关键技术研究与实践
卷 50	长庆油田低渗透砂岩油藏 CO_2 驱油技术与实践
卷 51	沁水盆地南部高煤阶煤层气开发关键技术
卷 52	涪陵海相页岩气高效开发关键技术
卷 53	渝东南常压页岩气勘探开发关键技术
卷 54	长宁—威远页岩气高效开发理论与技术
卷 55	昭通山地页岩气勘探开发关键技术与实践
卷 56	沁水盆地煤层气水平井开采技术及实践
卷 57	鄂尔多斯盆地东缘煤系非常规气勘探开发技术与实践
卷 58	煤矿区煤层气地面超前预抽理论与技术
卷 59	两淮矿区煤层气开发新技术
卷 60	鄂尔多斯盆地致密油与页岩油规模开发技术
卷 61	准噶尔盆地砂砾岩致密油藏开发理论技术与实践
卷 62	渤海湾盆地济阳坳陷致密油藏开发技术与实践

本卷·前言

沁水盆地作为我国煤层气开发的典型区块，自开发以来，通过持续探索与实践，取得了丰硕的成果，为我国煤层气产业发展做出了较大贡献。

中国石油华北油田公司于2006年在沁水盆地南部开始规模开发煤层气，“十一五”期间，主要是引进国外技术，例如裸眼多分支水平井技术，批量复制，在樊庄区块取得较好的开发效果；“十二五”期间，通过持续开发，认识到储层非均质性，同样的开发技术在郑庄区块未能取得成功，低产井成片出现，直井与裸眼多分支水平井表现出不适应性；“十三五”期间针对前期的实践及认识，创新了煤层气L型水平井开发技术，有效解决了以往煤层气开发低产、低效的问题，开发效果得到明显提升，其中低效区，如郑庄区块得到有效盘活，单井产量达到$1\times10^4m^3/d$以上。L型水平井开发技术已成为华北油田公司在沁水盆地南部煤层气开发的主要技术，支撑了煤层气单井产量的持续突破，与区块产量的持续攀升。

本书详细地介绍了华北油田煤层气L型水平井的技术创新与实践成果，全面、准确地反映了“十三五”期间L型水平井在煤层气开发领域的主要技术创新。主要内容包括煤层气L型水平井井位部署与设计、钻完井技术优化、压裂改造技术、排采技术等。针对煤层气储层特点与低成本开发的理念，介绍了通过技术创新形成的适合煤层气开发的技术系列。最后，针对不同井区给出了实例解剖。本书立足华北油田在沁水盆地南部高阶煤煤层气L型水平井开发技术的创新与实践，希望为我国其他地区煤层气的高效开发提供参考。

本书研究成果得到了国家油气重大专项项目支持。项目合作单位包括中国石油集团测井有限公司、中国石油大学等，相关研究人员参与了大量研究工作，为本书提供了较为丰富的素材与资料，在此表示衷心的感谢。煤层气L型水平井开发技术涉及技术面广泛，内容多，参与撰写人员较多，专门成立了编写组和设置各章节负责人：本书共七章，第一、二章由朱庆忠、胡秋嘉、乔茂坡、何珊负责编写，第三、四章由张聪、张建国、吴定泉、李俊负责编写，第五、六章由史玉才、李可心、马辉、刘春春负责编写，第七章由贾慧敏、杨瑞强负责编写。

由于笔者水平有限，书中不足之处在所难免，恳请读者斧正。

目 录

第一章　绪　论

20 世纪 70 年代，美国第一口商业性煤层气井投产，拉开了煤层气资源地面开发的序幕，美国、加拿大和澳大利亚等国家相继实现了煤层气地面规模商业开发。20 世纪 80 年代以来，国内煤层气开发经历研发阶段、试验开发阶段、商业开发阶段，建成了鄂尔多斯盆地东缘、沁水盆地南部两大示范基地，但总体发展缓慢，其主要原因是单井产量低。近年来，积极探索新工艺、新技术，以期获得产量突破。“十三五”期间，华北油田在沁水盆地南部通过改变开发井型，规模推广 L 型水平井，获得了产量突破，为煤层气开发带来了新的技术理念。

第一节　国内外煤层气开发概况

一、国外煤层气开发概况

国外主要有美国、加拿大和澳大利亚实现地面煤层气规模商业开发（唐鹏程等，2008）。美国是世界上煤层气勘探开发最早和最成功的国家，可将美国煤层气产业发展分为四个阶段（孙钦平等，2021）。

1975—1980 年为探索期。1976 年第一口商业性煤层气井的投产，揭示了煤层气资源地面开发的前景。

1981—1988 年为突破期。美国启动了全面的煤层气成藏条件探索和研究，提出了煤层气解吸、扩散、渗流的基本理论以及相应的排水、降压、采气的工艺技术流程，在中阶煤的圣胡安盆地、黑勇士盆地实现规模商业开发（马争艳等，2007）。

1989—2008 年为快速发展期。随着开发试验不断扩大，形成了以煤储层双孔隙导流、中阶煤生储优势与成藏优势、低渗极限与高阶煤产气缺陷、煤储层数值模拟、多井干扰等为核心的煤层气勘探开发理论体系。同时，开发技术不断发展，初期阶段主要采用直井压裂钻完井技术，由于储层受到伤害等因素，单井产量较低，之后裸眼洞穴完井技术在圣胡安高渗区取得巨大成功，实现了单井产量的大幅上升，促进美国煤层气产量快速增长。并提出“生物型或次生煤层气成藏”理论，实现了自身煤层气地质理论突破，主要采用空气钻进、裸眼洞穴等钻完井工艺，1998 年在低煤阶的粉河盆地成功地实现了煤层气商业性开发（黄盛初，1995；杨毅等，1997）。2000 年以来，在阿巴拉契亚地区低渗透煤层利用定向羽状水平井技术成功实现了商业性开发。

2009 年至今为萎缩期。2008 年后，随着全球金融危机、油气价格下跌以及页岩油气开发大突破，煤层气产业投资和工作量锐减，加之煤层气老井多处于递减阶段，产量快速下降。

加拿大煤层气勘探始于 20 世纪 70 年代末期，但商业性开发起步较晚，主要在阿尔伯塔盆地开展煤层气开发。由于北美大陆地质条件类似，借鉴美国前期成功经验，并根据本国以低变质煤为主的特点，形成了多套煤层、薄煤层连续油管氮气泡沫压裂、多分支水平井裸眼完井等开发技术，实现了煤层气产业快速发展，2009 年达到产气高峰后开始下降。

澳大利亚煤层气勘探亦始于 20 世纪 70 年代末期。澳大利亚煤层气工业发展的初期，在钻井和煤层气抽采技术方面很大程度上是模仿美国，取得了一定成效，也走了一些弯路。21 世纪以来，借鉴美国经验的基础上自主创新，结合自身煤层气资源特点，总结经验，逐渐形成一套适合本国地质特点的煤层气勘探开发技术，如中等半径钻井（MRD）和极短半径钻井（TRD）等技术，形成了苏拉特盆地、鲍恩盆地两大煤层气商业开发基地。2013 年后煤层气井快速增加，产量快速上升，取代美国成为全球煤层气最大生产国。

二、国内煤层气开发概况

1. 发展历程

国内煤层气的开发主要经历了前期研发、试验开发和商业开发三个阶段。

1981—1995 年为前期研发阶段。自 20 世纪 80 年代初，国内开展了煤层气资源和基本地质条件研究。通过引进吸收国外理论和技术，于 20 世纪 90 年代初启动了煤层气勘探，并在中煤阶的柳林、大城地区取得煤层气试采突破（冯云飞等，2018）。

1996—2005 年为试验开发阶段。1996 年中联煤层气有限责任公司成立以来，我国煤层气产业试验全面启动，开展了煤层气富集高渗规律、地质控制因素等勘探方向的系统研究，在开采技术与生产试验取得重大进展，多个地区实现单井产气突破，尤其是沁水盆地高阶煤储层获得工业性气流，打破了高阶煤煤层气勘探开发“禁区”；同时，煤层气勘探试验逐渐聚焦沁水盆地南部、鄂尔多斯盆地东缘。

2006 年进入商业开发阶段。2006 年华北油田在沁水盆地南部成立了山西煤层气勘探开发分公司，产量获得持续提升，标志着我国煤层气开发开始商业化。并且在国家各项优惠政策促进下，煤层气工程投入快速增加，产业发展进入规模开发阶段。钻井工作量、煤层气探明储量和产量均快速增加。

2. 开发现状

“十二五”规划提出了至 2015 年我国煤层气要实现产量 $300\times10^8m^3$ 目标，其中地面开发要实现产量 $160\times10^8m^3$ 的目标。据统计，截止 2015 年，地上、地下开发目标均未完成，煤层气总抽采量 $179\times10^8m^3$，约为“十二五”规划目标的 60%；地面开发量约 $44\times10^8m^3$，约为“十二五”规划目标的 28%（潘继平等，2016）。

“十三五”规划提出了至 2020 年我国煤层气抽采量要达到 $240\times10^8m^3$，较 2015 年末要增加 $60\times10^8m^3$，增幅为 1/3；其中地面煤层气产量要实现 $100\times10^8m^3$、煤矿瓦斯抽采量达到 $140\times10^8m^3$，较 2015 年分别增加 $56\times10^8m^3$ 和 $4\times10^8m^3$，增幅分别为 127% 和 3%。据统计，截至 2020 年，“十三五”规划目标再次落空，其中地面抽采产量约 $60\times10^8m^3$，

仅完成规划的60%（朱妍，2021）。

总体来看，我国煤层气产业发展较缓慢，其重要原因就是单井产量低，导致开发效益差。虽然我国埋深2000m以浅的煤层气地质资源量约$36.81\times10^{12}m^3$，位居世界第三，但地质条件较复杂，开发技术适应性差，同一种开发技术难于规模推广，造成不同区块，产量差异大。因此，迫切需要创新煤层气开发技术，实现煤层气单井产量的提升。

三、国内煤层气开发井型探索

20世纪90年代，国内煤层气采用直井水力压裂开发，此类开发方式仅在部分地质条件较好的区域取得一定开发效果。总体来看，全国产量普遍较低，直井平均产量不到$500m^3/d$，严重制约了煤层气的发展。分析认为我国高阶煤普遍渗透性差，且煤储层非均质性强，只是通过直井压裂的开发方式难以获得高产（贾慧敏等，2021）。

2004年开始探索多分支水平井开发方式。2005年、2006年是多分支水平井技术引入中国的初期，处于摸索期，不成功的井较多。2007年后，多分支水平井完井数量增加，成功率不断增高，到2008年10月为止，全国已施工多分支水平井64口，正在产气37口，产能达到$7\times10^8m^3$～$8\times10^8m^3$（姜文利等，2010）。由于多分支水平井依靠其主支、分支将煤层中的原始裂缝系统有效沟通，使渗流通道呈网状分布，突破了煤层非均质的局限，从而增加了煤层气的解吸范围。此外，流体在水平井段内的流动阻力相对于在煤层裂缝内要小得多，并且分支井眼与煤层裂缝的相互交错，使煤层裂隙间相互畅通，很大程度上提高了裂隙的导流能力。参考国外煤层气水平井开发成功经验，国内各煤层气开发企业引进了国外水平井技术，在沁水盆地、韩城区块、保德区块等地区进行试验。早期的多分支水平井主支、分支追求最大限度穿越煤层，在钻进过程中经常遭遇井眼垮塌事故，以华北油田为例，早期实施的100多口多分支水平井钻井事故率较高，可达38%。虽部分单井日产量可达$60000m^3/d$，但大部分井低产井，且排采过程中卡泵、井眼坍塌等事故频发，不具备二次改造作业的可能，此外，投资成本高昂，多分支水平井总体经济可行性低。就此，不少学者针对多分支水平井的进尺、主支方向和进尺、分支数目、分支与主支的夹角等进行了研究，希望保证多分支水平井高产的同时，提高多分支水平井稳定性，并提出了羽状水平井的概念，但成效一般（鲜保安等，2005）。

随后对多分支水平井进行了改进，进行了仿树形水平井试验。仿树形水平井一定程度上降低了井眼垮塌事故发生频率，但这种井型对储层顶板岩性要求较高，导致其在全区推广上难度加大。2015年引进的U型水平井（由洞穴直井与定向水平井两口井组成）一定程度上解决了多分支水平井钻井事故频发的问题，但U型井的洞穴井投入生产后，其定向水平井就停止使用了，造成了资源浪费，且U型井的井眼较小，不能有效释放应力，改善应力场和裂缝场，同时受造穴工艺的影响，排采井后期也常常会发生垮塌等问题，经济效益不高。

2015年提出了L型水平井设计理念，用筛管完井和套管完井代替先前的裸眼完井。L型水平井由于其工艺相对简单、稳定性强、产量较好、可进行二次改造作业、成本低等优点，在沁水盆地南部樊庄、郑庄、潘河地区、鄂尔多斯盆地东缘柳林、大宁—吉县等地区得到广泛应用，形成商业开发（孟庆春等，2010；倪元勇等，2014；任建华等，2015；崔树清等，2015；聂志宏等，2018）。近些年来，在新疆准噶尔盆地阜康煤田、塔里木盆地库拜煤田也取得了较好成效（傅雪海等，2018；吴斌等，2020）。目前，L型水平井同直井、丛式井已成为主要我国煤层气开发工艺，L型水平井的钻完井工艺也在不断的试验、推广中得到优化升级，日趋成熟。

第二节 华北油田煤层气水平井开发历程

2005年华北油田公司引进了美国CDX公司的羽状多分支水平井技术进行了先导试验，未取得成功。2007—2012年引进了奥瑞安公司的裸眼多分支水平井技术，在沁水煤层气田樊庄、郑庄区块开始规模实施，钻井100余口，部分井见到一定效果，但总体呈现出产量差异大、稳产难度大的特点，其裸眼完井井眼垮塌是制约该井型开发的瓶颈。为加快煤层气开发进程，华北油田公司试验了U型水平井开发技术，创新研发了仿树形水平井、L型水平井等开发技术，逐步完善了煤层气开发井型。

一、裸眼多分支水平井

1. 井型概况

多分支水平井水平段采用裸眼完井方式，具有煤层进尺长、控制面积大、产量高的优势。早期国内学者普遍认为多分支水平井能够最大限度地沟通煤层割理（微裂隙）和裂缝系统，增加井眼在煤层中的波及面积和泄气面积，降低煤层裂隙内气液两相流的流动阻力，大幅提高单井产量，减少钻井数量（刘春春等，2018）。

国内大规模实施的煤层气裸眼多分支水平井一般由一口工艺井和一口排采直井构成，其中工艺井一般由2个主支和6～8个分支组成，主支、分支全部在煤层内钻进，煤层总进尺在4000m以上；排采直井在煤层井段造洞穴，工艺井与排采直井在洞穴处连通。一般情况下在井组完钻后，工艺井打水泥塞封井，后期采用排采直井生产（张永平等，2017；李宗源等，2019）。

2. 开发效果

2006年开始，华北油田公司在沁水盆地南部借鉴国外技术，规模推广裸眼多分支水平井，共投产102口，最高产气量390000m^3/d，平均单井产气量3800m^3/d。在樊庄南部渗透率较高的区域开发效果较好，产气量突破10000m^3/d，但总体表现为低产井多、达产率低、效果差的特点。

二、U型水平井

1. 井型概况

一般常规U型井由一口水平井和一口直井构成，形状像字母“U”，水平井和直井之间的水平位移800～1200m。钻井顺序是先钻一口排采直井，并在煤层段造洞穴；再向直井方向钻水平井，水平井段在煤层内穿行，最终实现水平井和目标直井在洞穴处对接，实现精确连通，然后在水平井的水平段下入PE筛管完井。本井型控制面积比直井大，因为是管串完井，可实现后期洗井等维护，能保证排水采气通道的长期有效畅通。

为减少对环境破坏及降低煤层气水平井投资成本，华北油田公司对煤层气U型井进行了创新。即利用原有的压裂直井井场，再布置一口排采斜井，由水平井和排采斜井组成U型井。其中斜井位移要大于原井场直井的压裂范围，一是避免压裂对水平井和斜井造成井控风险，二是水平井的水平煤层段避开已压裂的煤层，避免造成由于压裂而引起的煤层垮塌等。

2. 开发效果

2013—2015年，华北油田公司在沁水盆地南部樊庄区块试验3口井，由于钻井工艺较复杂，技术难度大，导致定向水平井与洞穴井两个井筒之间连通性差，未达到U型井排采降压的目的，并且在后期无法二次改造，单井日产气量均低于1000m^3，而且较高的投资不能满足高效开发的需求，未能规模推广应用。

三、仿树形水平井

1. 井型概况

仿树形水平井由一口工艺井（多分支水平井）和两口排采井组成，其中远端排采井也可作为监测井，工艺井分别与两口排采井连通，连通位置置于稳定的煤层顶板（或底板），工艺井的主支在稳定的煤层顶板（或底板）沿上倾方向钻进，形成稳定的排采通道；工艺井水平井水平段分别由主支、分支、脉支构成。主支提供了稳定的排水、疏灰、采气通道；分支（在主支两侧侧钻，一般6～12个）通过在主支两侧的延伸控制着仿树形水平井在煤层中的展布形态和产气解析面积；脉支（每个分支上侧钻，一般3～8个）在煤层内，以沟通煤层内裂隙为主要目的，增大煤层气解吸面积。

煤层气仿树形水平井“主支疏通、分支控面、脉支增产”的排采系统，有效解决了传统的煤层气多分支水平井井眼易垮塌、后期不易维护的问题，该井型完钻后可实施洗井作业或当主支某部位有堵塞时可重入钻柱实施维护作业（杨勇等，2014）。

2. 开发效果

中国石油华北油田公司在山西沁水盆地的第一口煤层气先导试验仿树形水平井由1口工艺井（ZS1平-5H井）和1口排采直井（ZS1平-5V1井）、1口监测井（ZS1平-5V2井）组成。工艺井主支设置在煤层顶板泥岩中，距煤层顶部保持适当距离（一般控制在0.5～3m）；排采井、监测井在煤层顶板造洞穴，洞穴底部距离煤层1m，直径0.6m，高度6m。该井总进尺为12288m，纯煤进尺9408m，煤层进尺创国内水平井进尺纪录，且单井万米进尺未发生钻井事故。该井于2013年8月投产，最高日产气量达到10000m^{3}以上，而相邻14口直井仅5口产气，单井井均日产气200m^3。此后，于2016年实施了第二口仿树形水平井沁试12平1H井，创下单井进尺13270m、15个分支33个脉支、水平位移1403.42m等多项国内行业新纪录，最高日产气达到12000m³。

顶板仿树形水平井证实主井眼稳定的水平井可实现该类地区的有效开发，但该种水平井投资成本高，单井成本在2000万元以上，占用井场多，地质条件要求苛刻，对煤储层顶板要求较高，不符合煤层气低成本开发的特点，限制了该井型进一步规模推广。

四、L型水平井

传统多分支水平井钻完井技术与国内低渗煤层气的开发不匹配。传统多分支水平井单井产量低、经济效益差、水平井钻井过程中事故复杂多、煤层段垮塌严重、钻井周期长、成本高；排水采气过程中水平井井筒不能满足后期“可重入、可作业、可维护”的精细化作业要求；同时集完井与增产于一体的措施和手段缺乏。针对三大矛盾，华北油田公司开展新型水平井钻井研究，提高煤层气单井产量、降低钻完井成本相关的技术和工具，扭转目前煤层气整体开采效益差的局面（朱庆忠，等，2020）。

1. 井型特点

L型水平井是在U型和顶板仿树形水平井设计理念的基础上升级换代而成的新型水平井。采用二开钻进、套管或筛管完井，具有以下几方面优势：（1）钻井周期短；（2）井眼尺寸大，有利于释放应力，诱导割理裂隙张开，改善应力场；（3）可以垂直最大水平主应力方向平行巷道式布井，有利于沟通更多裂缝；（4）钻井成本低；（5）后期可维护、可作业。

2. 开发效果

1）筛管完井水平井

在樊庄区块高渗区共计部署32口筛管完井水平井，单井最高日产气量突破10000m³，单井平均日产气量达到5000m³，与区内已开发的裸眼多分支水平井平均产量相比，日产气量提高1倍以上。

2）套管压裂水平井

在郑庄区块中南部、樊庄区块北部等低渗储层（K<0.1mD），实施了200余口套管压裂水平井，采用体积改造技术，单井最高日产气量突破20000m³，平均单井日产气量达到8000m³以上，是相邻直井平均产量的8～10倍。

第三节 华北油田煤层气L型水平井技术现状

华北油田公司不断创新和完善煤层气L型水平井开发关键技术，形成了井位部署、钻完井工艺、储层改造、排采管控等技术系列。通过在沁水盆地南部的规模应用，突破了高阶煤煤层气开发禁区，不同区块均取得较好的开发效果。目前，华北油田煤层气L型水平井开发技术已趋于成熟。

一、煤层气L型水平井技术系列

通过对煤层气L型水平井技术持续攻关，华北油田逐步形成了集井位部署、钻完井、储层改造、排采控制等于一体化的技术系列。

（1）井位部署技术。基于储层精细建模技术与裂缝描述，形成了不同地质条件下的L型水平井部署技术，包括在老井网内通过部署L型水平井高效动用剩余资源，浅层裂隙发育区筛管完井串接天然裂缝，深部低渗储层套管压裂扩展人工裂缝等，形成了与地质条件相匹配的水平井部署技术，实现了不同区块煤层气产量大幅提升，以往低效区资源实现了彻底盘活。

（2）钻完井技术。针对L型水平井钻井过程中存在钻井液污染问题，研发了可降解聚膜钻井液体系，实现了防垮塌、低伤害；针对煤层非均质性强、煤层钻遇率低问题，研发“方位伽马成像＋录井地层判识”导向技术，实现了“成本低、周期短、钻遇高”的目标，煤层钻遇率由“十二五”末的80%提高到“十三五”末的95%，L型水平井的成井率达到100%；针对完井工具适应性差问题，研发了可捞式免钻塞完井工艺，解决了后期作业困难。

（3）储层改造技术。针对特低渗煤储层直井无法获得效益产量的开发难题，创新提出水平井多级缝网储层改造技术，对优质储层采用交互式改造设计，实现人工缝网与天然裂缝系统耦合，提高储层改造效果，现场应用后单井产量提高2～4倍。

（4）排采控制技术。针对煤层气排采控制对水平井开发效果的影响，从排采控制方法适应性、气水产出规律、排采效果评价指标三方面，通过关键排采参数，对排采过程进行了阶段划分，主要划分为排水降压段、降压提产段、稳产段、递减段。并明确了稳产点、递减点两个关键节点的定量确定方法，综合形成了适用于水平井的排采控制对策。

二、L型水平井规模化应用

2016年以来，华北油田公司在沁水盆地南部规模应用L型水平井，在不同埋藏深度下均取得较好效果。对600m浅层资源部署L型筛管完井水平井，实现了对井网内剩余资源的高效动用。对600m以深的低渗储层，常规直井、多分支水平井等多种井型均不能实现效益开发，采用L型套管压裂水平井，单井产量突破10000m^3/d，盘活了深部煤层气资源，打破了煤层气开发的禁区。

至“十三五”末，华北油田投产煤层气L型水平井达到150口，井数是“十二五”末的20倍。L型水平井占新投产井比例上升至53.0%，已成为煤层气开发的主力井型，并且能够在不同区块、不同煤层中实现高效开发。

三、取得系列成果

“十三五”以来，通过不断技术创新，规模推广L型水平井关键技术，取得了一系列成果。先后刷新国内煤层气L型水平井单支水平段最长纪录，2020年圆满完成煤层气大位移水平井试验。其中郑4-76-32L井完钻井深2816m，完钻垂深614.32m，水平段长2001m，纯煤进尺1836m，水垂比3.70，水平位移2271.22m，创当时国内煤层气

215.9mm 井眼 L 型水平井单支完钻井深最深、水平段最长、纯煤进尺最多、水垂比最大、水平位移最大等多项纪录。L 型水平井在煤层气领域的成功开发技术获得省部级二等奖 2 项，局级一等奖 2 项；发布专利 5 项（发明 3 项，实用新型 2 项），发表核心论文 15 篇，发布标准 3 项（行标 1 项，企标 2 项）。

华北油田公司通过 L 型水平井关键技术的不断创新与突破，在沁水盆地南部不同区块均取得了产量突破，实现了 L 型水平井应用的无禁区，不管是浅层高渗煤层，还是深部低渗储层；不管是 3# 煤，还是 15# 煤，均实现了高效开发，取得了以往直井、多分支水平井、U 型井、仿树形水平井等井型均未取得的效果（胡秋嘉等，2019；徐凤银等，2022）。L 型水平井将成为“十四五”期间煤层气低成本、高效益的主力开发技术。

第二章　沁水盆地南部煤层气地质条件

沁水盆地蕴藏丰富的煤炭资源和煤层气资源，是我国重要的煤层气勘探开发区域。盆地位于山西省东南地区，是在古生界基地上形成的构造盆地，现今为一近南北向大型复式向斜。盆地内部次级褶皱发育，盆地南部煤层构造简单、厚度稳定、吨煤含气量高，具有很好地勘探开发前景。

第一节　构造特征

一、区域构造特征与演化

沁水盆地为中朝准地台（亦称华北地台）山西隆起上的一个中生代以来形成的构造型复式盆地（秦勇等，1999）。现今整体构造形态为一近NE—NNE向的大型复式向斜，轴线大致位于榆社—沁县—沁水一线，东西两翼基本对称，倾角4°左右，次级褶皱发育。在北部和南部斜坡仰起端，以SN向和NE向褶皱为主，局部为近EW向和弧形走向的褶皱。断裂以NE、NNE、NEE向高角度正断层为主，主要分布于盆地的西部、西北部以及东南缘（图2-1-1）。

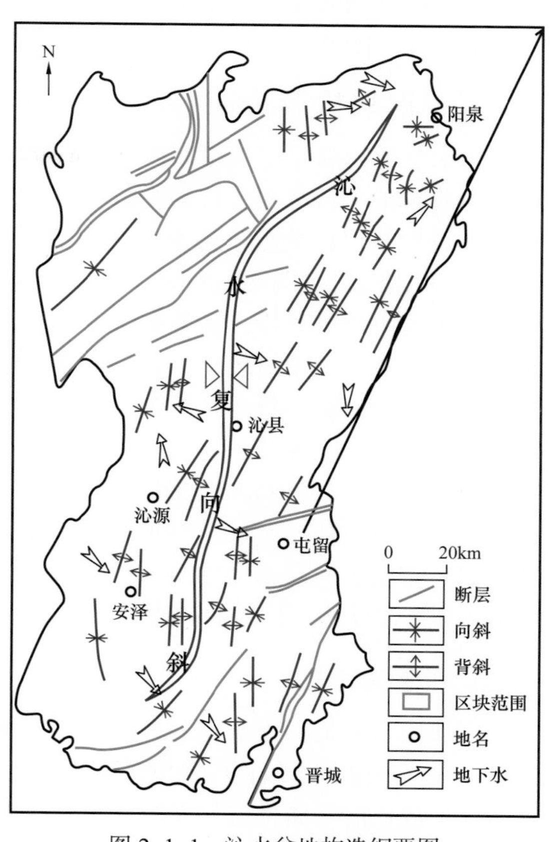

图2-1-1　沁水盆地构造纲要图

盆地的不同部位具有不同的构造特点。总体来看，西部以中生代褶曲和新生代正断层相叠加为特征，东北部和南部以中生代的EW向、NE向褶皱为主，盆地中部NNE—NE向褶皱发育。断层主要发育于盆地东、西部边缘，在盆地中部有一组近EW向正断层，即双头—襄垣断裂构造带。

沁水盆地的构造演化大体上经历了四个阶段：

沁水盆地构造基底形成阶段：自太古宙、元古宙以来至古生代早期，随着华北地台的形成，沁水盆地作为其中的一部分经历了早期的结晶基底形成和晚期沉积盖层沉积两个阶段，最终成为具有二元结构的地台区，受加里东运动影响，在中奥陶统之后整体抬升，接受剥蚀夷平，构成C–P煤系地层的沉积基底。

盆地沉积阶段：自古生代晚期以来，随着华北地台的整体沉降，沁水盆地成为海陆交互相聚煤盆地，发育了一套广泛分布的煤系地层。印支期沁水盆地以持续沉降为主，沉积了厚达数千米的河湖相碎屑岩，成为华北地区三叠纪的沉积中心之一，厚度由北向南增厚。此时期煤系地层不断接受埋藏，以深成变质作用为主，进入初次生烃阶段。

盆地构造变形阶段：燕山期，沁水盆地经历了中生代以来最强烈的构造变形。侏罗纪时期库拉—太平洋板块向NW方向挤压，与欧亚大陆的相互作用增强，在NW–SE向挤压应力作用下，形成了一系列轴向NE–NNE的宽缓的背、向斜构造和走向NW与近EW的节理。同时，莫霍面上拱并有局部岩浆岩侵入，形成不均衡高地热场，此时石炭—二叠系煤层经受岩浆热变质作用，变质程度进一步加深，开始了大规模二次生烃。

构造抬升剥蚀阶段：喜马拉雅期早期，受西太平洋板块俯冲和中国西南部印度—欧亚板块碰撞作用的共同影响，地幔上拱，地壳减薄，华北地台区呈NW–SE向伸展，形成一些走向NNE或NE向的正断层。进入喜马拉雅晚期以来，华北地台区受太平洋板块与印度洋板块的联合作用，地幔活动减弱、热异常衰减，逐渐由拉张作用转变为挤压体制，构造应力场逐渐转变为NE–NW向挤压应力。研究区在该期构造应力场作用下，地壳进一步被抬升，接受剥蚀，并不断地改造已经成藏的煤层气藏（王勃等，2018）。

二、区块构造特征

沁水盆地南部煤层气田郑庄区块与樊庄区块位于沁水盆地南部晋城地区，主体部分位于山西省沁水县境内，以寺头断层为界，西侧为郑庄区块，东侧为樊庄区块。沁水盆地南部煤层气田构造处于沁水盆地南部晋城马蹄形斜坡带，东为太行山复式背斜隆起，南为中条山隆起，西为霍山凸起，北部与盆地腹部相接（以北纬36°线为界）。

郑庄区块地层宽缓，倾角平均4°左右，低缓、平行褶皱普遍发育，呈近南北和北北东向，褶皱的幅度相对较小，背斜幅度一般小于50m，延伸长度一般在5～10km，呈典型的长轴线性褶皱。断距大于20m的断层在西南部分布，主要有寺头断层、后城腰断层以及与之伴生的小断层，呈一组NE向—EW向的弧形断裂带。区内发育一定数量的陷落柱，直径一般在50～250m之间。

樊庄区块与郑庄区块以寺头断层（带）相隔，但其构造样式却有差异。区内主要构造形态（断层走向与褶曲轴向）仍呈NNE向展布，但次一级褶曲构造发育，方向多变，明显表现了多期构造作用的产物。

1. 褶皱构造

区块内岩石地面露头良好，前人在广泛收集区域资料的基础上，对野外进行了现场考察，对褶曲进行了较详细的实地调查与研究，基本控制了全区的褶曲发育迹线。

郑庄区块的褶曲构造发育，背、向斜轴延伸规律性强，主要集中在NNE–NE向，统计结果表明，褶曲轴向集中在 30°～74°，主要发育两翼倾角较缓的宽缓褶曲。野外分别对向斜、背斜进行观测：向斜观测点发育地层为三叠纪刘家沟组，其岩性特征为中厚层砂岩夹薄层砂岩，向斜 NW 翼岩层产状为 280°∠6°，SE 翼产状为 105°∠2°，为一轴向 NNE 宽缓向斜构造；背斜观测点地层为二叠系石千峰组，由紫红色砂岩夹薄层状泥岩组成，背斜 NW 翼岩层产状为 283°∠12°，SE 翼产状为 90°∠9°，两翼倾角大致相同，为一近对称背斜构造，褶曲轴的延伸方向仍为 NNE。

樊庄区块的褶曲发育主要存在两个相对集中的方向，分别是 NE 向与 NW 向，统计结果表明，褶曲轴向主要集中在 15°～54°、320°～338°，而褶曲的幅度则与郑庄区块相似。在野外观测中，樊庄区块的向斜构造往往出露较好，而背斜构造的核部往往发育有冲沟，观测存在一定的难度，需通过两侧地层产状来判断，该特征指示背斜核部岩层较破碎，易遭受侵蚀作用。

2. 断裂构造

区块内断裂构造并不十分发育，野外实际观测多为正断层，断层的规模相对较小。寺头断层是分隔郑庄区块与樊庄区块的主要断层，也是区内最大的断层构造。该断层对郑庄区块—樊庄区块的地质结构和构造格局有着比较重要的控制作用，断层下降盘为郑庄区块，上升盘为樊庄区块。区块内由于地面剥蚀与冲击层堆积较厚，无法观察到，但平面位置较清楚，在北侧的枣园地区该断层地表出露良好，表现为正断层，断层断在刘家沟组的上石盒子组、下石盒子组中，断层带宽约 3m，总体呈 NNE 向延伸，平面上呈舒缓状，断层产状为 110°∠40°。

郑庄区块内主要发育 NE 向正断层，另有部分 NNE 或 NEE 向展布的正断层。大部分断层断距比较小，一般 30～60m；断层延伸长度多数也比较短，一般在 3～7km。断层倾角为 50°～60°，产状比较陡。

樊庄区块主要发育寺头断层以及与之伴生的次一级断层，由于受拉张应力作用，断层以正断层为主，发育规模一般较小，以北东向断层最为发育，局部被东西向断层所切割。

第二节 地层简况

沁水盆地南部地层由老至新包括下古生界奥陶系（O），上古生界石炭系（C）、二叠系（P），中生界三叠系（T）、侏罗系（J），新生界新近系（N）、第四系（Q）。石炭系上统本溪组与下伏奥陶系中统峰峰组呈平行不整合接触，其余地层皆呈整合接触。新近系地层与下伏侏罗系地层呈角度不整合接触。

一、含煤地层

本区含煤层系主要发育在山西组、太原组，全区广泛连续分布，是煤层气勘探开发的主要目的层（表 2-2-1）。

表 2-2-1 研究区地层简表

地层			厚度 /m	岩性特性
系	统	组		
第四系	全新统		0～30	亚黏土及卵砾石
	上更新统	马兰组	10	黄土、亚砂土、亚黏土夹钙质结核层
	中更新统	离石组	0～50	黄土、亚黏土、亚砂土夹钙质结核层
	下更新统	午城组	10～20	亚黏土
新近系			0～50	半胶结钙质黏土、红色黏土、砂质黏土及透镜状砂砾互层
侏罗系	中统	大同组		灰白色中、粗粒砂岩，黑灰色粉砂岩、细粒砂岩、泥岩
三叠系	上统	延长组	38-123	灰黄、黄绿色砂岩夹灰、灰绿、紫色泥岩
	中统	铜川组	413-483	带灰色调的红、黄、绿、紫色砂层及泥岩互层
		二马营组	412～573	厚层中粒长石石英砂岩夹暗紫色泥岩
	下统	和尚沟组	160～210	紫红色砂岩与泥岩互层
		刘家沟组	338～442	紫红、棕红色细粒长石石英砂岩夹砾岩及砂质泥岩
二叠系	上统	石千峰组	70～141	砂质泥岩、泥岩夹细砂岩
	中统	上石盒子组	490～520	长石石英砂岩及砂质泥岩、泥岩
		下石盒子组	43.75～62.20	长石质砂岩、粉砂岩及紫红色泥岩、铝质泥岩
	下统	山西组	30～57.64	细粒砂岩、粉砂岩、泥岩、煤层互层
石炭系	上统	太原组	80～92.74	K_2、K_3、K_4、K_5、K_6石灰岩，中、粗粒砂岩、煤层、粉砂岩、泥岩
		本溪组	4.85～45	底部山西式铁矿，铝土岩；中部泥岩局部夹薄层石灰岩；上部泥岩、石英砂岩夹煤线
奥陶系	中统	峰峰组	90～150	上部白云质泥灰岩、泥灰岩及泥质灰岩，泥灰岩中夹石膏；下部厚层状灰岩
		上马家沟组	180～225	下部泥灰岩、底部夹石膏；中部中厚层豹皮灰岩，白云质灰岩及泥质白云岩；上部中厚层状灰岩夹薄层泥灰岩、泥质灰岩
		下马家沟组	37～91	下部泥灰岩或白云质灰岩、白云质泥灰岩；上部中厚层状灰岩、白云质泥质灰岩
	下统	亮甲山组	17～54	中层—厚层夹薄层白云岩，岩性单一
		冶里组	44～90	中层—薄层结晶质白云岩，夹竹叶状石灰岩条带状白云岩

1. 石炭系上统太原组（C_3t）

为一套海陆交互相沉积，形成于陆表海碳酸盐岩台地沉积和堡岛沉积的复合沉积体系。地层厚 80～105m，一般 90m 左右。主要由深灰色—灰色石灰岩、泥岩、砂质泥岩、粉砂岩，灰白—灰色砂岩及煤层组成。含煤 7～16 层，下部煤层发育较好。石灰岩 3～11 层，以 K2、K3、K5 三层石灰岩较稳定。具有各种类型层理，泥岩及粉砂岩中富含黄铁矿、菱铁矿结核。动植物化石极为丰富。据岩性、化石组合及区域对比，自下而上将本组分为一、二、三段。

一段（K_1 底—K_2 底）：厚 4.8～38m，一般 17m。由灰黑色泥岩、深灰色粉砂岩、灰白色细粒砂岩、煤层及 1—2 层不稳定的石灰岩组成。本段有煤层 3 层，自上而下编为 14#—16#。其中 15# 煤层全区稳定分布，为煤层气开发的目的层之一。本段为障壁沙坝、潟湖、潮坪及沼泽等沉积。

二段（K_2 底—K_4 顶）：厚 19～42.5m，一般 30m。主要由石灰岩、泥岩、粉砂岩、细—中粒砂岩及煤层组成。以色深、粒细灰岩为主，逆粒序为特征。本段有煤层 3 层，编号为 11#—13# 煤层，煤层薄而不稳定。本段有三个旋回，主要由水下三角洲和海湾潮下带沉积组成。各煤层均在每个旋回顶部，层位稳定。

三段（K_4 顶—K_7 砂岩底）：厚 35.20～77.38m，一般 50m，由砂岩、粉砂岩、泥岩、石灰岩及煤层组成。本段有煤层 7 层，编号为 5#—10#，其中 9# 为局部可采煤层，其他煤层多薄而不稳定，本段为碳酸盐岩台地—滨海三角洲交互沉积。

2. 二叠系下统山西组（P_1s）

为发育于陆表海沉积背景之上的三角洲沉积，一般以三角洲河口沙坝、支流间湾开始过渡到三角洲平原相，地层厚度 45～86m，一般 70m 左右，由砂岩、砂质泥岩和煤层组成，本组以砂岩发育，层理类型多，植物化石丰富为特征。本组有煤层 4 层，自上而下编为 1#—4# 煤层。其中 3# 煤层全区稳定分布，为煤层气勘探主要目的层。本组与下伏太原组 K_6 顶—K_7 砂岩底构成一个完整的进积型三角洲旋回。

二、开发层系

目前区块内主要开发的煤层包含 3#、8#、9#、15# 煤层。其中 3#、15# 煤层为开发的主力煤层，8# 和 9# 煤层局部发育，均具有开发潜力。

区域内 3#、15# 煤层在平面上分布稳定、连续，是煤层气开发的主力煤层。其中 3# 煤层位于山西组下部，沉积稳定。厚 4～7m，平均 5m，结构简单。煤层顶板多为粉砂岩，底板多为泥岩，为全区稳定的主要目标煤层；15# 煤层位于太原组下部，厚 1.00～5.25m，平均 3.86m，含泥质夹矸，横向稳定性较 3# 煤层差，分叉现象较普遍。自煤层气开发以来，3# 和 15# 煤层作为主力开发煤层，均取得了较好的开发效果，具有重要的商业开发价值（冯树仁等，2021）。

除 3# 和 15# 煤层之外，纵向上发育多套薄煤层。由于沉积环境的不稳定，导致煤层在平面上变化大，发育极不稳定。近年以来，通过积极探索纵向上煤层气资源，取得了较为丰硕的成果，尤其是9#和8#煤层的开发试验取得了较好的效果。9#煤层位于太原组中部，顶底板均为砂质泥岩，平面上差异性较大，局部较为稳定，厚度一般在0.6～2.0m，平均1.2m，通过优选开发有利区块，在樊庄区块南部试验取得日产1500m^3的效果。8#煤层位于太原组中上部，分为8–1、8–2两层，总体分布较为稳定，在樊庄南部通过试验，单井日产气量达到500m^3。

总体来看，4套煤层均具备开发潜力。通过薄煤层开发试验，可开发的煤层范围进一步扩宽，形成了"以3#、15#煤层为主的主力开发煤层，9#、8#煤层为主的潜力开发煤层"开发模式。

第三节　煤储层特征

沁水盆地南部煤层煤级从烟煤到无烟煤均有分布，反射率一般在1.5%～4.5%范围内，大部分在2%以上，整体以无烟煤为主。宏观煤岩类型以光亮型、半亮型煤为主；显微煤岩组分中镜质组含量最高，一般70%～90%；惰质组含量介于10%～30%之间，几乎不含壳质组。矿物质含量一般不超过10%，以黄铁矿、黏土矿物、碳酸盐岩矿物为主。煤质特征表现为低水分、中低灰分、低挥发分。整体上煤层吸附性好，煤层空气干燥基Langmuir体积普遍大于30m^3/t；实测空气干燥基含气量普遍大于20m^3/t，煤层气资源富集，开发潜力巨大。含气量变化与地质构造呈现出明显相关性，靠近断层附近含气量明显逸散。储层总体上处于欠饱和状态，煤层含气饱和度大部分介于70%～99%之间，表明区块气藏整体属于中高饱和气藏（80%以上），利于煤层气的开发。

煤层孔隙结构呈单峰态，以微、小孔为主，中孔和大孔很少。孔隙体积占比由大到小依次为微小孔、大孔、中孔，微小孔孔隙体积约占总孔隙含量的77.29%；大孔其次，约占16.42%；中孔的含量最少，约占6.29%。微小孔比表面积占总表面积的99%；中孔比表面积约占0.5%，大孔的贡献微乎其微，约占0.02%。储层整体外生裂隙不发育，内生裂隙（割理）主要发育于光亮煤和半亮煤中，储层渗透率低，不利于煤层气产出。

一、煤岩煤质

沁水盆地南部煤层煤级从烟煤到无烟煤均有分布，反射率一般在1.5%～4.5%范围内，大部分在2%以上，整体以无烟煤为主。宏观煤岩类型以光亮型煤为主；显微煤岩组分中镜质组含量最高，一般70%～90%；惰质组含量介于10%～30%之间，矿物质含量一般不超过10%，以黄铁矿、黏土矿物、碳酸盐岩矿物为主。煤质特征表现为低水分、中低灰分和低挥发分。

1. 煤岩类型

据井下煤岩及钻井煤心观察统计，研究区内3#煤层的宏观煤岩类型主要以半亮煤为主，其次为光亮煤，局部夹有暗淡煤。光亮煤、半亮煤中，见层状构造；而暗淡煤、半暗煤中见块状构造。显微煤岩组分以亮煤为主，镜煤主要为细—中—宽条带状结构。煤体质地较坚硬，常见贝壳状断口，以原生结构煤为主，局部发育碎裂结构煤。

2. 煤岩组分与成熟度

郑庄—樊庄区块 3# 煤层 $R_{o,\ max}$ 介于 3.24%～3.98% 之间，属于高煤阶无烟煤。3# 煤层显微组分以镜质组为主，其含量介于 54%～93% 之间，平均约为 73%，镜质组分中主要以基质镜质体为主，其次为结构镜质体、均质镜质体及少量团块镜质体，同时镜质体异向光性明显，结构镜质体具网状消光现象；其次为惰质组，其含量介于 5%～46% 之间，平均约为 27%，惰质组中以半丝质体为主，少量微粒体、丝质体及碎屑惰质体；几乎不含壳质组。此外，3# 煤层煤岩中的无机组分以分散状黏土类矿物为主，微量方解石充填于组分孔隙中，偶见黄铁矿（表 2-3-1）。

表 2-3-1 研究区部分煤层煤岩组分与成熟度参数

井号	煤层	$R_{o,\ max}$/%	镜质组含量/%	惰质组含量/%	壳质组含量/%	井号	煤层	$R_{o,\ max}$/%	镜质组含量/%	惰质组含量/%	壳质组含量/%
ZS15	3#	3.69	92.7	7.3	—	ZS76	3#	3.32	70.13	29.87	—
	15#	3.55	86.5	13.5	—		15#	3.15	65.4	34.6	—
ZS19	3#	3.62	91.1	8.9	—	ZS77	3#	3.25	70.13	29.87	—
	15#	3.43	94.7	5.3	—		15#	3.3	79.7	20.3	—
ZS27	3#	3.85	72.7	27.3	—	ZS78	3#	3.27	72.07	27.93	—
	15#	3.68	90.3	9.7	—		15#	3.32	80.53	19.47	—
ZS30	3#	3.88	73.8	25.6	—	ZS79	3#	3.32	62.24	37.76	—
	15#	3.4	91.5	8.5	—		15#	3.31	82.94	17.06	—
ZS31	3#	3.67	65.9	34.1	—	ZS80	3#	3.55	62.96	37.04	—
	15#	3.67	87.9	12.1	—		15#	3.35	84.77	15.23	—
ZS39	3#	3.98	70.4	29.6	0.6	ZS81	3#	3.55	66.27	33.73	—
	15#	3.96	82.2	17.8	—		15#	3.4	77.92	22.08	—
ZS73	3#	3.19	70.87	29.13	—	ZS82	3#	3.38	69.63	30.37	—
	15#	3.3	70.09	20.96	—		15#	3.39	86.27	13.73	—
F61	3#	3.69	78.84	21.16	—	F63	3#	3.51	77.95	22.05	—
	15#	3.73	87.1	12.9	—		15#	3.76	81.33	18.68	—
F64	3#	3.57	71.98	28.02	—	F65	3#	3.46	64.80	35.20	—
	15#	3.40	82.77	17.23	—		15#	3.38	82.03	17.97	—
F66	3#	3.50	73.48	26.53	—	F67	3#	3.74	74.42	25.58	—
	15#	3.40	78.00	22.00	—		15#	3.71	80.34	19.66	—

3. 煤质

郑庄区块3#煤层的灰分含量（A_d）介于8.2%～28.7%之间，平均约为13.2%；水分含量（M_{ad}）较低，介于0.7%～1.9%之间，平均为1.3%；挥发分产率（V_{daf}）介于5.4%～10.8%之间，平均约为7.2%；15#煤层水分含量介于0.3～2.61%之间，平均1.17%；灰分含量6.68～23.71%，平均15.1%；挥发分产率介于5.7～9.86%之间，平均7.4%。整体上15#煤层灰分含量较3#煤层略高。平面上灰分变化范围较大，属于中—低灰煤，整体上呈现出由中心向四周逐渐变大的趋势，且向W或SW方向灰分的增长趋势显著快于向N或NE方向。

樊庄区块内3#煤层灰分含量（A_d）平均约为14.1%，水分含量（M_{ad}）较低，平均为1.4%；挥发分产率（V_{daf}）均值约为7.8%；15#煤层水分含量（M_{ad}）平均为1.3%；灰分（A_d）含量平均14.1%；挥发分产率平均7.8%。整体上郑庄—樊庄区块煤质特征相近（表2-3-2）。

表2-3-2　研究区煤层煤质特征

井号	煤层	灰分/%	水分/%	挥发分产率/%	井号	煤层	灰分/%	水分/%	挥发分产率/%
ZS15	3#	1.58	18.58	8.13	ZS76	3#	1.22	11.55	7.66
	15#	1.12	9.88	5.7		15#	0.78	15.88	7.93
ZS19	3#	1.02	14.81	7.66	ZS77	3#	1.87	14.32	7.96
	15#	0.66	14.13	7.37		15#	1.33	19.73	9.32
ZS27	3#	1.43	14.64	6.85	ZS78	3#	1.15	12.36	7.17
	15#	0.93	14.61	7.39		15#	1.12	15.28	7.24
ZS30	3#	1.62	9.23	5.94	ZS79	3#	1.09	18.1	8.47
	15#	1.3	22.98	7.95		15#	1.09	16.93	7.22
ZS31	3#	1.7	12.32	6.96	ZS80	3#	0.99	13.14	7.94
	15#	1.34	14.76	6.36		15#	0.98	11.54	6.58
ZS39	3#	1.45	14.82	5.44	ZS81	3#	1.6	13.92	7.79
	15#	1.57	8.18	5.96		15#	1.12	21.47	9.17
ZS73	3#	1.12	11.21	7.46	ZS82	3#	1.04	15.17	7.87
	15#	1.09	20.66	9.03		15#	1.27	19.15	8.19
F61	3#	1.10	11.02	7.23	F63	3#	1.34	20.05	8.68
	15#	1.36	7.38	7.43		15#	1.10	7.03	5.61
F64	3#	1.0	12.45	8.11	F65	3#	2.3	14.26	8.14
	15#	0.9	34.73	10.58		15#	1.60	6.91	6.39
F66	3#	1.48	11.23	8.27	F67	3#	1.47	21.11	9.42
	15#	0.92	10.50	6.82		15#	1.50	9.03	5.68

二、煤层含气性

1. 煤层含气量

郑庄区块3#煤层的空气干燥基Langmuir含气量26.6～48.5m³/t，平均为36.5m³/t，Langmuir压力为1.97～3.93MPa，平均为2.87MPa。15#煤层空气干燥基Langmuir体积为35.7～47.2m³/t，平均为41.3m³/t，Langmuir压力为1.9～3.7MPa，平均为2.6MPa。两煤层均具有强的吸附能力。3#煤层吸附时间在1.8～27d，平均为12d，15#煤层吸附时间为2.3～14.2d，平均6d，相比较而言，15#煤层更容易解吸，区内15#煤层解吸效率普遍高于3#煤层。3#、15#煤层空气干燥基Langmuir含气量普遍大于20m³/t，资源基础落实可靠。仅在靠近断层、陷落柱等不利构造区域，由于煤层气逸散，含气量快速下降到15m³/t以下。3#煤层空气干燥基Langmuir含气量介于21.5～28.5m³/t之间，总体大于25m³/t，具备较好的资源基础；15#煤层空气干燥基Langmuir含气量为20.8～27.0m³/t，区块南部大于23m³/t，中部大于18m³/t（肖宇航等，2021）。

樊庄区块3#煤层的空气干燥基Langmuir体积为30.9～44.6m³/t，平均为37.8m³/t，Langmuir压力为1.85～2.93MPa，平均为2.35MPa。15#煤层空气干燥基Langmuir体积为23.5～48.9m³/t，平均为40.7m³/t，Langmuir压力为1.8～2.65MPa，平均为2.38MPa。3#煤层吸附时间在3.5～22.3d，平均为10.4d，15#煤层吸附时间为0.73～9.79d，平均4.17d，同样15#煤层更容易解吸。3#煤层含气量11.16～22.14m³/t，平均18.7m³/t，一般在20m³/t以上，整体富集程度较高；15#煤层含气量5.06～27.23m³/t，平均19.3m³/t。含气量展布呈现出“东西分带”的特征。中部整体含气量较高，均在20m³/t以上；西部寺头断层附近，受断层影响保存条件相对较差，含气量降低。含气量变化与地质构造呈现出明显相关性，含气量高值区主要发育于区块内NNE向复式向斜中的次级背斜和次级向斜两翼，低值区则发育于张性断层附近。

9#煤层探井取心少，煤层空气干燥基Langmuir含气量28.11m³/t，与3#、15#煤层含气量相当，表明薄煤层内仍然煤层气富集，具备较大开发潜力。

2. 含气饱和度

郑庄区块3#煤层含气饱和度普遍大于80%，除郑试25、郑试31、郑试32、郑试35井因距离断层较近煤层气受到散失导致含气饱和度较低外，其余井煤层含气饱和度范围76%～99.87%，平均91.86%，表明区块气藏整体属于中高饱和气藏（80%以上），利于煤层气的开发。樊庄区块煤储层含气饱和度介于28%～99%之间，平均值约为67%。总体上处于欠饱和状态，部分区域接近饱和状态。

三、煤层埋深及厚度

郑庄区块3#煤层平面分布稳定，结构简单，属稳定的全区可采煤层。3#煤层厚度为3.5～8m，平均厚度为5.6m，总体上表现为西厚东薄的趋势，分布稳定，西南部与北部煤层厚度最大。15#煤层厚度较薄，厚度为1.85～2.35m，平均厚度为2.1m。3#煤层埋深介于400～1500m之间，平均750m。区块南部整体埋深较小，为450～900m，平均650m左右，适宜高效开发；中北部煤层埋深增加，埋深范围介于800～1500m之间，属于深部煤层气范畴。垂向上15#煤层埋深与3#煤层间隔100m左右。

樊庄区块3#、15#煤层横向分布稳定，煤层厚度较大。3#煤层横向上无明显分岔现象，厚度为5.0～8.0m，一般6～7m，整体变化趋势为“北厚南薄”；15#煤层横向分布较稳定，但南北厚度变化较大，厚度一般为2～6.0m，平均厚度为3.25m，整体表现为“南厚北薄，西厚东薄”的展布特征，在西南区厚度可达4～5m，东部厚度一般小于3m。区内煤层埋深变化较大，3#煤层埋深为300～800m，一般为600～700m。在区块西南部、东部埋深最小，普遍小于500m；由南向北埋深逐渐增大，北部埋深一般大于600m，导致储层物性逐渐变差。垂向上15#煤层埋深与3#煤层间隔100m左右。

9#煤层厚度介于0.8～1.4m之间，煤层厚度较薄，垂向上埋深与15#煤层间隔50m左右，局部稳定发育。

四、物性特征

1. 孔隙特征

煤是一种复杂的多孔介质，煤中孔隙是指煤体未被固体物（有机质和矿物质）充填的空间，是煤的结构要素之一。煤的孔隙性质（包括孔隙大小、形态、连通性、孔容、比表面积等）是研究煤层气赋存状态、煤中气体（主要是甲烷）的吸附/解吸性能及其在煤层中运移的基础。

煤孔径结构划分采用B.B.霍多特的十进制孔径结构分类系统，即：孔径小于10nm为微孔；10～100nm为小孔；100～1000nm为中孔；大于1000nm为大孔。压汞法可测得孔径大于7.2nm以上的有效孔隙和孔隙特征，故利用压汞法对研究区煤样进行了系统的孔隙测试。

1）压汞孔隙度

煤的孔隙度是指煤中孔隙、裂隙的总体积与煤的总体积之百分比，其大小可说明煤储层储集气体能力的大小。据压汞法测试煤孔隙度原理，其所测得的孔隙度是指汞所能进入的有效孔隙的孔容（连通孔隙的孔容）与煤的总体积之比，故称其为“压汞孔隙度”。压汞孔隙度的大小，一方面可以反映煤储集气体能力的大小，另一方面也反映煤孔隙系统的渗透性好坏。相同的条件下，煤样进汞量越大，煤样的压汞孔隙度就越大，即是煤中连通的孔隙越多，渗透性越好。当煤中孔隙各个孔径段孔径均发育非常好，并匹配合适的情况下，其值就等于煤的真实孔隙度。

研究区煤样的压汞孔隙度详见表2-3-3。研究区20块样品的压汞孔隙度范围在3.91%～5.26%之间，平均为4.46%。

尽管所测试煤样采自于研究区内不同煤矿3#煤层，但其值之间的差别并不大，表明全区储气能力相当（图2-3-1）。据文献资料知：压汞孔隙度，沁水盆地一般为2.34%～11.6%，平均为5.8%；鄂尔多斯盆地一般为3.00%～17.63%，平均为8.32%；而两淮煤田一般为 1.3%～10.9%，平均为 4.3%。对比发现，研究区孔隙度相对前两者低，而稍高于后者。

表 2-3-3 研究区 3# 煤层压汞孔隙度数据

样品	TA-1	TA-2	TA-3	TA-4	TA-6	TA-7	TA-8	TA-9	CZ-1	CZ-2
孔隙度 /%	4.24	3.91	3.99	4.02	4.60	4.76	5.26	4.02	4.08	4.38
样品	CZ-3	CZ-4	CZ-5	CZ-6	CZ-7	SH-1	SH-3	SH-4	SH-5	SH-7
孔隙度 /%	4.02	4.63	4.88	5.05	5.07	4.20	4.86	4.41	4.13	4.72

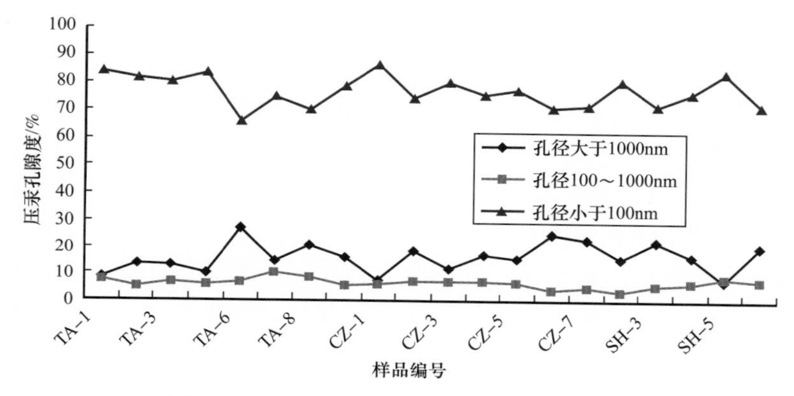

图 2-3-1 研究区 3# 煤层压汞孔隙度分布图

2）压汞孔隙结构

（1）压汞孔容、孔比表面积。

分析研究区内各孔径段孔隙含量（孔容含量）比例，明显看出：孔隙分布特征显示出两极分布，即以微、小孔占绝对优势，平均约占总孔隙含量的 77.29%；大孔其次，约占 16.42%；中孔的含量最少，约占 6.29%（图 2-3-2 和图 2-3-3）。

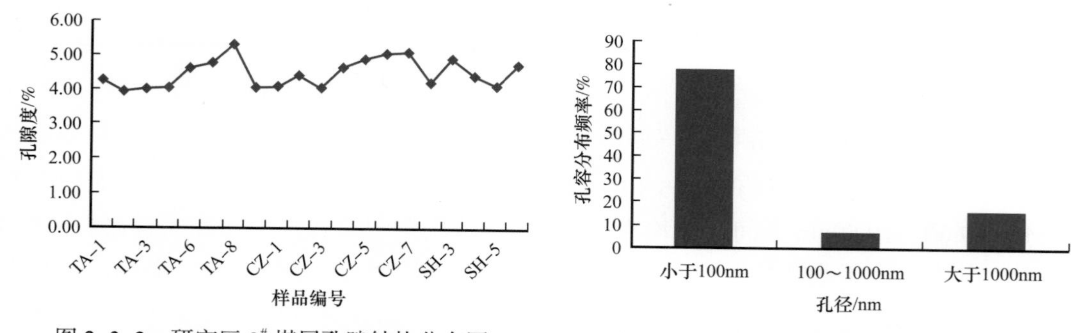

图 2-3-2 研究区 3# 煤层孔隙结构分布图

图 2-3-3 研究区 3# 煤层孔容分布频率图

分析研究区内各孔径段比表面积比例：微、小孔的比表面积占绝对优势，平均约占总比表面积的 99%；中孔其次，约占 0.5%；大孔的贡献微乎其微，约占 0.0263%。

综上所述，区内煤储层孔隙分布特征显示出两极分布，这样的孔径分布意义为：虽然该区微、小孔含量大且比表面积主要集中在微孔和小孔段（即小于100nm）导致煤储层具有很强的吸附气能力，但是由于孔径的两极分布以及中孔含量的相对较少，会导致孔径在中孔孔径段出现渗流瓶颈，从而降低孔隙的渗透性，同时，这样的孔隙分布也是导致孔隙度较小的主要原因（贾慧敏，2016）。

（2）中值孔径。

煤的压汞中值孔径，是指1/2孔容或比表面积对应的平均孔径大小，前者称孔容中值孔径，后者称比表面积中值孔径。它是直接表征孔隙结构的一个参数，反映煤储层孔隙总体分布特征，对煤层气储集和运移潜势具有显著影响。

对于孔容中值孔径，以CZ–1岩样为例，由其累计孔容与孔径关系图（图2–3–4）可看出：体积中值孔径越大，则压汞孔隙的各个孔径段的分布，整体向大孔径方向偏移，即孔容中值孔径越大，大、中孔径段孔隙所占的比例越大，导致煤基质渗透性变好，煤储层的吸附能力变弱；相反，则大、中孔径段孔隙所占的比例越小，煤基质渗透性变差，煤储层的吸附能力变好。

对于比表面积中值孔径，以CZ–1岩样为例，其累计孔比表面积与孔径关系图（图2–3–5）表明，比表面积中值孔径越小，则压汞孔隙各个孔径段的分布，整体向微孔、小孔径方向偏移，即比表面积中值孔径越小，微孔、小孔径段孔隙所占的比例越大，导致煤储层的吸附能力变强，煤基质渗透性变差。相反，则微孔、小孔径段孔隙所占的比例越小，导致吸附能力变弱，煤样渗透性变好。

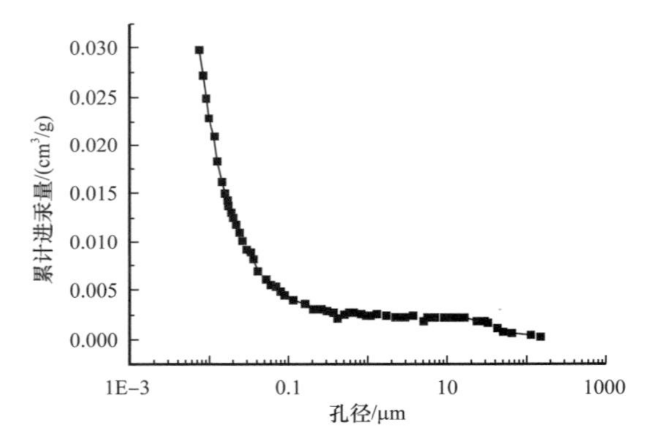

图2–3–4　CZ–1煤累计孔容与孔径关系图

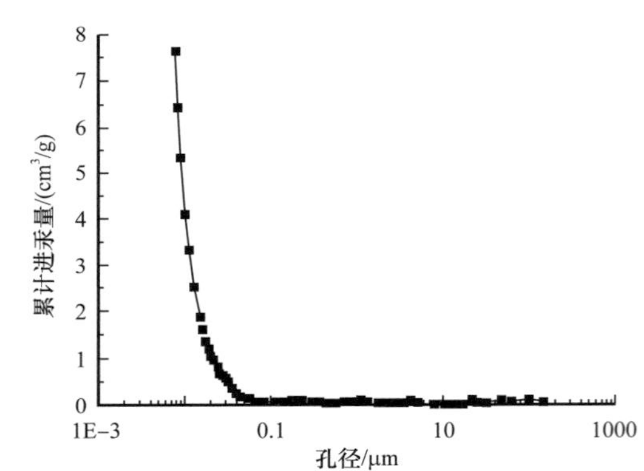

图2–3–5　CZ–1煤累计孔比表面积与孔径关系图

3# 煤层的孔容中值孔径介于15.80～23.50nm之间，平均为18.44nm；比表面积中值孔径介于9.60～10.50nm之间，平均为10.08nm。从压汞中值孔径（孔容或者比表面积）值来看，其大小位于小孔径段内，且靠近微孔段，表明全区煤孔隙以微、小孔占绝对优势，煤储层吸附能力强，但由于其他孔径段不发育，导致煤层气在开发过程中会出现渗流瓶颈。

2. 裂隙特征

煤储层是一种双孔隙的储层，它除含有基质孔隙系统外，还含有割理裂隙网络系统

（苏现波，1998）。孔隙系统是煤层气的吸附储集结构单元，而裂隙网络系统往往则是煤层气的主要运移通道。当储层压力降低时，煤储层中的气体从煤基质微孔隙表面解吸、扩散出来，并以渗透流动的方式通过裂隙网络系统流入井筒，从而形成具有工业开采潜势的煤层气气流。可见，决定运移作用的煤储层裂隙网络系统发育程度对于煤层气开发至关重要。

前人的研究已将煤储层割理裂隙系统区分出肉眼可见的外生裂隙、内生裂隙（割理）和光学显微镜下可见的微裂隙。傅雪海等（2001）进一步揭示了无烟煤储层多级多成因的割理裂隙系统，可以从宏观和微观两个层次上对煤层裂隙进行系统观察研究，相应地将煤层裂隙划分为宏观裂隙和微观裂隙两大类。

1）宏观裂隙的发育特征

宏观裂隙是指直接利用肉眼或普通放大镜可观察到的线形空间。为研究的方便，采用表 2-3-4 的划分方案来对研究区的宏观裂隙进行研究。主要采用了井下煤壁和煤岩心观察相结合的方法，对研究区的宏观裂隙发育进行了研究。

表 2-3-4 宏观裂隙划分方案

类型	成因
外生裂隙	煤层形成后受地质构造运动应力影响而形成的裂隙，其不但穿越煤层各种煤岩类型界面，而且能穿透煤层夹矸，甚至穿越顶、底板
内生裂隙（割理）	煤化作用过程中，煤中凝胶化组分由于多种压实作用、脱水、脱挥发分的收缩作用（不排除故构造应力场的影响）等综合因素作用下形成的裂隙，常见于光亮煤和半亮煤中

（1）外生裂隙的发育特征。

按其力学性质，可将外生裂隙进一步划分为张性裂隙、压性裂隙、剪性裂隙、松弛裂隙等（图 2-3-6）。通过对寺河矿、唐安矿、成庄矿井下煤壁观察外生裂隙发育情况研究统计（表 2-3-5），可知区内外生裂隙总体不发育，且在不同观测地点，其发育程度不同。沿着煤层层理面对裂隙走向等进行追踪知：区内外生裂隙常见的主要走向为 NE 向和 NW 向两组，其中 NE 向一组对应于燕山期 NW—SE 向挤压，NW 向一组对应于喜玛拉亚山期 NE—SW 向挤压，两组相互交切成为网状。裂隙沿层理面的延伸长度变化较大，为几米至数百米；其面平直或呈锯齿状，其中常有煤粉、方解石等充填物充填，影响区内煤储层渗透性。

表 2-3-5 外生裂隙发育情况

观测点	外生裂隙发育情况
寺河矿	密度为 4～5 条 /m，切穿整个煤层
唐安矿	不发育
成庄矿	密度 1～3 条 /5～10m，切穿整个煤层

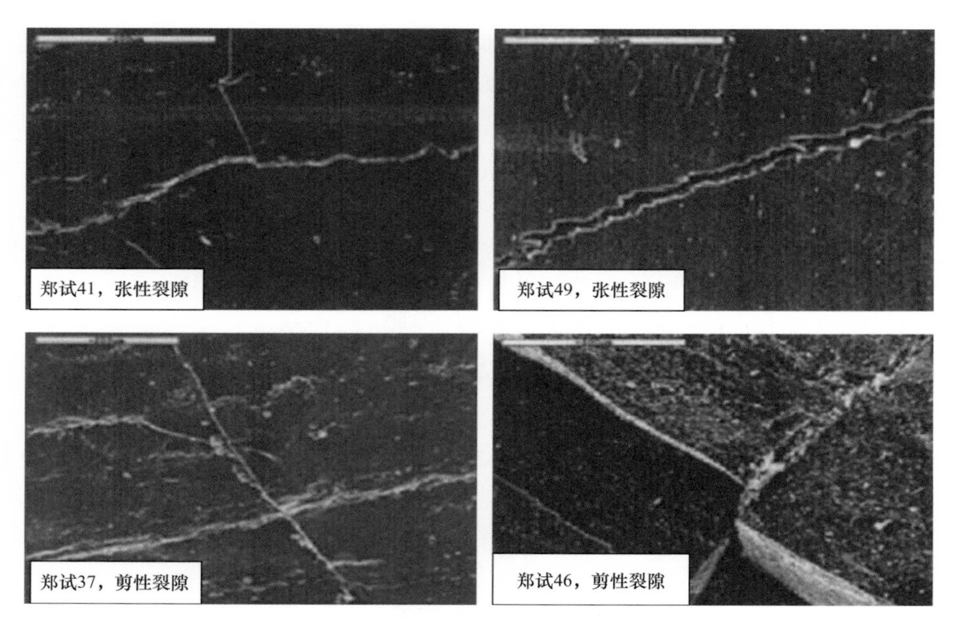

图 2-3-6 煤中外生裂隙

（2）内生裂隙（割理）的发育特征。

区内生裂隙（割理）发育于光亮煤和半亮煤中，其发育高度为几毫米至几米，其产状据研究区内 3 个观测点统计知：区内 3# 煤层中的割理主要存在两组优势发育方向，第一组的走向大致在 N33°～E66°之间，该组割理发育，密度为 27～120 条 /m，属面割理；第二组割理的走向大致在 N42°～W54°之间，该组割理发育相对较弱，密度为 24～60 条 /m，割理密度较小，属端割理，其发育长度受控于面割理。面割理与端割理常近于直角相交，割理面的倾角普遍大于 70°。割理宽度虽为几微米至几百微米，但大多处于紧闭状态为方解石所充填，并不利于煤储层的渗透性（图 2-3-7）。

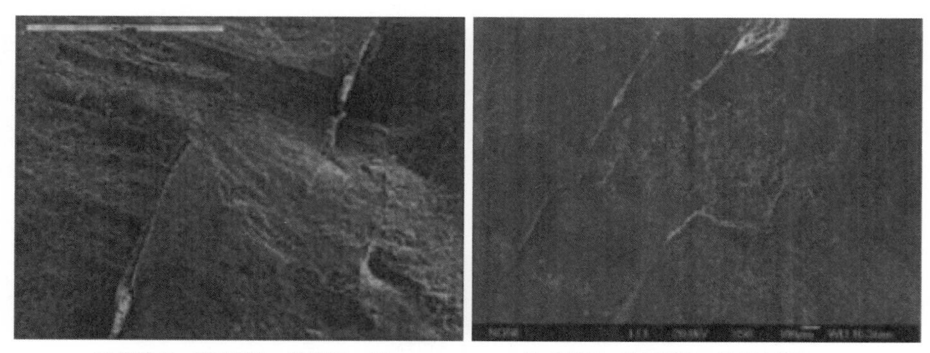

(a) 郑试43，静压裂隙，被充填(×55)　(b) 郑试33，静压裂隙，局部被充填(×50)

图 2-3-7 煤中内生裂隙

2）微观裂隙的发育特征

微观裂隙是指肉眼难以辨认的，必须借助光学显微镜或扫描电镜才能观察的线形空间，其发育尺度显著低于宏观裂隙。进一步分为两个不同尺度级次，即光学显微镜下可观测到的显微裂隙和仅扫描电镜观察到的超显微结构。多发育于镜煤与亮煤中。

（1）显微裂隙。

在光学显微镜下，显微裂隙主要发育于以均质镜质体为主的镜质组组分中，不穿越组分或受显微组分发育的显著制约。其主要形貌特征是：呈双针形，短、直且定向；裂隙两侧没有位移，与层理大体垂直，并呈等间距排列；其高度介于86.93～1636μm之间，变化比较大，宽度介于0.53～43.65μm之间，以大于1μm为主，密度介于44～640条/cm^2之间，平均约177条/cm^2，其成因属于收缩显微裂隙。上述裂隙是定向构造应力作用于相对致密组分的结果，属于构造显微裂隙。

研究区3#煤层基岩块中普遍发育显微裂隙，且主要以收缩显微裂隙、静压显微裂隙和构造显微裂隙三种较为常见。其中：收缩显微裂隙，成因相似于宏观裂隙中的内生裂隙，是在煤变质过程中因脱水、脱挥发分而收缩形成的裂隙，受区域构造应力影响而体现明显方向性，故其发育形态以短、直、与层理大体垂直、两侧没有位移并常等间距排列为主要特征，宽度、密度较其他两者大，主要发育于均质镜质体中，受组分发育制约；静压显微裂隙，其形成主要受到上覆岩层的静压作用影响，而体现出短小、弯曲、密集、无序为主要特征，宽度较一般为0.1～2μm，属中孔级（0.1～1μm）范围，其发育受组分制约，发育于均质镜质体和半丝质体中；构造显微裂隙，是指由地质构造应力作用产生的裂隙，故其最明显的形态特征是与煤层层理斜交，且延伸较长，主要发育于均质镜质体和半丝质体中，受煤岩组分的限制最弱，多穿组分。多共轭发育，以剪切成因为主。

（2）超显微裂隙。

在扫描电镜下，研究区煤储层中除上述显微裂隙之外，还存在长度一般小于10μm，宽度一般小于0.1μm甚至更小的微观裂隙，称其为超显微裂隙。区内煤中超显微裂隙比较发育，具方向性且成组出现。随着观测倍数的加大（100000倍左右），可清晰地看见该类微观裂隙发育于煤的分子层之间，其形成的主要原因是随着一定静岩压力下煤演化程度提高，缩合环显著增大，侧链和官能团减少，到无烟煤阶段，煤分子发生拼叠作用并产生定向排列所致。此外，部分超显微裂隙与显微裂隙相贯通，且无矿物充填，有利于煤层气的扩散运移。

研究区内3#煤层显微裂隙及超显微裂隙等微观裂隙发育程度远比宏观裂隙广泛，且其发育受显微组分的影响，光亮型和半亮型煤岩分层更为发育但不受限于特定煤岩分层，这对区内内生裂隙不发育且多为方解石矿物部分充填的高阶煤储层来说，无疑是对其渗透率的一个弥补。一方面，其可将若干单独发育的孔隙群进一步连结成一个更大规模的孔隙—微观裂隙系统，在连通孔隙相对不发育的情况下，显微裂隙成为衔接扩散的重要渗流通道；另一方面，超显微裂隙往往是煤层气扩散的良好通道，大大缩短了煤层甲烷产出过程中扩散距离，提高了扩散强度。

3. 储层渗透性

煤储层的渗透性是指在一定的压差下，允许流体通过其连通孔隙的性质，即渗透性是指岩石传导流体的能力。渗透性的优劣用渗透率表示。渗透率的大小直接影响到煤层气开发的难易程度，其值一般主要是通过试井的方法获得。

1）煤储层试井渗透率的分布特征

研究区内 $3^{\#}$ 煤层的试井渗透率分布（图 2–3–8），可看出：研究区内 $3^{\#}$ 煤层渗透率值在全区内变化比较大，介于 0.01～0.51mD 之间，平均约为 0.17mD。其中渗透率小于 0.1mD 井数占 66.67%，0.1～1mD 的井数占 33.33%（图 2–3–9）。因此，研究区 $3^{\#}$ 煤层属于低—中渗透率煤储层，低渗透率储层相对发育，与前述无烟煤孔隙结构特点是一致的。

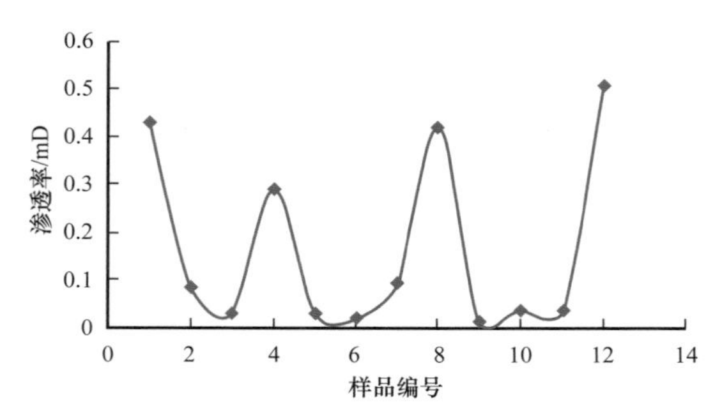

图 2–3–8 研究区 $3^{\#}$ 煤层内渗透率的分布图

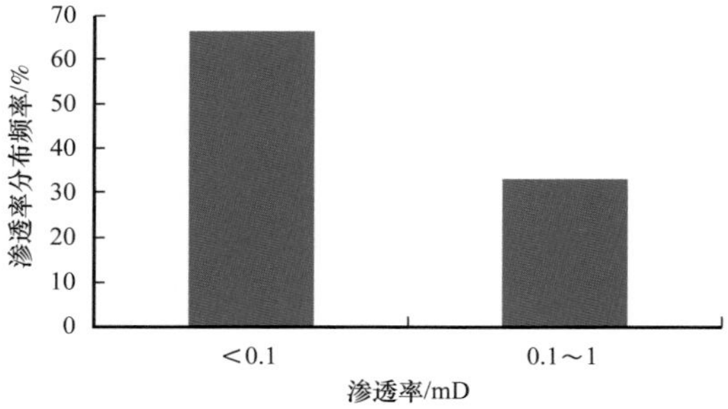

图 2–3–9 研究区 $3^{\#}$ 煤层渗透率分布频率

2）研究区渗透率的影响因素

影响煤储层渗透率的因素是十分复杂的，除受自身孔、裂隙发育这一内部因素控制外，外部因素诸如地应力、煤层埋深等对其都有不同程度的影响，但这些外部因素对渗透率的影响通过煤储层自身形变而实现。

（1）煤层裂隙系统。

从理论上讲，煤储层裂隙系统越发育，越有利于提高煤储层的渗透率。基于前文对研究区裂隙系统的研究，可知研究区内普遍发育 2 组宏观裂隙，但区内不同地方由于构造原因导致其发育密度不同，故区内渗透率值变化比较大。宏观裂隙中，内生裂隙（割理）发育程度明显较中、低煤级煤储层要差，是渗透率相对较低的主要原因。

（2）煤层埋藏深度。

研究区内 $3^{\#}$ 煤层的渗透率与埋藏深度的关系（图 2–3–10），可看出：区内煤储层渗透率随埋藏深度增加呈降低趋势，但分布比较离散。埋藏深度相当的两口煤层气井，其渗透率差距可达一个数量级以上，究其原因，是因为区内局部地区因地质构造的差异导致煤储层裂隙密度发育不同。由有限的渗透率与最小主应力的关系图可知，区内煤储层渗透率与现代地应力（最小主应力值）存在一定的相关关系，其相关拟合度超过了 50%。这种相关关系源于最小主应力对裂隙张开程度的影响，特别是与最小主应力垂直的那组节理或裂隙，而且最小主应力越大，裂隙的张开度就越大，对煤层渗透率的改善就越好。

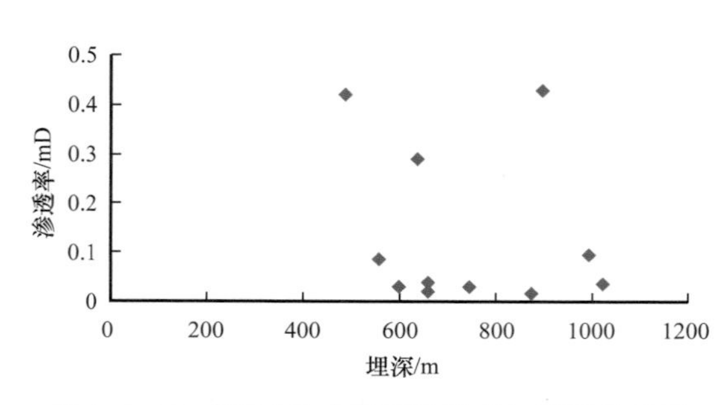

图 2–3–10 研究区 $3^{\#}$ 煤层渗透率与埋深关系图

第三章 L 型水平井井位部署与设计

在部署区评价、裂缝描述的基础上，开展了煤层气 L 型水平井井位的部署和参数设计。对构造、储层、裂缝等关键参数进行评价，利用神经网络系统法对部署区开展综合预测，明确开发有利区，确定井的部署模式。通过数值模拟技术，对 L 型水平井长度、走向、井距等关键参数进行优化，达到 L 型水平井高效部署的目的。

第一节 储层综合评价

一、储层评价主要方法

通过储层评价，明确开发有利区是煤层气 L 型水平井井位部署的前提条件。煤层气储层与常规天然气储层相比有许多特殊性。煤层气储层中煤既是气体的储集岩，也是生气岩。煤层气产出过程不仅有渗流过程，而且还有吸附、解吸、扩散等过程。因此获得切合实际的、准确的、科学的评价体系将比常规天然气更加困难。

评价过程需要科学地选用处理数据的方法。数学处理方法选择得越科学，评价结果的可信度才越高。目前煤层气储层评价方法主要有加权求和法、层次分析法、模糊数学法、神经网络系统法等（陈欢庆等，2015；刘克奇等，2004；裴向兵，2021；魏晋诚，2021；李东晖等，2022）。选择哪种计算方法，主要与参数的特点、研究的目的和任务等因素有关，具体来说是各地质参数的性质、参数之间的关系和具体值、研究的时间点及其前后的各指标状态。不同的评价方法所表现出的状态程度是不同的。

加权求和法是最简单、最快捷、最方便的方法，但是没有考虑煤层气储层各地质状况描述指标对研究目的贡献的差异性。不分层次考虑问题导致准确度、精确度都较低。即使增加了勘验点的地质状况描述数据，也不能反映随时间的变化参数的改变状态。尤其是当外界给予一定干涉时可能导致的变化趋势，且无空间向量表示特征（刘键烨等，2018）。

层次分析法可以解决加权求和法只能简单处理指标之间的关系问题，也考虑了煤层气储层各地质状况描述指标分层的关系，但是不可避免地又涉及到赋权问题。在赋权时，各个评价指标的权重系数大都以经验赋予法为主，可以是项目组成员一起完成，也可以是聘请专家组成专家组来确定。从事该项工作的人大都是行业专家，或由其指导。所以该方法掺杂了许多人为的主观因素，客观性在此表现较差。同时，也无法解决加权求和法的其他问题（赖富强等，2018；徐文军等，2019；黄天镜等，2021；张冲等，2021；周游等，2022）。

为了减轻主观因素对赋权的干扰，开展煤层气储层综合评价时可以直接使用客观的办法进行赋权工作。如熵权法可以减轻这一问题所带来的对煤层气评价精度和信度的影响。在赋权时，将指标之间进行两两对比，判断其权重差异来获得权重值，减少主观因素的影响。但是该方法也只是解决了赋权问题，其他问题仍然没有解决。

神经网络系统法、模糊数学法等也可以减轻赋权问题带来的不准确性问题（刘庆等，2018；王克营等，2022）。模糊数学法既可以得到不同指标值的相对大小差异，也可以得到同一个指标在一个确定的判定集中可能的状态表述值。神经网络系统法具有代表性的BP法，可以通过不断地学习将某指标随某些因素的变化而可能的变化状况进行模拟，处理数据的系统通过多轮次的修正、学习，直到更加符合实际的状态，以此减轻评价过程中不必要的干扰。同时还可以根据评价需要的精度改变处理系统评价结果的精度，准确度也更高（胡驰，2021；冯明洁，2021；田高鹏等，2021；赵军等，2021；王志豪等，2022；杨久强等，2022）。

定量数学的评价方法手工处理数据非常麻烦、复杂，但是在计算机软件技术的支持下，原来使用起来非常麻烦的数学处理过程变得简单，如层次分析法、模糊数学法、BP神经网络系统等的数据处理可以使用计算机软件自动处理，简化了处理过程，使这些评价方法的推广具有了更大的可能性。另外各种数学方法的综合运用也成为趋势。如使用熵权法的赋权优势，突出层次分析法的系统性优势，将问题进行分层次说明，再使用模糊数学法等其他方法进行评价，这样使得评价结果的精度、信度和准确性大大提高。

不同的煤层气储层评价方法各有其优势。简单的方法使用方便、处理数据便捷、应用面广，但精度低、可视性差。而定量程度高的方法处理数据过程复杂，但可以大大提高评价结果的精度、信度、可视性等。

本次以樊庄区块为例，利用监督神经网络分析（BP）法进行储层评价，明确开发有利区，为煤层气L型水平井井位的部署提供依据。

二、储层评价关键参数及参数预测

1. 关键参数

煤层气的形成、富集成藏条件、保存条件、储层特征、采气方式等方面都与常规油气不同，因此煤层气选区评价参数也有其特殊性。本次将煤层气储层评价参数分为决定煤层气资源富集程度与煤层气采出难易程度的两大类指标，并分别进行了说明。

1）资源富集程度

资源富集程度是决定能否获得高产的基础，主要包括构造、含气量和厚度。

（1）构造。构造是决定储层类型的关键因素。开发实践表明，构造也是控制产量的重要因素。对于构造平缓区，煤层保存完好，有利于获得高产。对于小断层发育或褶曲发育区，往往产气量变低。对于小微复杂的构造，往往难于发现与预测，必须通过地震资料与钻井资料分析，精细构造解释，精细刻画断层与小微褶曲。

（2）含气量。含气量的含义是：在标准温度（20℃）和标准压力（0.101MPa）条件下，一吨煤中所含气体（包括甲烷、重烃气体及非烃类气体在内的所有气体）的体积，单位是m^3/t。一般将含气量分为高含气量（大于$20m^3/t$）、较高含气量（$20\sim15m^3/t$）、中等含气量（15～8m^3/t）及低含气量（小于 8m^3/t）四类。沁水盆地南部开发区内含气量一般大于 8m^3/t，开发效果较好的区块含气量一般大于 18m^3/t。局部受构造和水动力等影响，含气量有所降低。一般来说，含气量越高，越有利于高产。

（3）煤层厚度。国内外获商业性煤层气流的地区，单井煤层总厚度均大于 10m，薄煤层分布区的煤层气一般没有商业开采价值，中等厚度煤层分布区稳产期短，开采经济价值不高。我国沁水盆地南部以 3# 煤发育最稳定、厚度最大，一般 4～7m。厚度越大，越有利于高产。

2）采出难易程度

煤层气与常规天然气显著不同，其产出过程分为“解吸—扩散—渗流”，煤层原始渗透率很低，必须通过压裂形成人工裂缝，才能形成工业气流，因此即使具备丰富的资源基础，如果不具备产出条件，同样形不成产量。影响采出难易程度的参数主要包括渗透率、煤体结构和地应力。

（1）渗透率。煤的原始渗透率可划分为高渗透率（大于 5mD）、较高渗透率（5～0.5mD）、中等渗透率（0.5～0.1mD）和低渗透率（小于 0.1mD）四类。一般在高渗区能获得高产，低渗区产量低。例如在樊庄区块埋深浅、渗透性较好，郑庄区块埋深大、渗透率低，开发效果来看，樊庄区块要好于郑庄。

（2）煤体结构。一般按照煤体的破碎程度，可将煤体结构划分为原生结构煤、碎裂煤、碎粒煤和糜棱煤，其中后三者统称为构造煤。一般原生结构煤的储层较构造煤更为有利。构造煤发育区一般构造较复杂，压裂难以形成稳定的渗流通道，不利于煤层气井获得高产、稳产。

（3）地应力。地应力对煤储层的控制，涉及到地应力对煤储层裂隙系统的形成及其发展过程。地应力控制着煤层裂隙的发育程度、空间展布规律以及后期演化（吴国代等，2009）。区域应力场产生区域性的裂隙系统控制着煤储层渗透率区域性分布，而局部构造地带的应力集中和差异分布，则是渗透率在不同区块存在差异的重要原因之一。外生裂隙是构造应力的直接产物，内生裂隙是构造应力下煤化作用的结果，两者都受构造应力场的影响。外生裂隙和内生裂隙的发育方向都受古地应力方向控制（贾慧敏等，2017；姚艳斌等，2021）。

2. 参数预测

1）构造精细解释

相对于常规油气来说，煤田及煤层气三维地震精细解释中遇到的地质体规模较小，如小型陷落柱以及断距和延伸长度都较小的断层等。如果用常规的解释方法难以保证解释的精度，且效率较低。而多属性地震综合解释技术的出现为这个问题提供了一条有效的解决途径（万照飞等，2020）。

利用三维地震资料精细解释煤层的关键就是明确构造背景：一是明确大断层（大于 15m 且错断开 1 个同相轴以上的断层）分布规律，在勘探井位部署与实施中规避大断层，确保井点为煤层富集区，不处于断层上或煤层气泄漏区；二是明确构造高低关系和构造形态，煤层在背斜高部位，反而变薄，翼部煤层相对较厚，煤层气更富集。为此通过井震联合标定明确煤层反射特征，进行框架解释，并利用地震剖面特征结合相干属性和体曲率属性中的相似性相干、特征值相干、边缘检测等属性落实了断层特征。

（1）地震属性体的提取。构造导向滤波：在实际的地震勘探中，几乎所有的地震数据都会受到噪声的干扰，这些噪声包括随机噪声和相干噪声。为了消除噪声，有效提高地震信号的信噪比及保真度，诸多学者都提出了不同的滤波方法，但许多方法在压制噪声的同事也降低了地震的分辨率。构造导向滤波在对数据体的平滑中会首先估算数据体重反射层的倾角，这样则使得平滑运算是平行于反射层进行的，有效地保护了地震的分辨率，提高了资料的信噪比，使地震数据同向轴的连续和间断特征更明显，从而可以提高层位、断层的解释精度（图 3-1-1）。

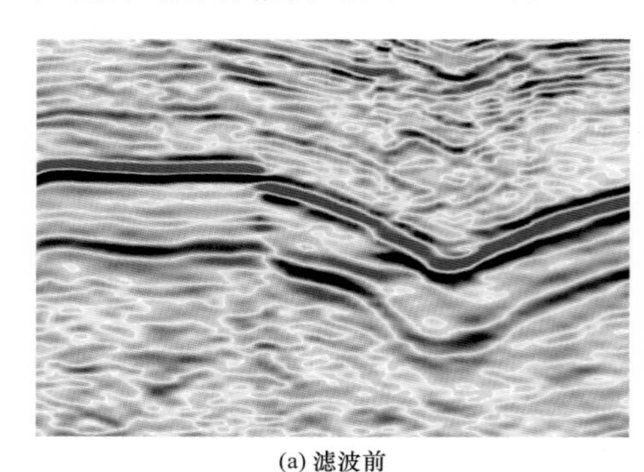

(a) 滤波前

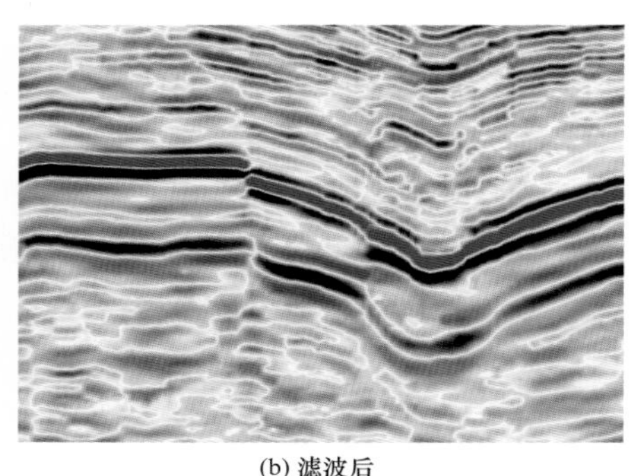

(b) 滤波后

图 3-1-1 构造导向滤波前后对比

方差体：方差体是通过计算地震道集内中心地震道与各道平均主值之间的方差值。具体为计算整个数据体中某点与周围相邻地震道视窗内所有样点之间的方差。计算时所采用的算法为加权移动算法，一般来说参与计算的相邻地震道越多，平均效应越大，凸显大断层而小断层的分辨率越低，反之则是凸显小断层而忽略大断层。

混沌体：混沌属性属于地震纹理属性的一种，地震反射信号呈现在剖面图上呈现出自然纹理图像的特征，其上的具体某个纹理所反映的便是地震数据中的某个像元，代表了反射波振幅与波形的变化情况。混沌属性反映的是地震波振幅的混乱程度。因为在三维地震体中，断层面附近的地震波会出现各种散射或绕射现象并且相互影响，所以在这些区域地震比振幅会出现杂乱的现象。通过计算求取包含在地震信号中的混沌信号模式，用来刻画地震资料的复杂程度，其值越大，说明混沌程度越高，揭示地震信息的横向变化越大，因此混沌属性可用来识别这些杂乱信号，突出地层断裂。同时这种属性也可以用来探测地震信号中岩相的变化。

相干体：地震资料解释中，相干属性主要用来检测断层、裂缝以及刻画地质体边界。在相干属性提取过程中，主要是以目标点为中心的时窗分析相邻地震道波形的相似性。通过对波形之间的相似性分析来得到地层的不连续性变化特征。相干体可以在原始数据体上提取，也可以在构造导向滤波的基础上提取，在构造导向滤波的基础上提取，反映构造细节更清晰。

蚂蚁体：是根据蚁群算法提取的一种属性体，通常被称为“智能”蚂蚁技术，主要用于断裂系统自动分析、识别。蚂蚁体可以定性识别 2m 以上的割理和节理，它与体曲率具有互补性。可应用到断层识别。断层属性体在断层处表现为属性值的局部极大或极小，如相干体在断层处表现为相干值的局部极小，基于此特点，可以使用方向性蚁群算法对相干剖面或者水平切片进行断层追踪和识别。方向性蚁群算法应用于断层追踪与自动识别的流程图（图 3–1–2）。

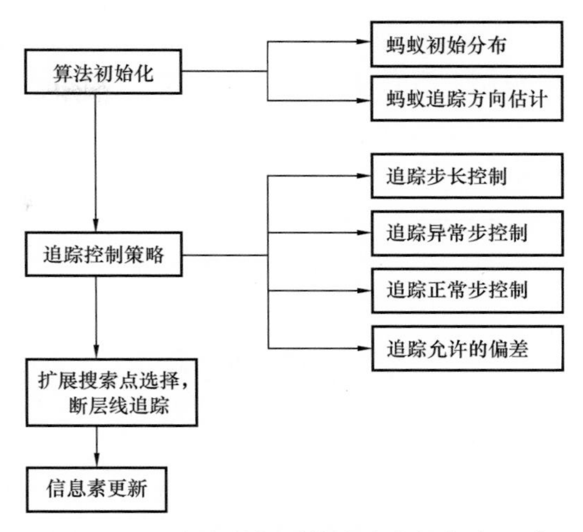

图 3–1–2　方向性蚁群算法追踪与自动识别断层流程图

体曲率：体曲率属性可提供常规地震属性以外的重要信息。主要用于识别断层和裂缝，可以揭示与断层等线性特征有关的大量信息，从断裂或裂缝的形成机制看，构造应力是形成裂缝的最主要影响因素。在构造应力作用下，地层发生不同程度的弯曲或错动，对于煤层这种硬、脆性地层而言，这些不同程度弯曲或错动的部位预示着断层和裂缝发育的部位。

（2）断层解释。由于断裂解释是构造解释的难点，为此，本次使用断层展布特征的整体认识和单断层的细致解释相结合，井震结合，井断点控制，与构造建模结合，立体综合解释等解释方法。具体包括：首先使用多属性综合分析技术，联合解释认识断裂的空间展布特征，在针对具体层位，采用沿层属性进行断裂分析。由于单一的属性各自有其局限性，所以进行多属性综合研究技术。通过将在剖面上已经落实的较为明显的断层与各属性比对，分析认为蚂蚁体、相干体和体曲率属性对断层的识别效果较好，反映出的断层形态基本一致。其中体曲率对具有弯曲度的断层非常敏感，却难以识别断面平直的微小断层；而蚂蚁体对断面平直的微小断层很敏感，并易于识别。因此综合蚂蚁体和体曲率属性可使微小断裂体系解释更加完善（图 3–1–3）。其次，将解释结果与断层建模紧密结合，进行三维化验证。对断层的解释进行空间立体闭合，进行逐断点解释的质量监控，再利用断层建模的功能，将地震解释和建模相互验证，反复进行统一。在地震属性指导的基础上，将解释的断层应用三维可视化技术进行全方位立体显示，确保断层解释准确、可靠。

（3）陷落柱解释。陷落柱是可溶性岩层在地下水强径流作用下，被溶蚀形成空洞、孔隙或裂隙，最终受重力和构造应力的影响，上部岩层失去支撑从而垮塌陷落形成的一种特殊地质构造。

沁水盆地南部的陷落柱较常见的形态有圆形、椭圆形、近似长方形及不规则形等。在剖面上比较常见的形态有圆锥状、筒状、漏斗状、反漏斗状、斜卧状等。根据陷落柱相对煤层的接触关系及塌陷程度不同，可分为通天柱、半截柱及下伏柱 3 类（图 3–1–4）。在众多类型的陷落柱中，对含气性影响最大的是通天柱，因为通天柱可以使气体直接向地表运移散失；半截柱虽然不能使煤层气直接逸散到大气中，但它沟通了煤层的顶底板层，气体会随地下水的循环而散失；下伏柱虽然对煤层气逸散没有直接影响，但它减少了煤层下伏的地层厚度，在对煤层实施压裂改造及其他增产措施时增加了潜在风险。

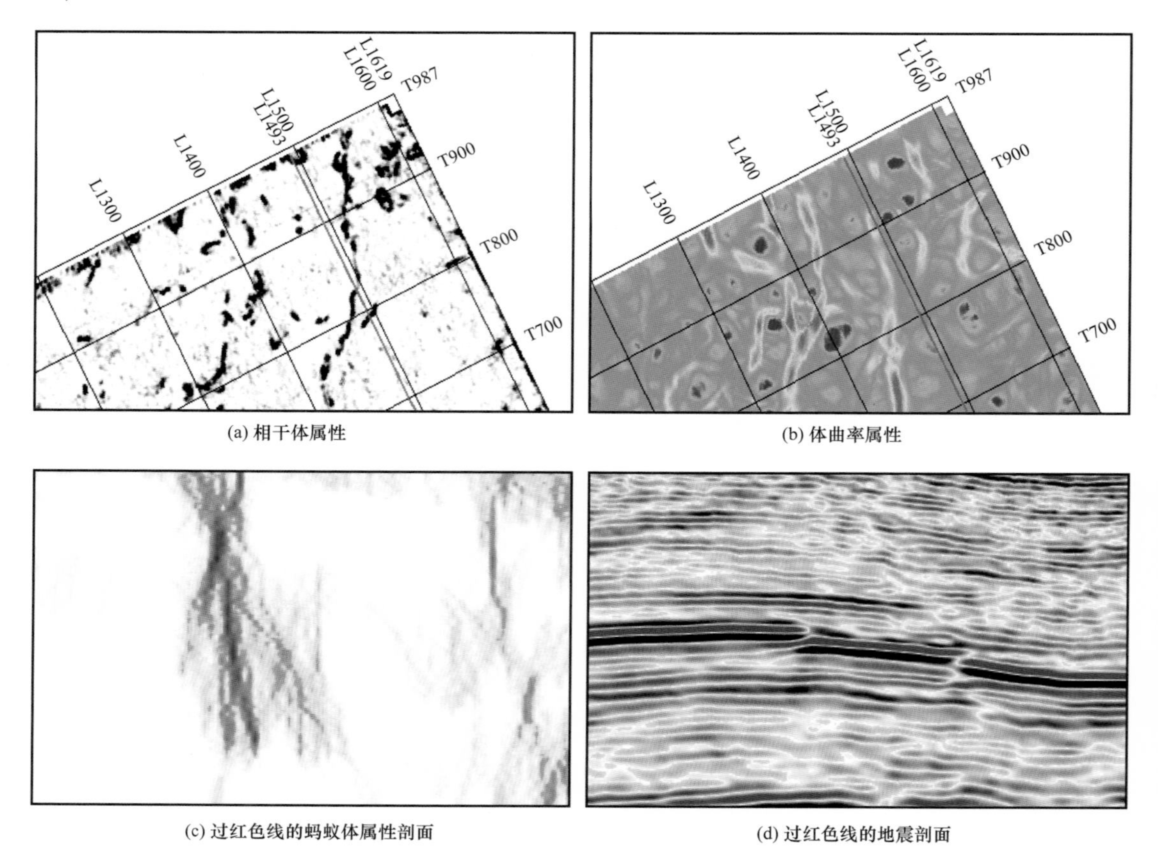

(a) 相干体属性　(b) 体曲率属性

(c) 过红色线的蚂蚁体属性剖面　(d) 过红色线的地震剖面

图 3-1-3　多种属性解释断层及组合

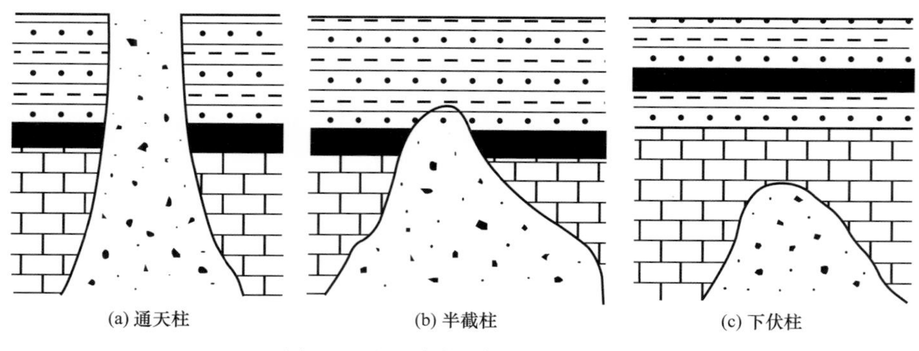

(a) 通天柱　(b) 半截柱　(c) 下伏柱

图 3-1-4　不同塌陷程度的陷落柱

由于陷落柱是因岩层塌陷而形成的一种柱体构造，所以在地震剖面上有不同于其他地质体的反射特征：① 标准反射波在小范围内突然中断、消失或变弱，而中断波仍与标准反射波相似，这是陷落柱在地震剖面上的基本表现特征；② 陷落柱的边缘，反射波同相轴有不同程度的向陷落柱中心弯曲或倾斜现象，这类陷落柱常伴有小断层出现；③ 地震反射波动力学特征突变，像短距离内振幅减弱、频率降低，随之又恢复正常，并且出现绕射波等异常现象；④ 由于陷落柱在地震反射波特征上与煤层存在较大差异，在方差体、相干体及曲率体的沿层切片上陷落柱通常表现为点状的异常值。在实际的地震解释中，上述地震反射特征不一定同时出现，需要在异常点上进行平面和剖面上的反复比对才能最终确定陷落柱的存在。

陷落柱的发育在地质构造上会造成上覆地层向下塌陷，从而使煤层发育段被高纵波阻抗的地层或岩石所充填，因此，煤层中陷落柱发育位置表现为高纵波阻抗的特征；此外，从正演地震资料上看，陷落柱也会产生反射同相轴的中断、弯曲等波形变化和振幅减弱的响应特征。

（4）层位解释。井震标定结果表明：C–P 系太原组 15# 煤至山西组 3# 煤波组特征表现为四个高连续、强反射、低频、亚平行相位。煤层越厚反射越强，煤层越稳定地震反射越连续，故而本地区 3# 煤层比 15# 煤层反射强、连续性好（图 3–1–5）。

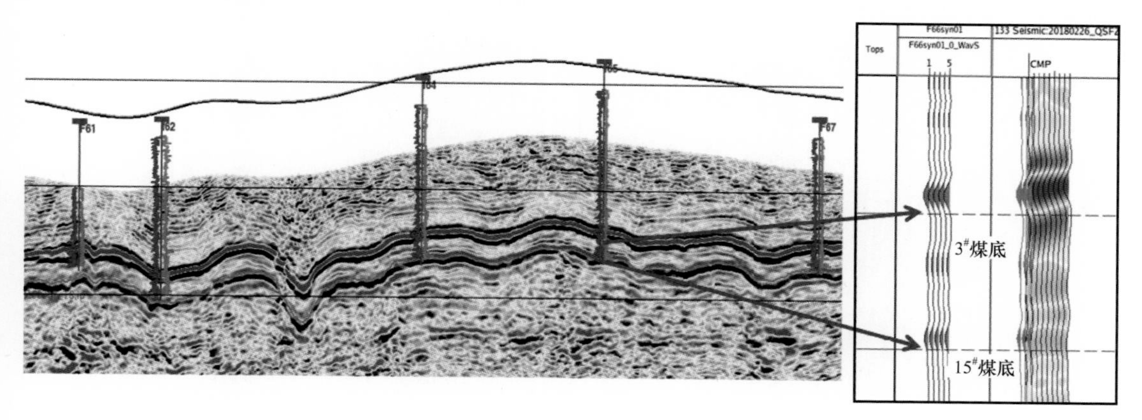

图 3–1–5　井震标定

利用井震标定中主要目的层地震反射特征，从已知井和主干剖面出发，以点到线到面到体的方式进行目的层地震同相轴识别、对比、追踪、闭合，实现地震资料的精细解释。

为了保障小于 1ms 的解释精度，利用沁水盆地 C–P 沉积处于华北西部海陆交汇构造较稳定区的特点，地震反射同相轴能量强、连续好，适用于自动解释技术。如图 3–1–6 所示，首先用强振幅、大时窗得到目标层位的大种子点，用这些大种子点形成层位的初始趋势面；再逐渐减小时窗，选取不同中种子点，将初始趋势面不断细化；最后用最小时窗、最小种子点形成最终层位。

与断层解释类似，将解释结果进行三维化验证。对层位的解释进行空间立体闭合质量监控，将地震解释和建模相互验证，反复进行统一，确保层位解释准确、可靠（图 3–1–7）。

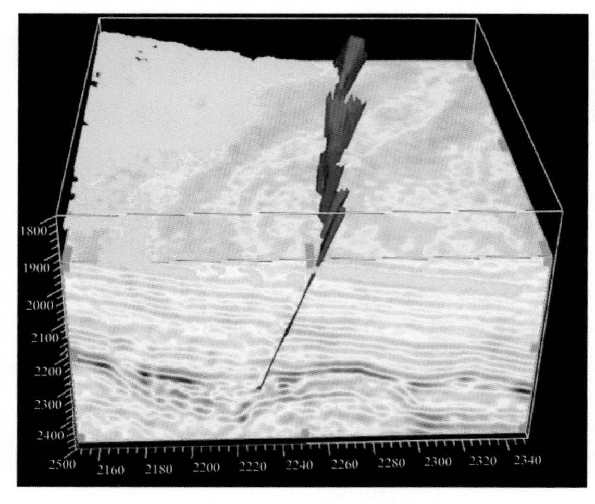

(a) 自动层位解释示意图

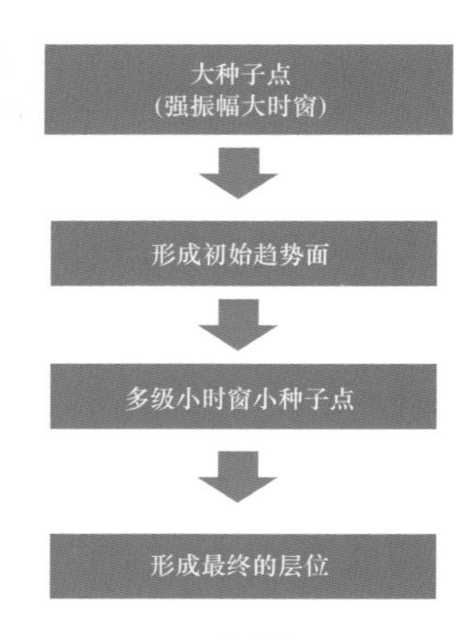

(b) 流程图

图 3-1-6 自动解释技术示意图

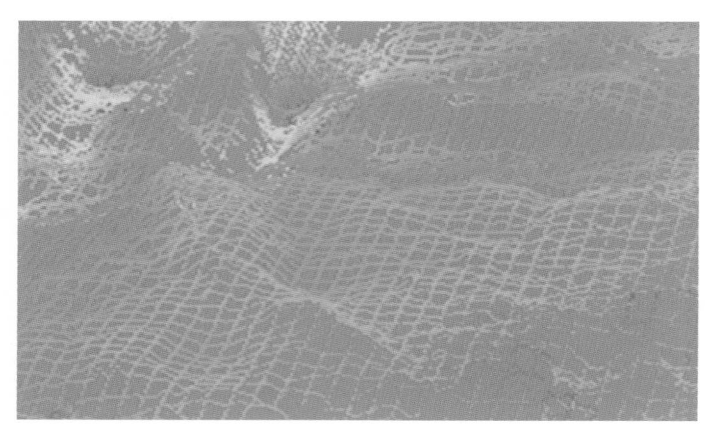

图 3-1-7 层位空间质控

（5）地震速度建场。针对山地复杂地表情况，建立地震速度场需要明确深度域的距离关系（图 3-1-8），目的层（图 3-1-8 中的地层面）的相对海拔（TVD，也即图 3-1-8 中的 H_1）等于补心海拔减去测量深度，通常规定海平面以上为正，海平面以下为负；其中补心海拔（K_B）等地面海拔加上补心高（钻井平台到地表的距离）。另外如果定义了基准面的高度，则相对基准面深度（H_2）等于 H_1（TVD）减去基准面的数值，H_2 基本上为负。

通过井震标定得到井点处的时深关系，以各井为点，应用反距离加权、克里金算法或三角内插法进行速度的内插外推。该方法所建的速度场其优点是井点处或井点附近速度相对较准；其缺点，一是由于井点分布不均匀及分布密度不够，制约着速度场的精度，二是井点间速度内插外推以水平方向为主，没考虑构造趋势、沉积特征的变化，三是在钻井未钻遇的区域，无法建立速度场（图 3-1-9）。

由于缺少高密度高程资料，传统单井速度建场，直接采用单井高程参与速度建场，这样所得到的速度场，平面精度受井位分布的影响，无法适应山西复杂的地表情况，故而本次高程信息选用了地震测量的高密度网格资料，在速度建场时不考虑高程，先得到埋深图，再与地震高程相减，最终得到 TVD 图。

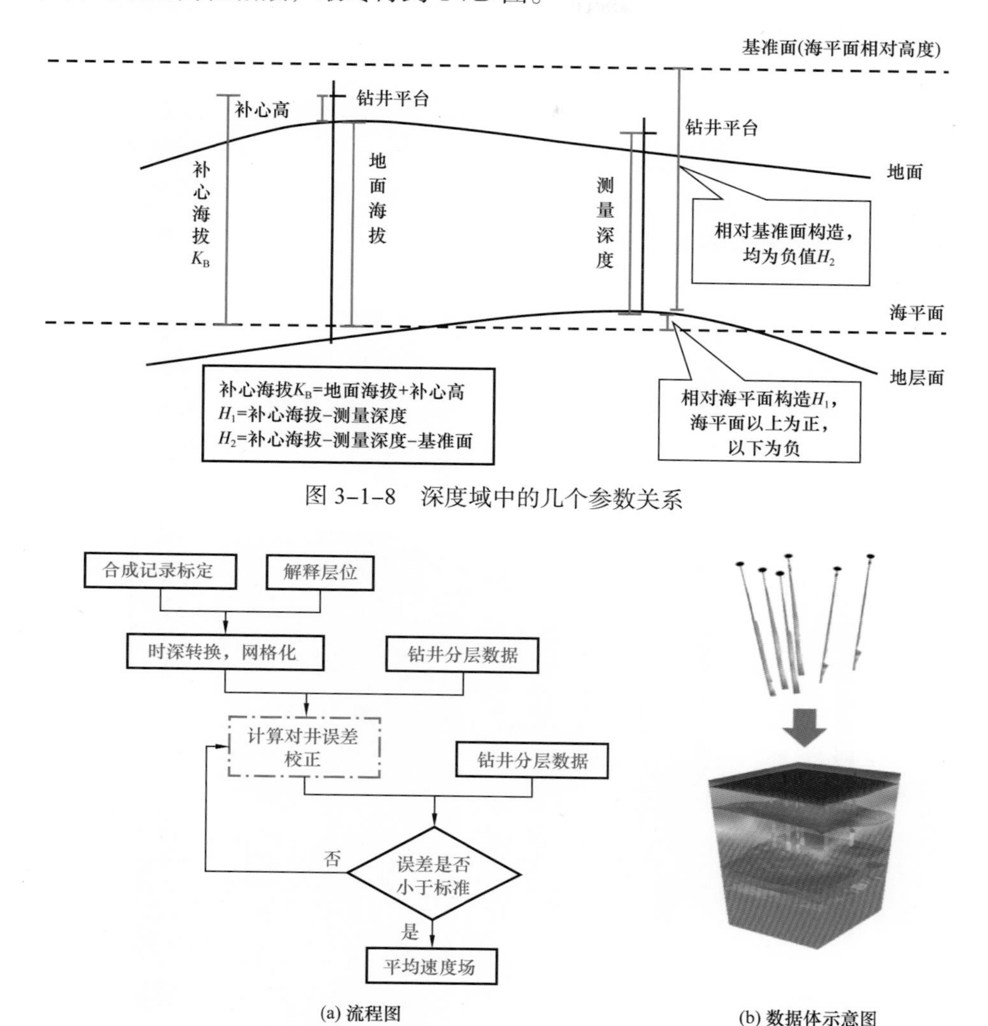

图 3-1-8　深度域中的几个参数关系

图 3-1-9　速度建场技术流程图

本次采用 Geoeast 软件与 EPS 软件共同建场，首先用工区内 488 口井的时深关系来构建初始化速度场；再利用 3# 煤层与 15# 煤层的解释层位约束井点速度的内插外推，考虑了构造变化造成的岩性、速度的变化，使建立的速度场变化规律更符合客观情况；最后用井的分层数据进行检验与校正，并不断迭代修改速度场，赋予时间层位在井点处的正确埋藏深度（测量深度）值，最终得到地震速度场，所转换的为准确的埋藏深度（测量深度），并非考虑高程的 TVD 深度。

（6）煤层海拔构造图。487 口井的 3# 煤层埋藏深度误差统计分析表明，绝对误差均小于 5m，相对误差均小于 1%；其中 94% 的井绝对误差小于 3m，相对误差小于 0.5%；190 口井的 15# 煤层埋藏深度误差统计表明，绝对误差均小于 5m，相对误差均小于 1%；

其中 90% 的井绝对误差小于 3m，相对误差小于 0.5%。时间—埋深转换精度较高。

用地震测量得到的高密度高程面分别减去 3# 煤层与 15# 煤层的埋藏深度即可得到 3# 煤层与 15# 煤层的海拔构造图，进而指导水平井设计。

2）煤层厚度预测

薄互层干涉分析，对于单层薄层情况，当煤层厚度小于 1/4 地震波波长时（一般为 20～30m），煤层顶、底反射相互干涉形成复合波，在复合波上很难分辨煤层的顶、底反射。通过正演模拟表明，煤层厚度为 100～60m 之间时，煤层顶、底不发生干涉，顶界反射为两个旁瓣充填，故振幅弱于底界面单轴反射，并且，煤层越厚，顶底之间的空白带越厚；当煤层小于 60m 时，煤层顶、底反射开始发生干涉叠加现象，中间的轴也随之逐渐减弱，最后消失；当煤层厚度为 20m 左右时（1/4 波长），底界面反射发生干涉调谐现象，振幅表现最强；煤层厚度为 20～0m 之间时，煤层由上而下为弱峰—强谷—强峰的反射特征，且煤层越薄，振幅越弱。因此，针对薄煤层，煤层越厚，振幅越强，故可用振幅属性预测煤层的分布。由于振幅受地震分辨率的影响，而地震分辨率较低，故只能用振幅属性定性预测（图 3-1-10）。

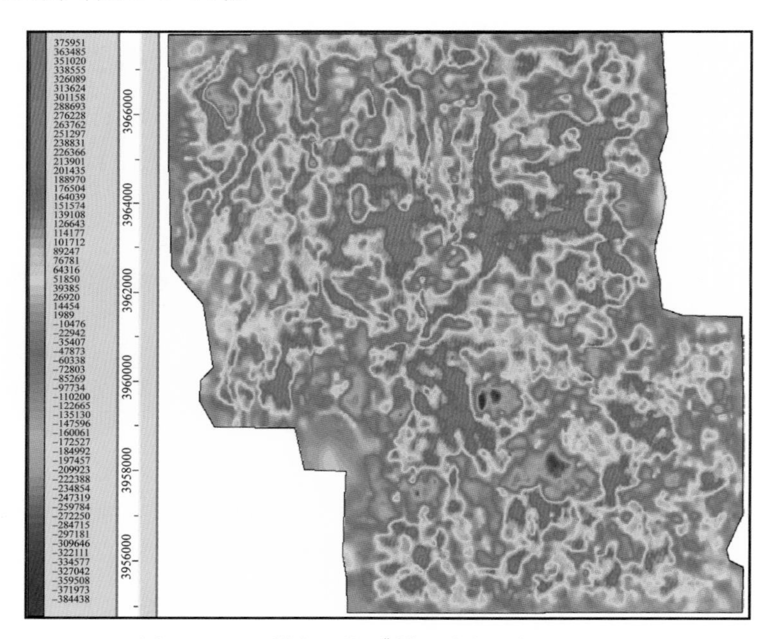

图 3-1-10 樊庄区块 3# 煤层均方根振幅平面图

3）煤体结构预测

煤体结构是指煤层在地质历史演化过程中经受各种地质作用后表现出的结构特征。按受构造作用的破坏的程度，煤体结构可以大致分为原生结构煤、碎裂煤、碎粒煤和糜棱煤四类（从前到后，破坏程度依次增大）（张建国等，2021）。受多种因素制约，本次将原生结构煤与碎裂煤统一为原生煤，将碎粒煤和糜棱煤统一为构造煤，也即使用了二分法。

（1）构造应力法。通常宽缓且走向清晰的构造单元，往往经历的构造运动也较单一，原生煤保存良好，反之，构造复杂多变的构造单元，往往经历了多期构造运动，煤体结构趋于破碎。前人区域构造发育研究结果表明，沁水盆地煤系地层沉积以后，大体发生了四期较大的构造运动，不同时期构造运动的应力方向与所产生的构造走向各不相同。其中，印支期应力方向表现为南北向挤压，所产生的褶皱为东西走向；燕山期应力方向表现为北西向挤压，所产生的褶皱为北东走向；喜玛拉亚山期与第四系应力方向表现为北东向挤压，所产生的褶皱为北西走向。故而根据现今的构造走向可大体判断所经历的构造运动的时期与期次，进一步根据所经历运动强度与期次来判断煤体结构。

（2）储层参数反演法。利用煤体结构在测井参数上的响应的差别来划分原生煤与构造煤。通过储层参数反演可得到各煤体结构敏感测井曲线的参数体，各参数体井点处的数值与测井曲线一致，进而利用测井对应的煤体结构进行原生煤与构造煤的划分。

储层参数反演是在波阻抗反演基础上进行的，在正确波阻抗反演基础上，再进行储层参数反演。其中，针对煤体结构纵向上厚度较薄（0.4～1m）的特点，测井的采样参数一般为 0.1m（约等于 0.05ms），需要加密地震采样率，由 1ms 加密为 0.5ms 或更小的 0.2ms，通过比较不同采样率的参数反演结果可以发现，当地震数据的采样率为 0.2ms 时，参数反演的结果足够精细，能够较准确描述煤体结构的变化特征（图 3-1-11），故而针对煤体结构预测将地震采样率加密为 0.2ms。

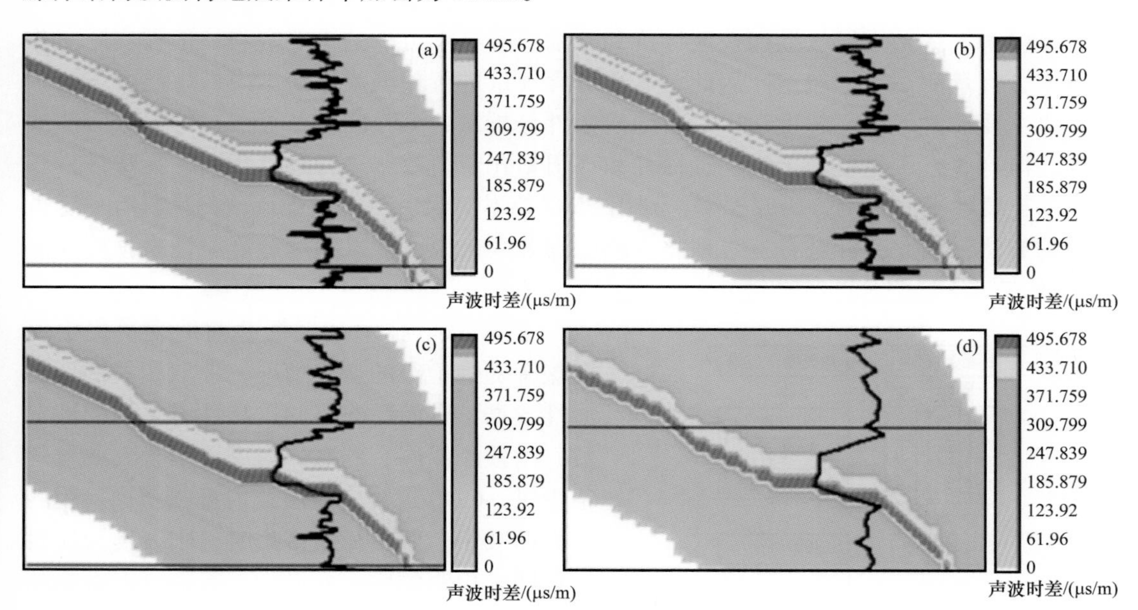

图 3-1-11　不同采样率反演结果

由于构造煤声波时差小电阻率低，原生煤声波时差较大电阻率高，因此，电阻率与声波时差是煤体结构的敏感测井参数。图 3-1-12 为樊庄三维区 3# 煤层声波时差与电阻率测井参数平面图反演结果，图中声波平面图中声波时差大的区域为原生煤的分布区，电阻率平面图中电阻率高的区域为原生煤的电阻率参数预测分布。3# 煤声波时差显示，樊庄三维区原生煤南部较为发育，对应的电阻率高达 4000Ω · m。

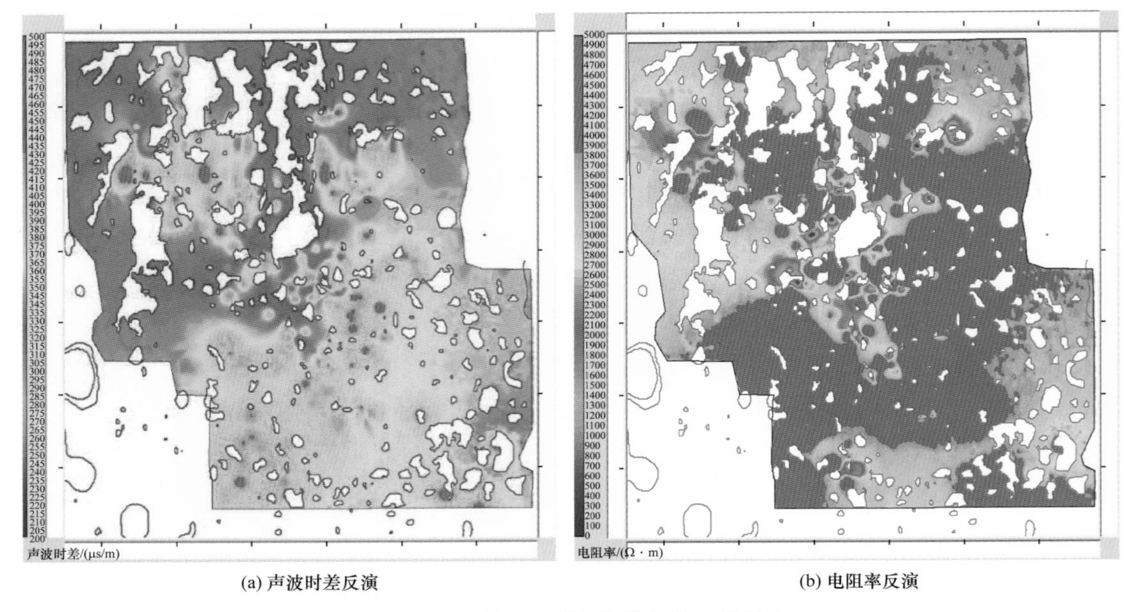

(a) 声波时差反演 (b) 电阻率反演

图 3-1-12 樊庄三维区煤体结构反演结果

4）含气性预测

煤层含气量是煤层气勘探选区评价和开发部署必不可少的重要资料，但在实际工作中由于含气量测试数据较少，因此，需要对含气量进行预测。目前国内外煤层含气量预测方法主要有含气量—梯度法、综合地质条件分析法、测井曲线估算法、等温吸附曲线法等。但这些方法主要基于煤层气探井和煤田钻孔资料数据进行逐点预测，无法进行较准确的连续性平面预测。研究表明，利用 AVO 技术对煤层含气量进行预测是具有一定可行性的方法，因此，针对有三维地震资料的部署区来说，可以利用地震属性来预测煤层含气量。

常规 AVO 技术是根据叠前地震道集中反射振幅随炮检距的变化情况，提取相关的地震属性数据，进而反演与储层特性有关的物性参数，以预测储层有利区。当煤层不含气或含气很少时，CDP 道集上煤层反射振幅随炮检距的增大而减小；而当瓦斯富集时，则表现为反射振幅随炮检距的增大而增大。影响反射振幅随炮检距变化的最主要因素是介质的泊松比，其次是速度。因此，AVO 响应实际就是地层泊松比异常的反映。由于瓦斯的富集会引起煤层的泊松比增大、弹性模量降低等变化，因此可用 AVO 技术研究煤层的含气性。

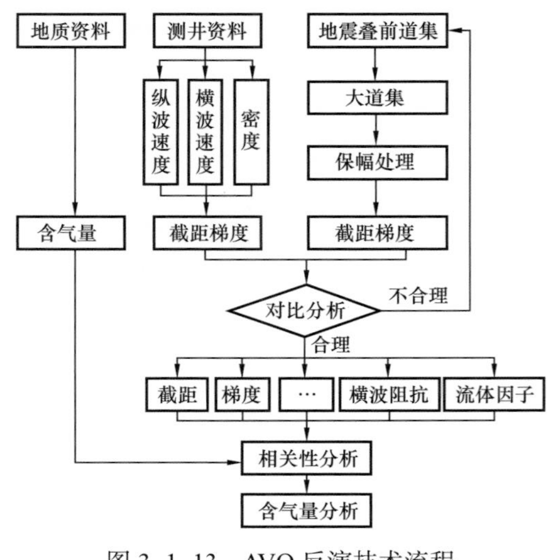

图 3-1-13 AVO 反演技术流程

AVO 反演的技术流程如图 3-1-13 所示。

进行地震 AVO 反演，关键就是希望能获得与地下实际情况比较符合的截距和梯度信息。为了实现这一目的，主要是通过对比测井的 AVO 响应与实际地震资料的响应是否一致。当测井资料比较可靠时，可以测井资料为准，当实际地震资料的振幅信息比较可靠时，可以实际地震资料为准。

基于截距和梯度属性，可获得纵波阻抗、横波阻抗、极化参数、密度和伪泊松比等地震属性。基于各地震属性与瓦斯含量的相关性，建立多属性与含气量间的非线性关系，得到含气量分布结果（图 3-1-14）。

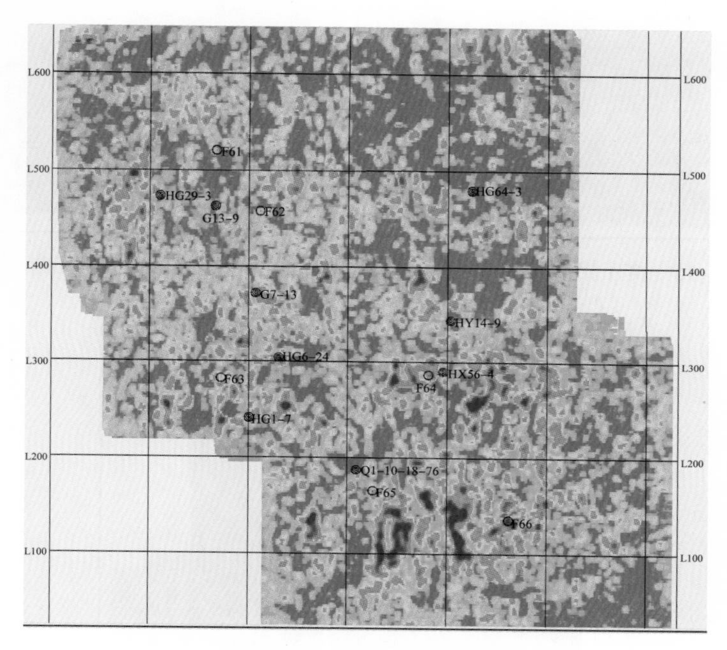

图 3-1-14　含气量预测图

5）地应力预测

获取煤层地应力的方法主要包括测量法、测量计算、数值模拟和地震资料预测等，地震预测法主要包括反射系数反演、岩石物理建模和曲率属性预测等。基于曲率属性的地应力预测方法得到的地应力与地形变形程度相关，即地层变形程度越高，地应力越大。但煤岩地层岩体强度低、性脆，地层变形程度高的地区易产生断裂，导致地应力释放形成现今地应力低值区，导致现今地应力与曲率趋势不一致的情况。因此，根据曲率属性预测地应力时，还需要区分断裂发育区与不发育区。具体做法是可通过数据体融合技术剔除断裂区，达到预测现今地应力的目的（陈龙伟等，2020）。

先对樊庄区块煤层进行相干属性提取，利用相干属性刻画断裂（图 3-1-15），通过对比发现，相干值＜120 区域为断裂区，在图中红色区域为断裂发育区，可以看出，断裂主要发育在北部，呈南北向或北东向展布。其次，以曲率属性为背景，选取曲率全部值域数据（-0.001～0.002）与相干属性中表示断裂部分的数据（0～120）进行属性融合计算（图 3-1-16）。根据融合后的数据求取最终的地应力（图 3-1-17）。

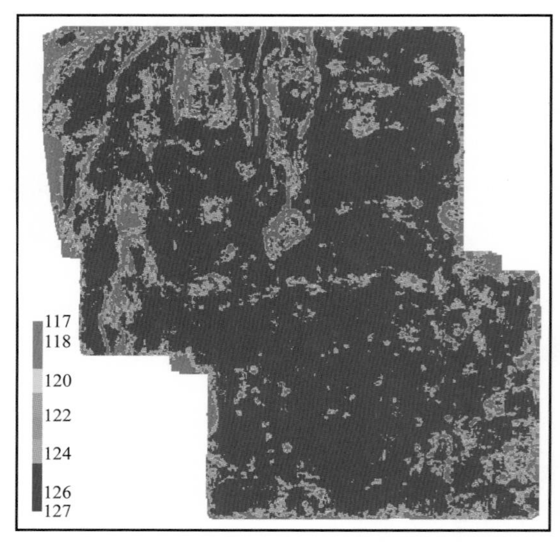

图 3–1–15　樊庄相干属性

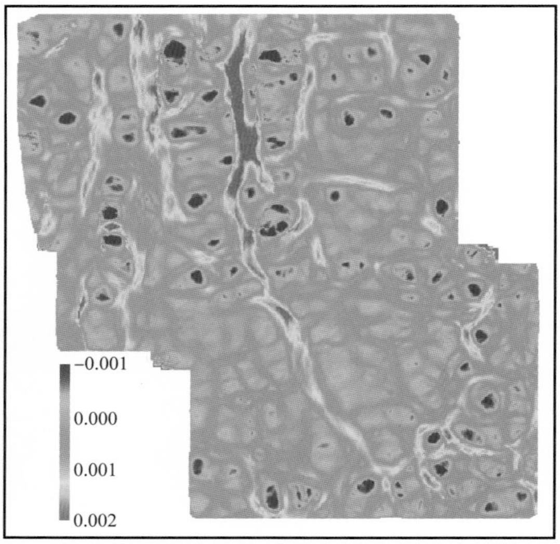

图 3–1–16　樊庄曲率属性

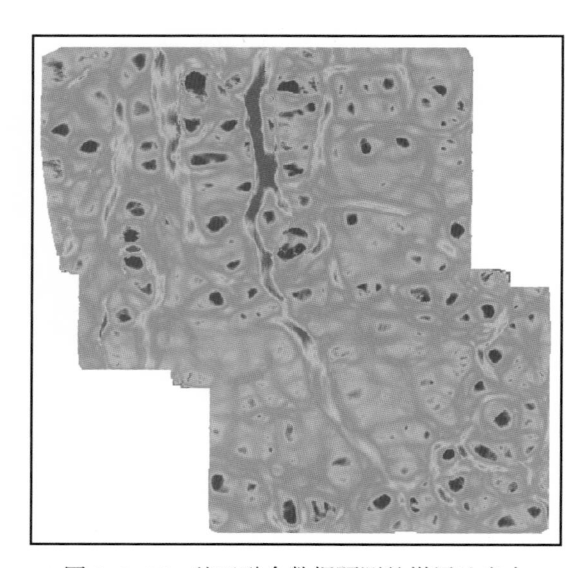

图 3–1–17　基于融合数据预测的煤层地应力

三、神经网络系统法储层评价技术

1. 评价方法

在上述提取了樊庄区块不同地震属性之后，根据区块和数据的实际情况，选择某一种智能信息处理方法对储层进行分析。一般对属性分析采用的是模式识别的方法，模式识别即指统计模式识别，它包括监督模式识别和非监督模式识别两大类方法，监督模式识别即有样本属性分析，无监督模式识别即无样本属性分析。前者是根据一定的已知类别样本的情况来设计一个分类器（这一过程称作训练或学习），用它来对分析的未知样本进行分类；后者则是在没有已知样本的情况下，利用某种算法按一定的规律将很多未知的样本分成若干个类，使同一类之内的样本间具有某种相似性而不同类之间表现出一定的差别。监督模式识别主要包括 AdaBoost、BP、RBF、SPR 和 SVR 五种分析方法，非监督模式识别包括 HC、RPCL、SOMA、UPR 四种分析方法。

监督神经网络分析（BP）方法采用的是多层感知器（MLP）神经网络模型，采用后向传播（BP）学习算法，故简称 BP。它适用于在有一定井的情况下对储层进行定性、半定量或定量分析。用 BP 方法能取得较好结果的前提条件之一是所选择使用的地震特征与待分析的储层参数之间存在某种规律，另一前提条件是所选的已知井在本工区确实有代表性，如果这两个条件不能较好地满足，则用 BP 方法也很难取得满意的效果。

2. 评价过程

利用相干属性、煤层厚度、煤体结构、地应力、含气量和现有井的日产气量进行 BP 神经网络方法学习并预测日高产区。

首先选取与井坐标对应的五种地球物理参数（相干属性、煤层厚度、煤体结构、地应力、含气量），再统计相应井的日产气量。并将日产气量分为三个等级：一类高日产区（日产气量大于 1000m^3），二类低产区（日产气量 300～1000m^3），三类不利区（日产气量小于 300m^3）。

该项目应用的神经网络输入端包含 5 个神经元，输出端包含 3 个神经元；包含 7 个隐藏层，第一个隐藏层包含 10 个神经元，第二层包含 20 个，第三层包含 50 个，第四层包含 50 个，第五层包含 20 个，第六层 10 个，第七层包含 3 个。

学习流程图采用误差反向传播方法，使用 AdaGrad 方法更新参数，神经网络学习 5000 次，得到每层神经网络的最佳权重与偏置。最后使用每层网络的权重与偏置构建正向神经网络，输入端带入相干属性、煤层厚度、煤体结构、地应力、含气量，输出端即可得到预测的三类产量标签图。

例如，表 3-1-1 只选用了相干、煤厚、煤体结构、含气量四种因素。左侧的数据为不同因素的组合，粗略可以分为四个部分（从上到下）。第一部分为单因素影响（序号为 1-4），第二部分为全因素影响（序号为 5-6），第三部分为双因素影响（序号为 7-12），第四部分为三因素影响（序号为 13-16），其中，0 代表该因素数值较小（接近归一化前的最小值），1 代表该因素数值较大（接近归一化前的最大值）；表中右侧为不同因素组合所对应产量区预测的可能性。可以总结不同因素的组合对樊庄地区高产井的控制规律：

（1）只有单一有利因素时，几乎不可能出现高产井。

（2）当相干数值较大时，几乎不可能出现高产井，只有当其余三因素也均为 1，才可能出现高产（第 6 行）。

（3）当相干数值较小时，构造因素对产气量预测的影响较大。对比第 11 行和第 16 行，或者第 4 行和第 12 行，在其他条件相同情况下，构造越高，预测的产气量越高。

（4）煤层厚度对产气的影响比较复杂。当构造和含气量比较有利时（对比第 12 行和第 16 行），即使煤层相对较薄也可以高产。当其他因素不利时（第 2 行），煤层越厚，越有利于高产。

表 3-1-1 不同因素的组合对樊庄地区高产井的控制规律表

序号	相干	煤厚	煤体结构	含气量	低产	中产	高产
1	1	0	0	0	0.98	0.02	0.00
2	0	1	0	0	0.00	0.72	0.28
3	0	0	1	0	0.02	0.00	0.98
4	0	0	0	1	1.00	0.00	0.00
5	0	0	0	0	0.08	0.92	0.00
6	1	1	1	1	0.01	0.04	0.95
7	1	1	0	0	1.00	0.00	0.00
8	1	0	1	0	1.00	0.00	0.00
9	1	0	0	1	0.95	0.00	0.05
10	0	1	1	0	0.91	0.09	0.00
11	0	1	0	1	0.95	0.00	0.05
12	0	0	1	1	0.00	0.00	1.00
13	1	1	1	0	1.00	0.00	0.00
14	1	1	0	1	0.93	0.00	0.07
15	1	0	1	1	0.52	0.48	0.00
16	0	1	1	1	0.00	0.99	0.01

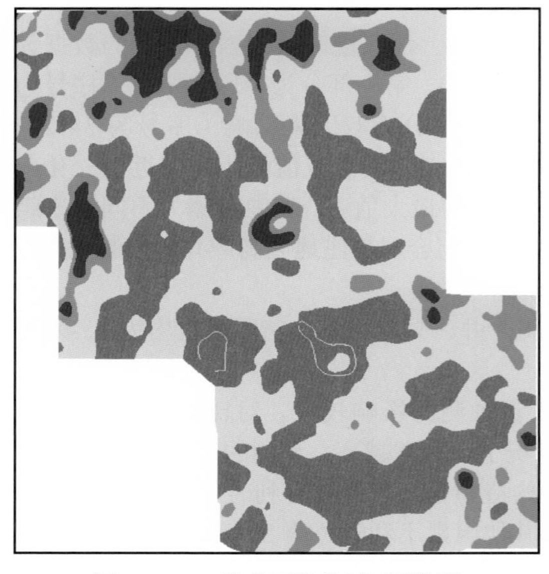

图 3-1-18 樊庄区块有利区评价图

3. 评价结果

图 3-1-18 给出了评价结果，图中红色区域为有利区，黄色区域为中等区，绿色区域为低产区，蓝色区域为不产气或不利区。

（1）Ⅰ类区：分布不均匀，在北部井区呈北东向的条状展布，主要受断层影响，与断层走向呈近乎平行关系，说明北部井区的主要控产因素为断层，部署井位时主要考虑与断层的距离，一般距离断层较远的区域可获得高产；中部井区有利区主要受到构造褶曲和煤体结构影响，在构造平缓与原生煤发育区，可获高产；南部井区有利区较集中，有利区内构造平缓，虽然含气量受到一定影响，但其他因素较为有利，仍可获得较好的产量，后期的开发效果也证明了这一点。

（2）Ⅱ类区：中等区大片分布，占据了区块的主要面积。受构造、煤厚、煤体结构、含气量、地应力等多种因素影响，中等区域在全区均有分布。也和开发区内实际开发效果相对应，开发效果来看，主要是以中产井为主。下步可通过改变开发工艺、创新开发技术，克服地质条件带来的不利影响，进而达到高效开发的目的。

（3）Ⅲ类区：分布范围较小。其主要影响是区块内断层的影响，与断层分布具有一致性。例如北部井区由寺头断层形成的伴生小断层发育区内，主要为低产区；同时，在南部井区零星分布，主要是陷落柱发育较多，碎粒煤的含量也大，以上诸多因素都造成了对煤层气储层破坏。此外，在西北部寺头断层极其伴生断层穿过的区域内储层含气量下降，且沟通含水层，不具备开发价值，井位部署时应避免在该类区域。

第二节　基于裂缝描述的水平井部署技术

前人研究及室内试验结果表明，只有区域上多级缝网是连通的，才能实现快速疏水降压，使大量的甲烷产出，提高单井产量。早期采用“单一井型井网、成片部署推进”的方式，然而煤层非均质性强，表现为人工裂缝差异大，未能实现人工裂缝的连通，储量动用范围也是沿着人工缝网边界，很难实现井间干扰。

因此，创新性地提出了基于裂缝发育特征的水平井部署理念，部署过程中充分利用水平井眼能串接更多裂缝优势，通过优化井网，采用水平井沟通各级天然割理裂隙、人工缝网，实现多级缝网联动，使流体经各级缝网通道流向井筒，实现区域的耦合降压，有效提高了单井产量。

一、煤岩多级裂缝系统

煤储层是典型的双重孔隙介质，基质孔隙系统是煤层气的主要储集场所，割理裂隙系统是煤层气的主要渗流产出通道。煤层气一般以吸附态赋存于煤孔、裂隙表面，基质微孔内约占总气量的 80%～90%；少量游离气充填于较大的孔裂隙中，溶解气不足 1%。

国内煤储层大部分为低压低渗的欠饱和储层，煤层气产出是一个排水—降压—解吸—扩散—渗流的过程，也是一个孔隙流体与煤岩骨架的耦合过程。当储层压力降低到煤层气临界解吸压力时，吸附态煤层气开始解吸为游离气，游离气在浓度差的作用下扩散至较大的孔、裂隙内，然后在压力差的驱动下以渗流方式运移至井口。煤层气开采过程中，煤岩骨架和流体（气、水）之间的强耦合作用明显，煤岩骨架变形会导致孔裂隙结构的变化，煤储层的孔隙度和渗透性随着改变。

煤层含有大量的孔隙、裂隙，大到断层，小到分子（或原子）尺度的缺陷，其分布具有随机性。各类裂隙的位置、尺寸、规模、宽度、密度等都存在差异。不同学者在各自的研究背景下，从不同的观察尺度出发，按照不同的划分依据对煤中裂隙进行了各自的分类。尽管不同研究者对煤中裂隙的分类方案不同，但总体上存在以下共识：（1）从不同的观察尺度进行分类，将煤中裂隙分为宏观裂隙和微观裂隙。宏观裂隙可用肉眼或放大镜进行观测，微观裂隙需要在光学显微镜下进行观测。(2)按煤中裂隙的成因进行分类，将煤中裂隙分为内生裂隙和外生裂隙。内生裂隙又称割理，通常呈两组出现，这两组割理在大多数情况下相互垂直且垂直于煤层层面发育。内生裂隙发育在某一宏观煤岩成分的条带中，裂隙高度小于条带厚度。外生裂隙一般贯穿多个条带，甚至能够穿越夹矸层，裂隙高度和长度明显大于内生裂隙。通常认为内生裂隙是煤中凝胶化物质均匀收缩和高压流体膨胀共同作用的产物，外生裂隙则主要受构造应力和人为因素影响。(3)按照裂隙形成的先后顺序、发育形态及分布特征，将内生裂隙（割理）分为面割理（主裂隙）和端割理（次裂隙）。其中形成较早、延伸较长、发育较好的一组称为面割理；形成较晚、延伸较短、通常终止于面割理之间的割理称为端割理。

按照尺度大小可将煤层的裂隙分为一级宏观裂隙、二级外生裂隙、三级内生裂隙和四级基质孔隙四个级别（表3-2-1）。

表3-2-1 煤层裂隙级别划分及分布特征（傅雪海等，2007）

裂隙级别	高度	长度	密度	切割性	裂隙形态特征	成因
一级宏观裂隙	数十厘米至数米	数十至数百米	数条/m	切穿整个煤层甚至顶底板	发育一组、断面平直，有煤粉，裂隙宽度数毫米到数厘米，与煤层层理面斜交。	构造外力、断层
二级外生裂隙	数十毫米至数十厘米	数米	数十条/m	局限于某一煤岩分层内或贯穿多个连续煤岩条带或贯穿整个煤储层	可与煤储层层面以任意角度相交	构造外力
三级内生裂隙	数毫米	数厘米	200～500条/m	局限于一个宏观煤岩类型或几个煤岩成分分层（镜煤、亮煤）中	通常发育两组（端割理、面割理）	内应力
四级基质孔隙	纳米级	—	—	—	—	内应力

一级宏观裂隙：主要指通过肉眼、地震或测井等技术手段可以直接预测或描述的宏观裂隙，因构造外力或断层影响等，产生较大的裂隙。也包括在老井井网内，通过压裂造缝产生的人工裂缝。压裂裂缝的总长度越长，串联沟通天然裂隙的数量则会越多，最终能够稳定保持下来且具备导流能力的长度，才能对煤层气井的产能做出贡献，满足煤层气井排水降压的强度要求。

二级外生裂隙：通常是指因构造外力作用，在煤储层内部发育形成的一种构造形迹，其产状通常与更高一级的构造相匹配，可与煤储层层面以任意角度相交。外生裂隙可以发育于煤储层中的任意部位，空间尺度从局限于某一煤岩分层内到贯穿多个连续煤岩条带，甚者贯穿整个煤储层。

三级内生裂隙：又称为割理，内生裂隙发育在垂直煤层层面方向上不穿过不同的宏观煤岩类型，发育在镜煤、亮煤、暗煤中，丝炭中未见内生裂隙发育，裂隙高度小于作为载体的某一宏观煤岩类型厚度。煤层夹矸中不发育内生裂隙。在层面方向上，内生裂隙通常呈两组出现，其中形成较早、延伸较长、发育较好的一组成为面割理；形成较晚、延伸较短、通常终止于面割理之间的割理称为端割理。从两组割理的形态、延伸长度、形成先后顺序和发育程度能够轻易区分面割理和端割理。内生裂隙的高度受煤岩成分厚度的制约，几乎不穿出。

四级基质孔隙：煤的基质孔隙结构较为复杂，煤变质程度不同其孔隙大小、分布均不相同。国内外研究者基于不同的研究目的和不同的测试精度，对煤的机制孔隙孔径结构划分做过大量的研究工作。其中，Ходот（1961）的十进制分类系统在国内煤炭工业界应用最为广泛（表 3-2-2），国外煤物理和煤化学研究及文献多使用 Gan（1972）和国际理论与应用化学联合会的分类系统。此外，秦勇等（1995）开展过高煤级煤孔隙结构的自然分类研究。

表 3-2-2 煤孔径结构划分方案比较（傅雪海等，2007）

研究者方案	Ходот（1961）	Dubinin（1966）	IUPAC（1966）	Gan（1972）	抚顺煤研所（1985）	吴俊（1991）	杨思敬（1991）
微孔 /nm	＜10	＜2	＜2	＜1.2	＜8	＜5	＜10
过渡孔 /nm	10～100	2～20	2～50	1.2～30	8～100	5～50	10～50
中孔 /nm	100～1000	2～20	2～50	1.2～30	8～100	50～500	50～750
大孔 /nm	＞1000	＞20	＞1000	＞1000	＞100	500～7500	＞1000

二、煤岩裂缝描述技术

1. 裂缝响应特征

不同尺度的裂缝在煤层气的聚集、成藏及开采中所起的作用不同。大中尺度裂缝有利于煤层气的聚集、成藏，但不利于煤层气的开采；微小尺度的裂缝可提高煤储层的表比面积与渗透率，有利于煤层气的吸附及开采。

要研究不同尺度裂缝的地震响应，首先要清楚常规地震勘探的分辨率。地震勘探的分辨率取决于地震勘探中使用的震源（子波）的波长，对于一个 45Hz 主频的子波，其在煤层中的波长为 40m，此时的分辨率为 10m（四分之一波长）。即当地质体大于 10m 时，可以在地震剖面上辨识出清晰的边界；当地质体小于 10m 时，则无法在地震剖面上辨识出清晰的边界，但对地震振幅仍有影响。

微地震监测起源于天然地震监测技术，在压裂施工过程中，一般会产生两种剪切错动：一是地层中产生的裂缝受地应力的控制，裂缝端部附近剪切应力显著增大，岩石破裂时伴随剪切错动；二是裂缝里压裂液的压力大于裂缝闭合应力，更远远大于地层孔隙压力，在大压差下，压裂液向地层滤失，裂缝周围的地层孔隙压力和应力明显增大，影响到人工裂缝周围地层薄弱点（如天然裂缝、层理和节理等）的稳定性，造成剪切错动。

这两种剪切错动现象类似于沿断层发生的地震，只不过振幅小的多，这种现象叫作“微地震”。微地震辐射出弹性波，剪切错动产生的弹性波包含压缩波（纵波或H波）和剪切波（横波或S波）。这些波的频率比较高，通常在200～2000Hz能量比较微弱。微地震从震源向四周辐射，这些弹性波信号可以用精密的传感器在邻井探测得到，进而通过处理解释得出每个微地震事件的空间位置，在压裂过程中，随着微地震在时间和空间上的产生，裂缝测试结果便连续不断地更新，形成了一个裂缝延伸的“动态图”，可以得到压裂形成裂缝的空间展布（方位、长度和高度等）。

大尺度裂缝是指在地震剖面上具有明显错断的断层（大于10m），用应力场数值模拟或曲率法技术均可预测。中尺度裂缝是指在地震剖面上表现为扭断的断层（1～10m），使用相干类技术即可预测。小尺度裂缝通常是分米级别裂缝，在地震剖面上无法用肉眼识别，但在岩心上可以看到裂缝，用叠前地震的方位各向异性通过裂缝的非均质性对地震的影响力可以预测。微尺度裂缝是指可在地球物理测井曲线（深浅双侧向电阻率曲线幅差）来识别的裂缝，可识别的最小尺度取决于测井曲线的分辨率，通常为10cm，可用电阻率差约束反演（储层参数反演）技术预测的裂缝（余杰等，2021）。

2. 裂缝预测技术

1）大尺度裂缝预测

（1）应力场数值模拟技术。

应力场数值模拟预测裂缝的理论基础是构造力学。针对背斜等张裂缝的储层构造，从构造力学出发，利用地层的构造信息（构造面、断裂结构）、岩性信息（岩性、泥质含量、速度、密度、厚度）等影响裂缝发育的因素，基于弹性薄板理论，计算构造曲率基础上，模拟出地层的应力场，包括地层面的曲率张量、变形张量和应力场张量，由得到的主曲率、主应变和主应力，从而对储层裂缝的发育程度及展布关系进行分析预测。

应力场数值模拟（图3-2-1）预测结果表明，樊庄区块北部的最大水平主应力方向主要呈北西西向，与该区的大断裂方向近垂直，说明是以张性应力场为主。应力、应变较大地方对应大的断裂；相对较弱处对应小的断层或裂缝。

（2）构造曲率法预测。

煤层中构造裂缝的发育程度及展布方向与含煤盆地内部的构造位置、构造应力场分布和演化状态密切相关，褶皱对煤储层的煤体结构变形和裂隙发育具有很好的控制作用，一般在褶曲轴部煤储层裂隙发育。致密的脆性岩层在构造变形区域会产生共轭断层及大量裂缝，形成以变形区域（背斜、向斜）为中心的裂缝发育带。这些裂缝发育带在构造上对应最大正曲率（背斜枢纽）和最小负曲率（向斜）。基于曲率和裂缝之间的对应关系，构造曲率可以反映裂隙密度和分布规律。

曲率是一条曲线的二维属性，它是一个圆半径的倒数，曲率的大小可以反映一个弧形的弯曲程度，曲率越大越弯曲。对于脆性岩石，裂缝发育程度与弯曲程度成正比。所以，可以用构造曲率来预测裂缝的发育情况。通俗地说，曲面的构造曲率越大，就越弯曲，越弯曲就越容易产生裂缝。

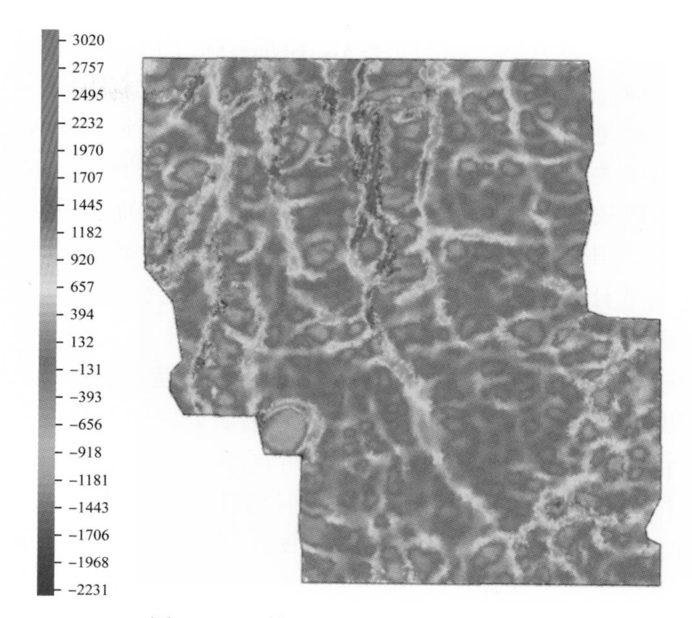

图 3-2-1 樊庄北部三维区应力场模拟

其中，2D 面的曲率定义：

$$k_{2D}=\frac{1}{R}=\frac{d^2z}{dx^2}\Bigg/\left[1+\left(\frac{dz}{dx}\right)^2\right]^{3/2} \tag{3-2-1}$$

其中 R 是曲率的半径，z（x）是 2D 层的高程，2D 曲率定义为曲率半径的变化。构造曲率是根据三维地震解释的层位计算得到的曲率，反映的是解释的层位上任意一点的弯曲程度。层曲率是在对解释的层位进行网格化的基础上，通过构造曲面拟合并计算曲面方程系数来实现的。在计算一点处曲率时，可将地震解释层位进行 3×3 数据网格化处理，再对网格数据进行最小二乘法的趋势面拟合，拟合公式为：

$$Z(x,\ y)=ax^2+by^2+cxy+dx+ey+f \tag{3-2-2}$$

式中，a、b、c、d、e、f 均为系数，其中 a、b、c 是曲面二阶导数，d、e 为一阶导数，f 为曲面在空间中的位置。

通过这些系数，可以计算出各种曲率的属性，包括平均曲率、高斯曲率、主曲率、最大曲率、最小曲率等（Roberts，2001），其中最大正曲率、最小负曲率属性对断层和裂缝反应最为敏感，因此也最常用，其计算公式为：

$$k_{pos}=(a+b)+\sqrt{(a-b)^2+c^2} \tag{3-2-3}$$

$$k_{neg}=(a+b)-\sqrt{(a-b)^2+c^2} \tag{3-2-4}$$

式中 k_{pos}——最大正曲率；

k_{neg}——最小负曲率。

3D二次曲面形状可以用最大正曲率k_{pos}和最小负曲率k_{neg}来解释，可以看出，$k_{neg} \leqslant k_{pos}$。如果$k_{pos}$和$k_{neg}$都小于零，就是碗的形状；如果二者都大于零，就是圆顶形状；如果二者都等于零，就是一个平面。体曲率是通过倾角自动扫描来实现层位的自动识别，然后利用曲率与倾角的关系来计算的。由于倾角和方位角在垂直方向的变化很慢，因此，在计算体曲率时，可以从时间切片上来计算。为了计算二次曲面的系数a、b、c、d和e，我们先用其他方法计算出反射层倾角，然后估算二次曲面在$x=y=0$时的一阶和二阶导数，最后利用上述公式计算各种曲率属性。这样就解决了层位解释问题，减小了人为因素的影响，为断层和裂缝预测提供了一种可靠的属性。

图3-2-2为郑庄区块3#煤层的最大正曲率与3#煤层构造的叠合图，可以看出，曲率属性较好地反映了地层的弯曲程度。为更好地反映出研究区的裂缝发育特征及差异，可将区块细分为若干网格，再对每个网格的裂缝进行预测，形成每个网格内的裂缝玫瑰图。本次为研究方便，按照200m×200m细分网格，通过构造曲率预测了每个网格的裂缝玫瑰图，将1°～180°所有方位上裂缝的分布形成玫瑰图（图3-2-3）。可以直观看出不同区域裂缝的发育特征，整体来看，区块内裂缝较发育，主要以北北西方向与北北东方向为主，局部复杂多变，通过该方法能够较直观地反映出裂缝的发育情况，对下步水平井的部署提供依据。

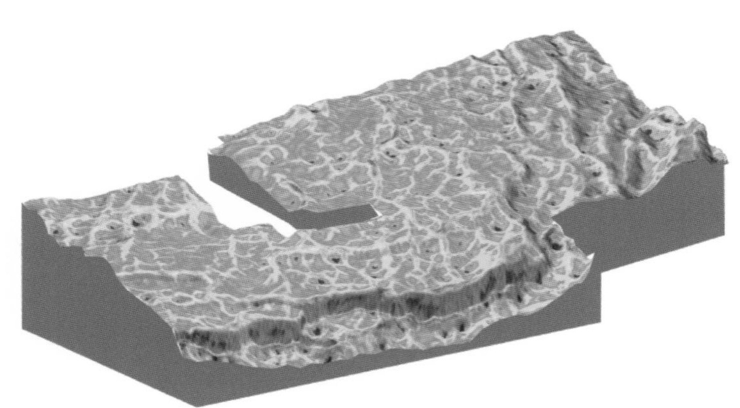

图3-2-2 郑庄区块曲率与构造叠合图

2）中尺度裂缝预测

采用相干技术进行中尺度裂缝预测。该技术是通过计算相邻的地震道波形之间的相似性，可以突出波形的不连续性特征。地层的分布与形状无规律，会产生一些杂乱反射，地震道之间存在差异，这种相异性越明显，反映地层内部裂隙就越发育。因此，可以利用相干属性来揭示地层内部横向的不连续特征。对于原始地层沉积中地层在横向上是连续渐变的过程，沿地层上的地震波形具有在横向相似性，相干值较大；当地震波遇到断层时，相邻道之间的反射波在振幅、频率和相位等方面就将产生不同程度的变化，相干值相应的变小。而局部偏移的地层，相邻道之间的反射波变化介于上述两种情况之间。因此，在地震波形特征在横向上有变化时，反映地下地层横向发生了变化。利用地震数据来计算空间窗口内各地震道之间的相关性，突出不相关的数据。而地震资料处理中的噪声、岩性变化、地层中存在的断层和裂隙发育带等因素，都会影响地震道之间的相关性。相干技术就能有效揭示断层、裂隙、岩性体边缘和不整合等地质现象，反映地质异常特征展布。

图 3-2-3　郑庄区块裂缝玫瑰网格图

在对煤层的储层预测中，煤层的沉积环境决定了煤层构造会比较平缓，煤层内部横向变化也会不显著。但地震信号是一种非平稳信号，也是不同频率信号的综合，地层内部横向的变化对各频率信号的影响存在差异，这种差异综合到地震信号的波形变化，导致其变化更为复杂。常规的相干技术不能够精确识别地层裂隙。因此，还需要结合其他方法对相干技术改进，提高相干技术对地质目标体的识别能力，增强抗噪声的能力，有利于对断层、裂隙等异常体的精细解释，提高地质体边界的检测能力。为降低这种不精确，使相干属性有更高更好的识别能力，能更好地识别地层裂隙分布，将广义 S 变换的分频能力与相干检测地层内部横向变化的能力相结合。基于特征构造的相干技术可以实现信号与噪声的分离，有很强的抗噪能力，因此考虑将广义 S 变换的分频能力与基于特征构造的相干技术相结合（庄华军，2017）。

地层横向不连续性，吸收衰减能力强，对低频信号的衰减慢，对高频信号的衰减快。高频切片表现出不连续性强，低频信号衰减慢而表现出不连续性不明显。原始信号为各频率信号的综合，虽然也表现出一定的不连续性，但这种不连续性受到了低频信号的压制。因此在研究地层横向的不连续性时，对信号进行谱分解，分成不同频率信号，会更能真实和准确地反映地层信息。通过对樊庄区块地震资料剖面进行分频处理，分别提取了频率为 15Hz、45Hz、70Hz 剖面（图 3-2-4），图中黑色线为解释的 3# 煤层，由图可见，原始地震剖面显示煤层在横向上具有较强的连续性，难于分辨横向上的微小差异，随着频率不同，横向上的差异性逐渐显现。尤其是频率为 70Hz 的剖面，在横向的分辨率显著增强，不连续性很明显。因此，在对地震资料分频处理的基础上，针对频率为 80Hz 的地震体重新进行相干属性提取，进一步识别地层裂隙。

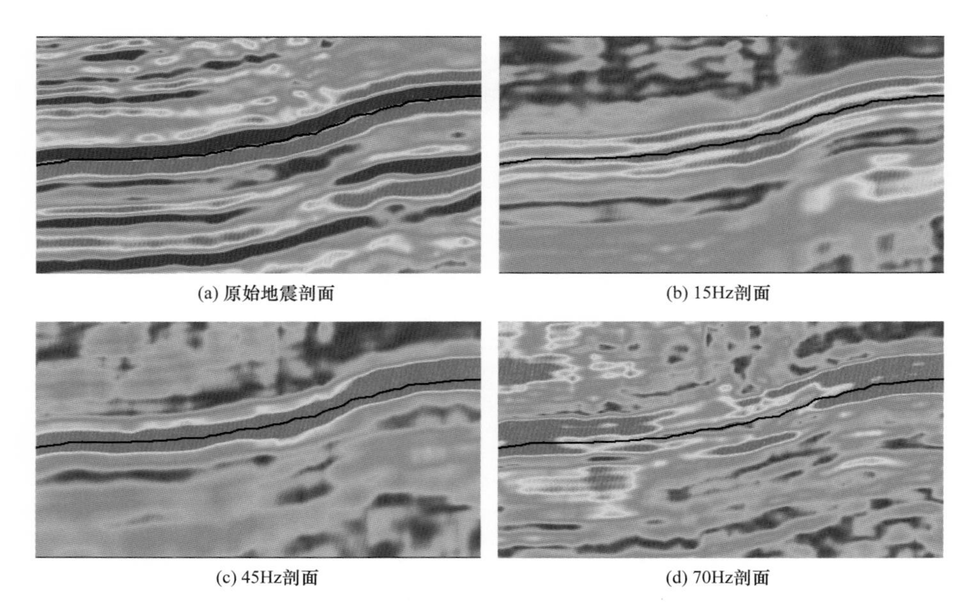

(a) 原始地震剖面　(b) 15Hz剖面

(c) 45Hz剖面　(d) 70Hz剖面

图 3-2-4　原始地震剖面及单频率剖面

图 3-2-5 是通过相干技术对樊庄区块的裂缝预测分布图，其中红色区域为断裂发育区，蓝色和绿色为裂缝发育区。区块北部整体裂缝较发育，为水平井部署有利区；中南部裂缝中等发育。

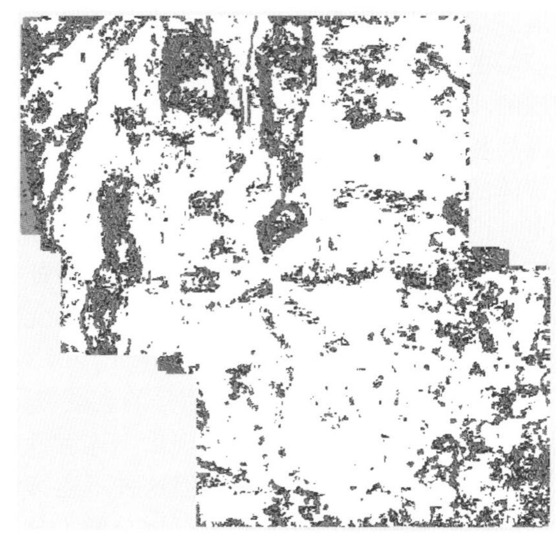

图 3-2-5　相干技术预测裂缝平面图

3）小尺度裂缝预测

采用叠前地震资料预测小尺度裂缝，相对叠后地震资料来说，叠前地震资料预测显示出较大优势，利用方位角、入射角等丰富的地震反射信息，提高了微裂缝或割理缝识别、预测能力。

在相同孔隙度条件下，细小的裂缝比孔隙对速度的影响更大，在砂岩中小于 0.01%

裂缝孔隙度能导致纵波和横波速度降低 10% 以上。因此，裂缝的方向、密度和所含流体变化会对纵波和横波速度产生很大影响，并产生较强的地震属性振幅、频率、波阻抗等各向异性，因此属性方位各向异性是预测微裂缝或割理缝有效方法之一。由各向异性所拟合出的椭圆，可预测裂缝发育程度。椭圆的长轴代表裂缝的方向，椭圆的扁率（长轴/短轴）指示裂缝的密度。

开展叠前属性方位各向异性预测裂缝对地震数据的基本要求：

（1）要有足够大的方位角和偏移距范围。

（2）要每个 CMP 面元内炮检距分布均匀。纵横向覆盖次数相当或差别不大，排列横纵比不小于或者接近 0.5。

（3）要求覆盖次数多（至少 45 次）。因为不同的方位角个数拟合的椭圆结果直接影响裂缝描述的精度，划分方位角个数越多，拟合椭圆越准确，同时，对覆盖次数的要求越高。一般情况下，5 个方位角可大致拟合一个椭圆，每个方位角的面元内的覆盖次数要求至少 9 次以上，覆盖次数太少或近道集信息太弱，会降低信噪比、造成非地质因素引起的非匀质性，降低预测精度。

樊庄三维区叠前三维地震资料的 CMP 道集数据为采集方位角较宽，满覆盖次数为 35 次，较低，这对叠前预测的精度会有一定的影响。预测中只能将道集数据分为四个方位角，分别为 55°、90°、145°、180°四个角度开展预测。

从频率各向异性属性平面预测图可以看出：总体上，区块的南部割理缝比较发育（图 3-2-6）。

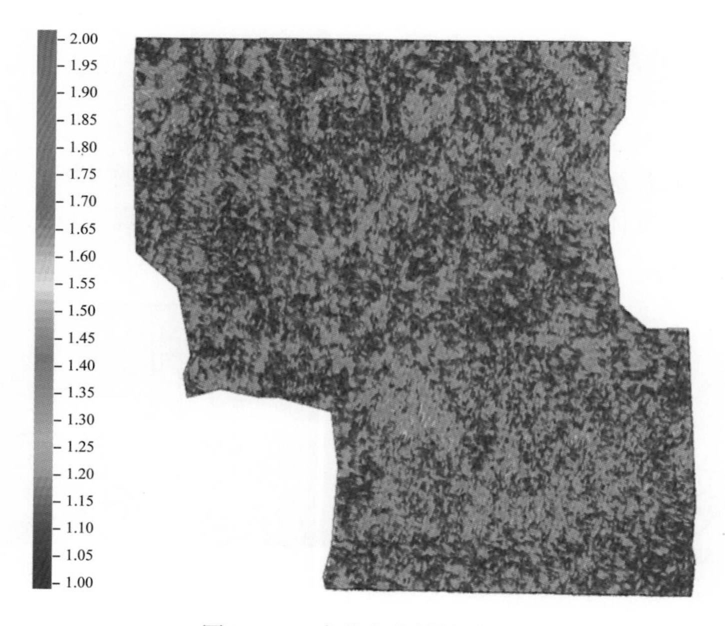

图 3-2-6　方位各向异性平面图

4）微尺度裂缝预测

微尺度裂缝表征参数包括微尺度裂缝成因类型、长度、开度、面密度、有效性等，在此基础上进一步计算微尺度裂缝的孔隙度和渗透率，并对微尺度裂缝的作用及贡献进行评价。在明确微尺度裂缝成因类型和影响不同成因类型微尺度裂缝发育的主控因素的基础上，通过主控因素宏观约束的方法可以对微尺度裂缝进行预测（吕文雅等，2021）。微尺度裂缝预测方法主要有微观直接观察法和间接表征法两种。

微观直接观察法包括常规薄片、铸体薄片、扫描电镜及三维CT扫描等分析方法（图3-2-7）。

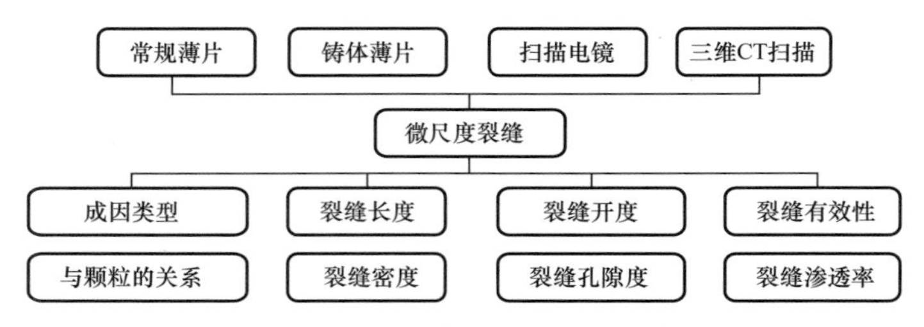

图3-2-7　微观直接观察法表征参数

间接表征法主要是基于测井资料、试井资料、室内岩心试验数据分析对微尺度裂隙进行间接表征。（1）测井方法，包括根据双侧向电阻率值及差异程度、声电成像测井、斯通利波波形、能量衰减与反射特征以及横波各向异性判断裂缝的有效性；（2）动态分析法，如利用试井资料分析或生产历史资料通过对井筒附近裂缝导流能力及张开度的解释间接评价裂缝的有效性；（3）实验方法，如通过岩心导流实验确定裂缝的渗透率来评价裂缝的有效性。

三、水平井部署技术

1. 部署理念

采用水平井沟通各级割理裂隙，针对不同储层部署差异化的井网，建立多级联动缝网，使更多的流体（气体）经多级缝网通道流向水平井眼，实现区域的耦合降压，提高单井产量（图3-2-8）。

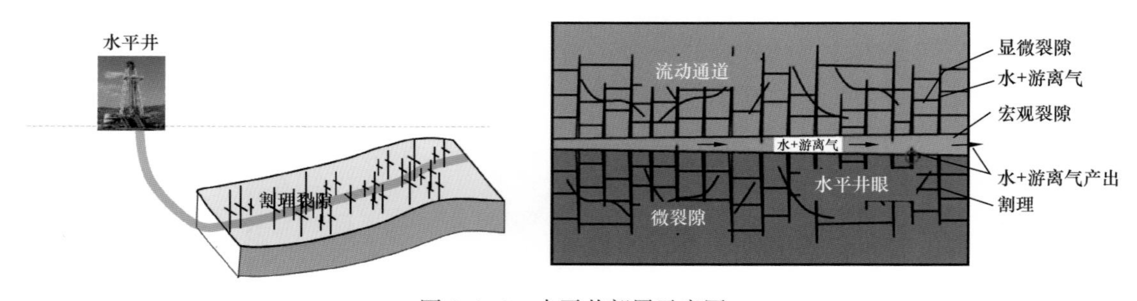

图3-2-8　水平井部署示意图

对同一口井而言，相同的地质情况下，沟通的微裂缝越多，其最终产气量就越高。此外，通过水平井对原有井网的沟通串接，使原孤立的压降漏斗得于串联，起到区域的耦合降压效果，原直井产量可以得到一定提升（李俊等，2020）。

基于以上思路，设计了“垂直裂缝、平行井组、丛式井设计”的水平井部署理念。水平井的钻井方位垂直于优势裂缝扩展方向，不仅可以有效利用渗透率的优势方位，而且有利于垂向横断缝的形成，对煤层气高产具有不可忽视的作用。平行井组设计有利于形成压裂干扰，形成大规模体积缝网，提高渗透率；大井丛设计，可有效节约井口用地，实现集约化生产。由此可见，对裂缝特征进行精细描述显得尤为重要，只有对裂缝的发育方向、长度等参数明确以后，才能有针对性地进行水平井井位部署（张双斌等，2021）。

2. 部署技术

1）浅层裂隙发育区部署筛管水平井

一般在直井井网内、低产裸眼多分支井覆盖区、空白区进行部署。

（1）直井井网内：浅层裂隙发育区域，储层原始渗透率高，但因原直井井距大无法形成面积降压，导致井间资源无法充分动用。部分含气量＞$20m^3/t$，井区日产气量仅200～$500m^3$，产气效果较差。通过在井间剩余资源区新钻鱼骨状上倾可控水平井，主支部署于老井之间，分支穿插连通老井人工裂缝的方法，水平井眼串接多个未动用资源区，实现整体耦合降压，并可以高效动用井间剩余资源，提高开发效果（图 3-2-9）。

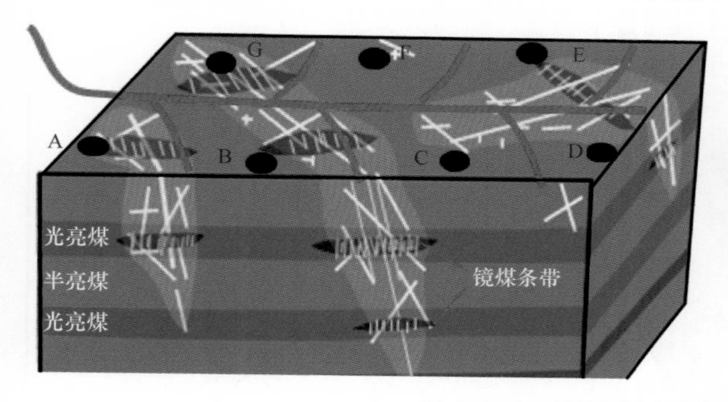

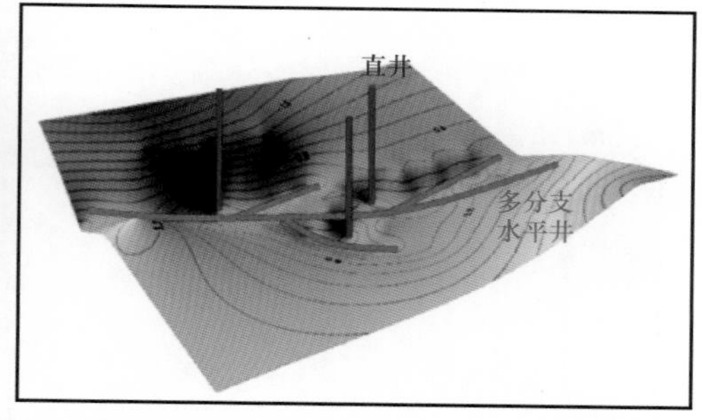

图 3-2-9　直井井网内部署机理及示意图

（2）低效裸眼多分支井覆盖区：早期部分裸眼多分支水平井开发效果较差，导致多分支水平井覆盖区大量的剩余资源未动用。在不考虑地质条件影响的前提下，裸眼多分支水平井低产主要为垮塌堵塞，垮塌原因主要有钻井过程中的垮塌和排采管控不当造成的堵塞垮塌。煤岩割理裂隙发育、脆性大、强度低，煤体结构破碎，钻井过程中压力波动会使井壁煤岩容易发生疲劳性损伤，加速井壁煤岩微裂纹的扩展，导致钻井过程中井眼垮塌；排采过程中，有效应力增大，快速降液、放气均会导致井眼变形垮塌。利用原多分支水平井工程井，在原水平井分支控制范围内重钻井眼，穿过洞穴井后按照设计分支轨迹钻井，沟通原有分支，实现对整个多分支井盘活，提高单井产气能力（图 3-2-10）。

井眼重入有三方面优势：一是最大程度利用原工程井和排采井场，无须新征井场，节约投资；二是重钻井眼后，采用筛管完井，支撑井壁，有效避免后期垮塌；三是成井后期可作业维护、增产改造。因此，该技术有效适用于井眼垮塌、堵塞较为严重的低产水平井，尤其是排采过程中气、水、压力突降的低产水平井。

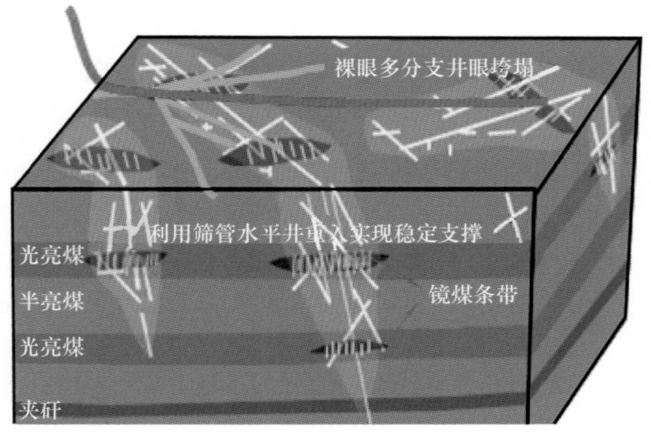

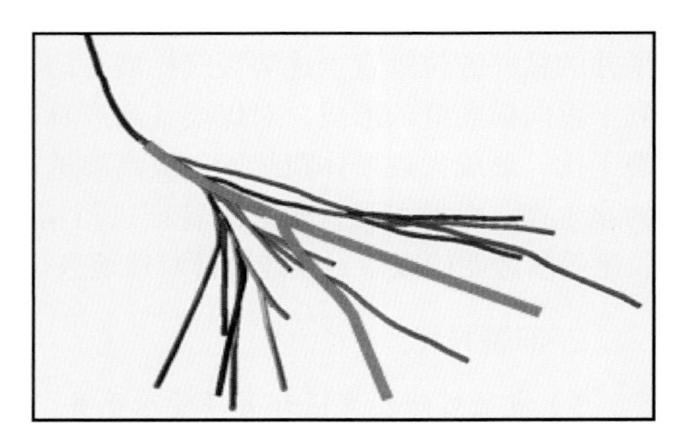

图 3-2-10 多分支水平井井眼重入机理及示意图

（3）空白区：位于浅层裂隙发育空白区，前期未部署井位，主要利用有利区带内的天然裂隙，实现气水产出。为此，通过部署L型筛管水平井，部署方向垂直于裂隙带发育方向，多口井平行部署，井距150～200m，最大程度沟通天然裂隙，达到耦合降压的目的（图 3-2-11）。

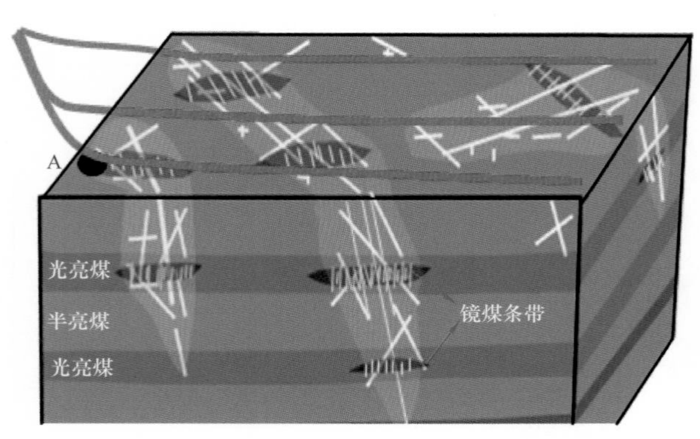

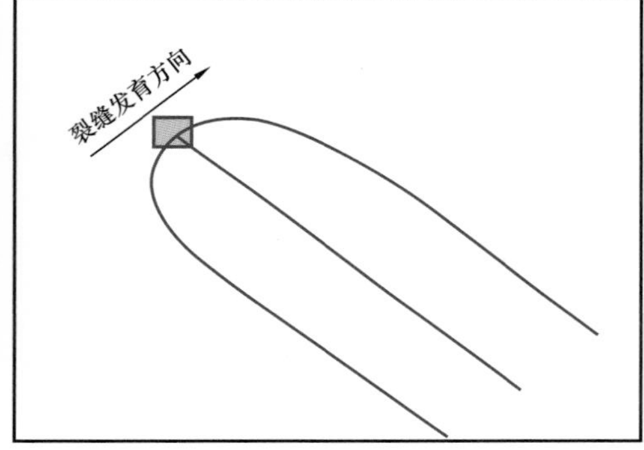

图 3-2-11 空白区水平井部署机理及示意图

2）深层裂隙不发育区部署套管压裂水平井

（1）老井网内：利用水平井眼串接多个未动用资源区，压裂点与直井压裂区交错设计，沟通原有人工裂隙，实现井组降压。区块内注入压降测试结果显示，渗透率一般为0.01～0.1mD。直井采用300m×300m井网部署，压裂改造面积小，无法形成井间干扰，单井产量一般在500m^3方左右；筛管水平井日产气在1000m^3左右，不能实现效益开发。

通过套管压裂水平井采用压裂点位与直井压裂区交错的方式，沟通原有人工裂隙，实现整体面积降压，可实现低渗区剩余资源的高效动用，达到对原直井进行盘活增产的目的（图 3-2-12）。

（2）富集空白区：垂直裂缝、平行状水平井井组设计，井眼最大限度串接天然裂缝，通过改造形成区域缝网，实现耦合降压。早期水平井部署只考虑分支产状和地形等因素，并未过多考虑展布方位，造成分支虽长，但控制储量少的问题。采用“垂直裂缝、平行状水平井井组”设计，控制井眼轨迹与天然裂缝方向垂直，最大限度地串接天然裂缝。

基于改造人工裂缝方位，以四维裂缝监测为依据，根据局部地应力及改造裂缝方位差异性，优化井网布置；井间最大距离方向与主应力方位一致、最短距离垂直与最大主应力方位，从设计上提高资源控制量。

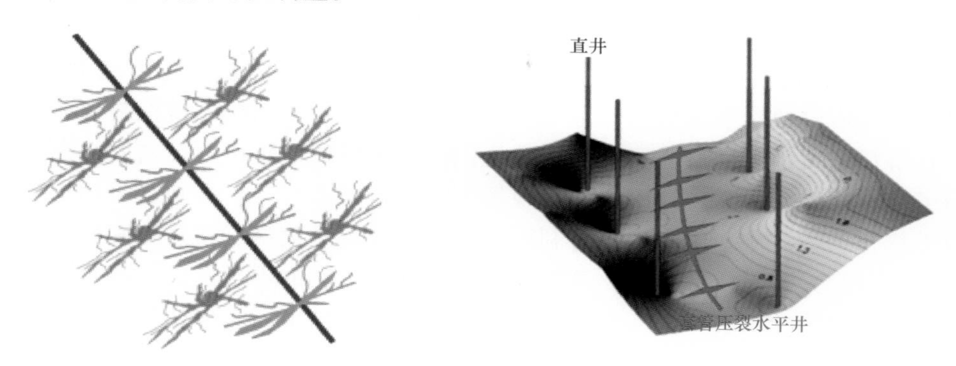

图 3-2-12　套管水平井直井裂缝串接示意图

水平井压裂是在直井疏导式储层改造的基础上，对合理压裂段间距进行合理优化，段间距缩小为 80～100m/ 段，形成大范围有效沟通的人工缝网。综合考虑地质和工程因素基础上，在水平井井眼方位优化设计上应尽量垂直于天然裂缝发育方向，形成区域整体缝网，实现耦合降压（鲁秀芹等，2019；朱庆忠，2022）（图 3-2-13）。

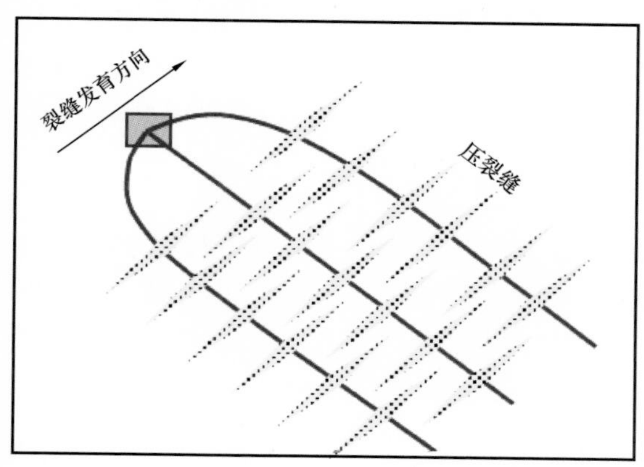

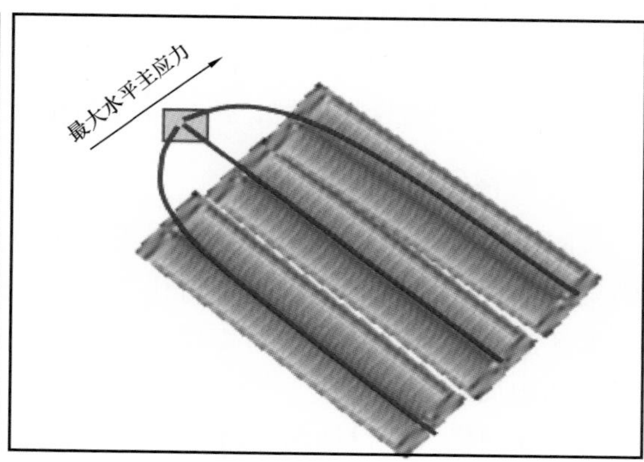

图 3-2-13　富集空白区裂缝串接示意图

第三节　L 型水平井参数设计

煤层气开发实践证明，水平井能穿越煤层中的割理裂缝，沟通大量的流通通道，促进压降传播及气体解吸，继而提高气体产量。对水平井进行压裂改造，裂缝的存在能改变水平井周围的渗流场特征，并能大幅提高煤层气井的产能。为了得到最好的压裂改造效果，获得最高产能及经济效益，通过数值模拟对裂缝参数进行优化，找出水平井裂缝参数之间存在的最优组合，进而达到预期目的。

沁水盆地煤层气田L型水平井参数优化设计就是根据沁水盆地煤层气田的地质特点，对水平井的各项产能主观控制因素进行优化，从而最大程度地发挥水平井的效率，使煤层气L型水平井单井产量达到最大。将L型水平井产能主观控制因素归并为以下三项参数：水平段长度、间距、方位。结合研究区域地质特征和目前开采技术，每项参数设计多个方案，采用煤层气数值模拟，进行方案对比，实现水平井参数的优化设计。

煤储层数值模拟参数选取的正确与否直接关系到计算的结果，模拟参数的获取主要根据试井解释资料，利用试井资料进行数值模拟结果往往与生产数据之间存在一定的差异。为了减小这种差异，使数值模拟与现场生产紧密联系起来，必须通过历史拟合对模拟参数进行合理的调整。历史拟合将利用实验数据及现场测试资料建立起的地质模型与生产实际结合起来，对比分析后，能够找出储层描述资料的不足之处，得到与生产实际较为接近的储层物性参数，从而对储层的动态预测更为精准，为煤层气开发提供合理的指导。

一、参数设计模型建立

对郑庄区块进行煤层气水平井参数优化设计主要运用大型商业数值模拟软件Eclipse中的Coal Bed Methane（CBM）模块进行模拟分析。该模块主要采用的是煤层气双孔单渗物理模型，将双孔系统分为基质系统和裂隙系统。基质主要是煤层气的储集系统，吸附气从基质微孔隙表面解吸扩散至裂隙系统，不具有渗透性；裂隙主要为流体的运移通道。该模块主要采用三大模拟机制为基础来模拟煤层气储层生产动态，即上面解吸过程的Langmuir等温吸附模型，扩散过程的菲克第一定律以及渗流过程的达西流模型。

1. 网格优选

网格设计是在进行数值模拟中十分重要的步骤，网格设计是否合理直接影响着模拟结果的准确性，同时对网格进行优化处理不仅要考虑网格与研究问题是否匹配，还要保证求解的精度和稳定。在对煤层水平井分段压裂模拟过程中，为了充分描述煤层的几何形态和地质特征，更重要的要合理的模拟压裂裂缝的流动动态。网格设计主要从网格类型选择和网格大小设计两方面进行优化处理。

1）网格选择

目前主要模拟使用的是方网格和径向网格两种，另外还有种特殊的混合网格（图3-3-1），此种网格类型可以模拟复杂的边界条件。

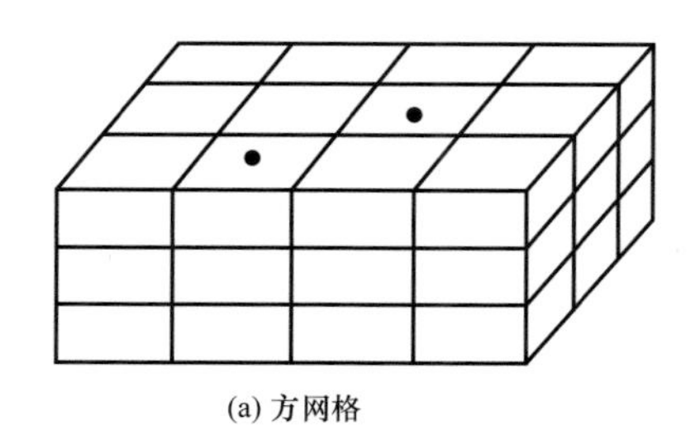
(a) 方网格

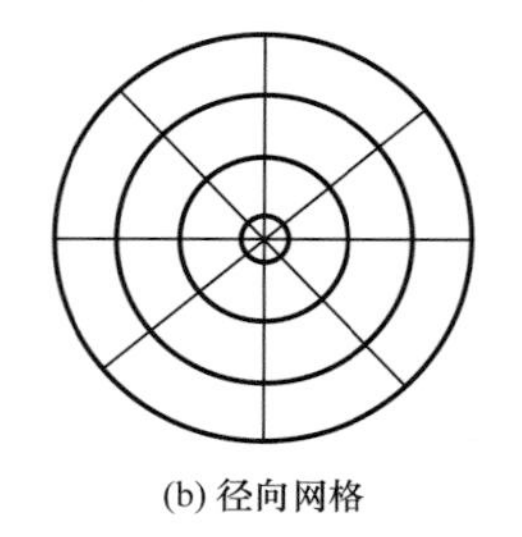
(b) 径向网格

(c) 混合网格

图3-3-1 网格示意图

径向网格采用的是柱坐标体系，仅限于单井的模拟，该种网格能有效反映井筒附近的径向流动特征；方网格采用的是笛卡尔坐标体系，可用来模拟多井，可方便模拟整个储层；而对于水平井，有关学者研究了混合网格在水平井油藏数值模拟中的应用，该网格类型结合了方网格和径向网格各自的特点，主要利用径向网格来模拟水平井眼附近的径向流动，方网格模拟远井油藏的流动，该混合网格在一定程度有助于提高模拟精度。

但是混合网格运用的前提条件必须是将方网格和径向网格两种网格坐标体系结合，对于 CBM 模块进行煤层气藏的模拟，由于双孔介质的特殊性加上该模拟器功能不完善行，目前在水平井混合网格的使用存在一些难度。另外，对于煤层气储层，煤的面割理和端割理方向近乎垂直，而方网格这种正交网格能有效地模拟煤储层天然裂隙，因此在网格布置时，主要基于将网格轴（*X–Y*）分别平行于面割理和端割理方向原则来设计网格方向，这样能大大减小渗透率各向异性的影响。

在选择适合煤层气模拟的方网格基础上，基于方网格轴（*X–Y*）分别平行于面割理和端割理方向的原则来设计网格方位。本区主要以水平 NNE–SSW（近 SN）向为主导的主应力场，原生裂隙（面割理）（10°～20°）沿最大水平主应力发育，因此设计网格 *X* 轴平行西东（WE）方向，即端割理平行于 *X* 轴，而面割理平行 *Y* 轴。

2）网格大小

在数值模拟中，网格大小的选取是十分重要的工作，在求解非线性微分方程时，计算时间随网格块数量的数目呈指数增长。较少网格不能保证求解精度和稳定性，较多网格增加计算时间和成本。因此，合理的网格大小设计主要考虑储层的几何特征、井眼周围及裂缝的渗流特征。

储层几何特征决定了整个网格的维数和设计。首先考虑的是储层的外部边界，模拟网格边缘一般代表无流量边界，额外的网格块被认为是无效网格。如果生产井离网格边界过近，由于压力降低，生产井将经历反冲和井壁效应，和产生过量的气。因此，模拟网格应设计足够大，消除这种干扰效应。在模拟单井时，较大的压力和饱和度变化通常在井眼和压裂裂缝周围，因此在井眼及裂缝周围细分网格来描述其流动动态模拟十分必要。

2. 模拟方法设计

在 Eclipse 数值模拟软件中，NWM（Near Wellbore Modeling）近井筒模拟模块提供一种在全局网格模型中围绕单井或多井建立一个局部精细化模拟区域，该功能不仅能模拟井眼附近流动特征，同时改进井筒与近井眼附近储层交互性。为了更为方便模拟研究区块，通过建立简单的构造模型，按比例 1 建立简单模型进行分析。模型基本属性：模型大小 1000m×500m×6m，平均孔隙度 0.02，平均水平渗透率 1.5mD，平均垂直渗透率 0.75mD，裂隙初始含水饱和度 100%。网格类型为方网格，规格 40×20×6，大小 25m×25m×1m。

通过水平段 NWM 模拟优化结果，描述水平段及周围储层流动特征范围为沿 *Y* 轴方向离水平井眼 25～40m，网格尺寸大小范围（5～278cm），在这个范围内加密处理，能较好的刻画水平段及周围储层的渗流特征。因此设计研究区块地质模型基础网格尺寸为80m×80m，比较适合后续加密优化，结合研究区水平井井眼方向垂直于最大水平主应力原则（网格系统中，水平段井眼平行 X 轴），建立水平井初始模型，满足本次设计要求。

二、关键参数优化

1. 水平段长度设计

理论上水平段有效长度越长，沟通煤层中天然割理裂缝的范围越大，形成的煤层气流动通道越有利于压降传播和气体解吸，从而提高煤层气产量。对比分析显示郑庄—樊庄区块水平井有效长度与产气、产水相关性较弱。但整体表现为在相同地质条件下，水平井长度900～1100m时，稳产气量最高（图3-3-2）。但由于煤层属于裂缝性储层，渗透率在平面上具有很强的各向异性，气水产量不仅受水平段有效长度影响，更受压裂效果和水平段沟通的微裂隙系统等因素影响。因此，这种较强的渗透率各向异性影响了水平段有效长度与峰值气水产量相关性。

由此看出，在水平煤层中，水平井既要保证产量，又要考虑单位成本最大效益，水平井单支长度在1000m左右。

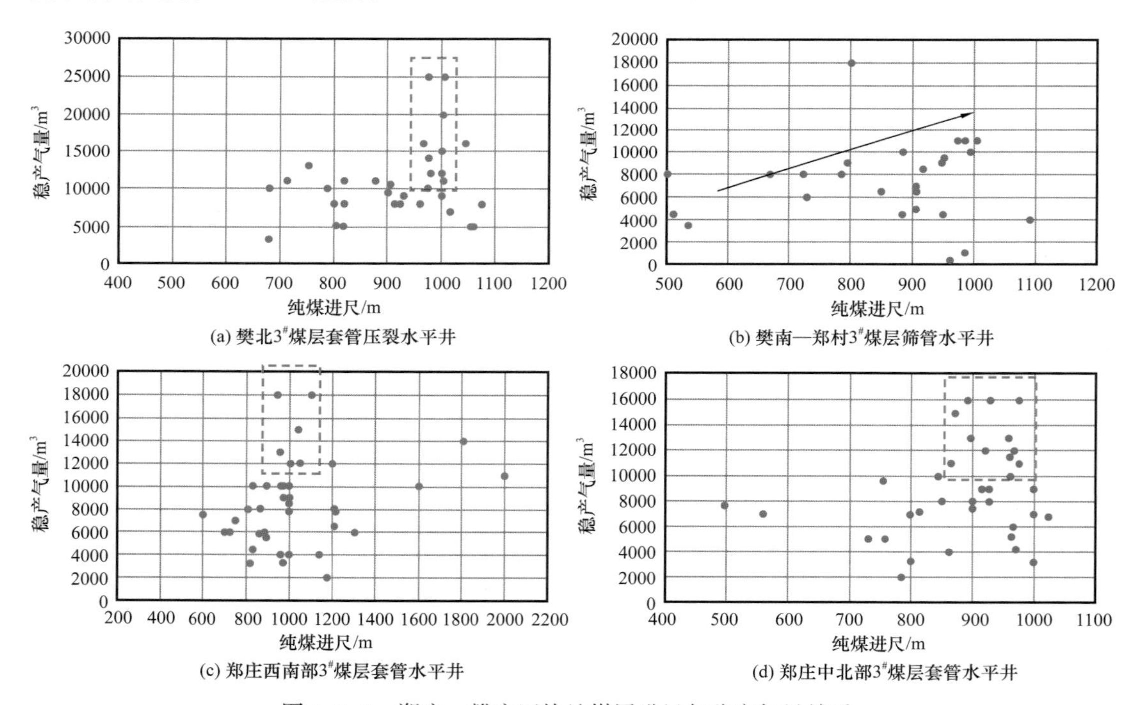

图3-3-2 郑庄—樊庄区块纯煤层进尺与稳产气量关系

2. 水平井倾向设计

水平段纵向轨迹分上倾、平行和下倾3种类型。根据着陆点与靶点的垂深差界定煤层的倾向。当靶点垂深小于着陆点垂深15m以上定义为上倾水平井；着陆点与靶点垂深差小于 15m 时定义为稳定水平井；当靶点垂深大于着陆点 15m 以上则认为该水平井为下倾水平井。通过对不同轨迹类型水平井产能、生产规律对比分析，总结井眼轨迹对水平井生产效果的影响。

郑庄—樊庄区块内水平井井眼轨迹形态多以上倾型为主，且有较高的产量，上倾井稳产气量在 2000～16000m^3/d 之间，平均稳产气量为 8052m^3/d。平缓及下倾轨迹井相对较少，但平缓轨迹井产量明显好于下倾井产气量。平缓井稳产气量在 3000～14000m^3/d 之间，平均稳产气量为 8545m^3/d，整体产气效果较好；下倾井稳产气量在 1500～15000m^3/d 之间，平均稳产气量为 7125m^3/d（表 3–3–1、图 3–3–3）。

表 3–3–1　不同水平井轨迹倾向产气量统计表

井眼轨迹倾向	稳产气量 /（m^3/d）	平均产气量 /（m^3/d）
上倾	2000～16000	8052
平缓	3000～14000	8363
下倾	1500～15000	7125

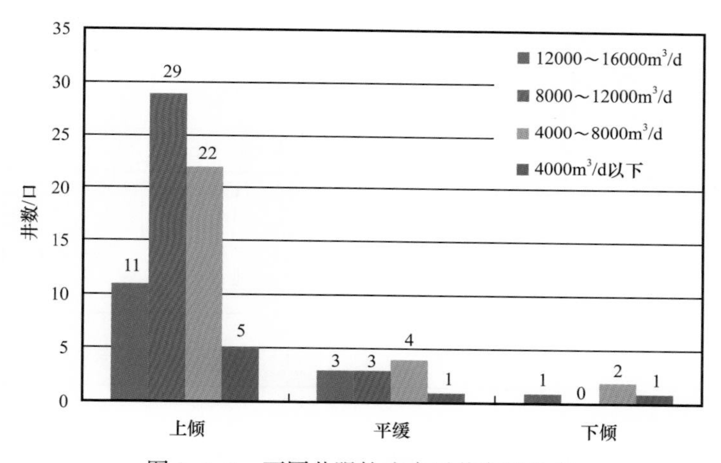

图 3–3–3　不同井眼轨迹水平井产量分布

已达到稳产的上倾幅度在 30～50m 之间的上倾水平井，平均稳产气量相对较高；上倾幅度越大，产量越低（图 3–3–4）。由于煤层气 L 型水平井多采用水平段不固井工艺，分段压裂后，压裂砂、煤灰易堆积在水平井筒周围，且无任何胶结性，随着排水产气，压裂砂、煤粉向着陆点方向运移、堆积，上倾幅度越大越易造成卡泵、埋泵等。如东 34 平 –1L 上倾 61m，2020 年 5—9 月，压裂砂导致检泵作业平均 1 次 / 月，氮气泡沫洗井后未出现故障（图 3–3–5）。

3. 水平井走向设计

地应力方向控制裂缝发育方向，进而影响水平井压裂效果。为研究水平井井眼方向与裂缝夹角变化对水平井产能的影响，建立以下模型，以三裂缝水平井为例进行分析。

建立一个300m×400m×30m的箱体煤层，中心为一水平井，长度300m（图3-3-6）。流体可通过井壁直接进入井筒，但多数情况通过裂缝进入井筒，因为裂缝的渗透率远远大于煤层基质；流体通过裂缝、井壁进入井筒内，从而导致井筒内流体的流速不断增大，跟端处流速达到最大值。

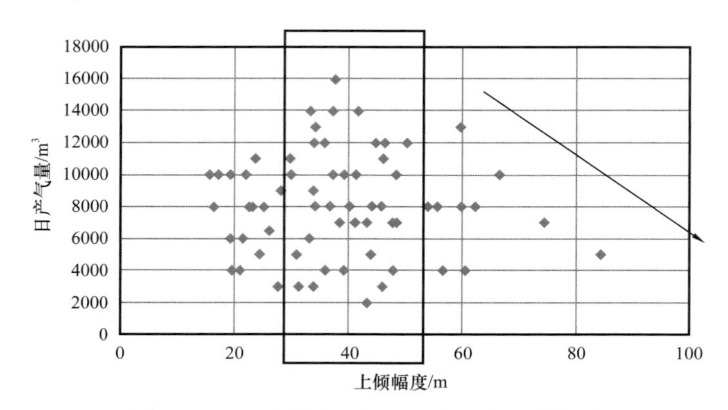

图3-3-4 井眼轨迹上倾幅度与日产气量关系

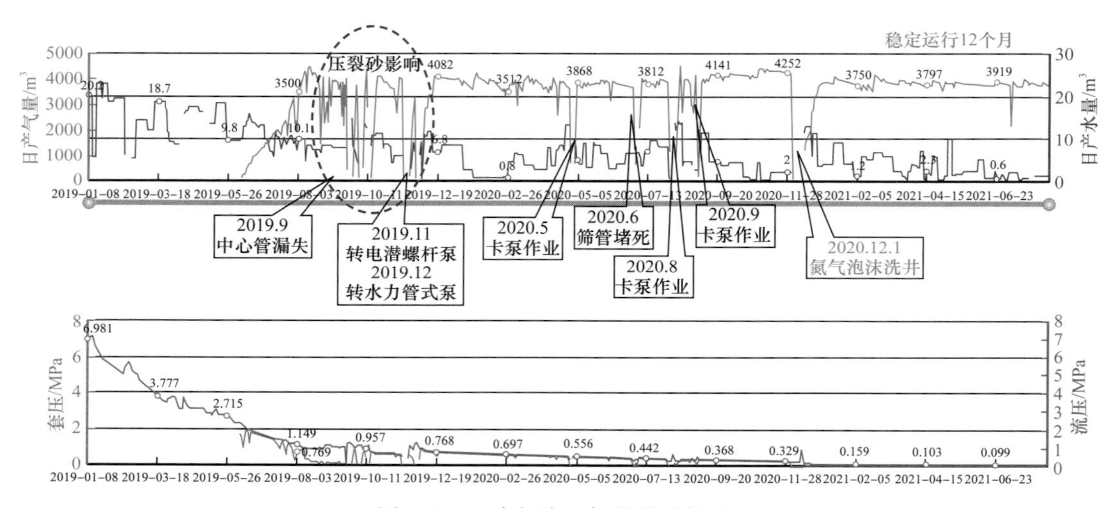

图3-3-5 大幅度上倾井排采情况

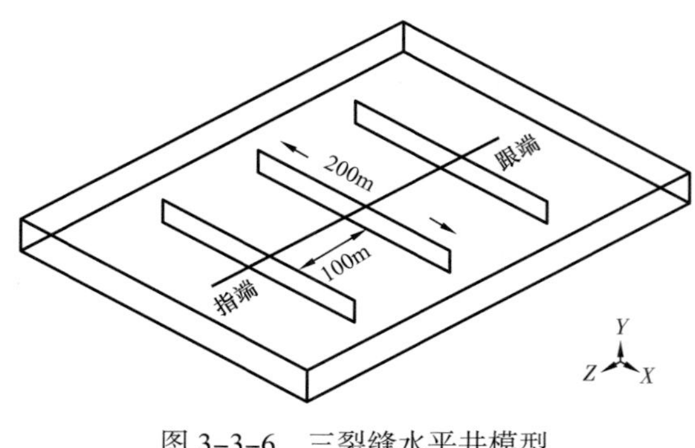

图3-3-6 三裂缝水平井模型

裂缝扩展角度是指裂缝与水平井筒之间的夹角（图3-3-7），通过计算，可以发现，裂缝角度对压裂水平井的产量影响较大，压裂水平井产量随着裂缝角度的增加而增大；当裂缝角度为90°时，产量最高（图3-3-8）。随着裂缝角度的增加，相邻两条裂缝间的垂直距离逐渐增大，裂缝之间的干扰现象减弱，进而使各条裂缝的产量均增大。应尽可能使裂缝垂直于水平井筒，以提高压裂效果。因此，水平井的钻井方位垂直于优势渗透率方向，不仅可以有效利用渗透率的优势方位，而且有利于垂向横断缝的形成，对煤层气高产具有不可忽视的作用。

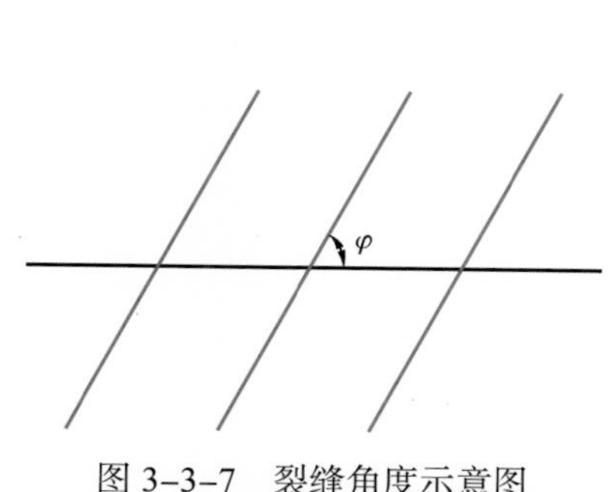

图 3-3-7　裂缝角度示意图

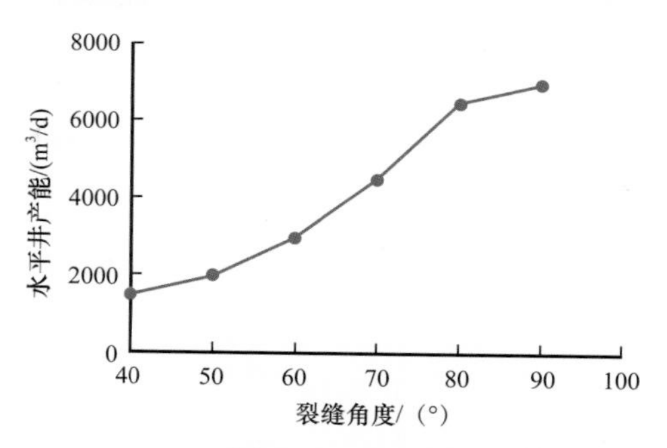

图 3-3-8　不同裂缝角度时的产量曲线图

郑庄—樊庄区块最大水平主应力方向为 NE–SW 向，压裂裂缝的主导方位多沿最大主应力方向延伸，因此压裂裂缝优势扩展方位为 NE 向，L 型水平井井位走向设计应垂直于最大主应力方向，优选含气量高、构造条件简单、煤体结构完整的区域进行部署，井眼钻进方向为 NW–SE 向。

4. 水平井井距设计

煤层气水平井间距的不同也会影响煤层气开发的效益，因此，利用建立的不同开发地质单元内的地质模型，分别对各个单元内最优井型的井距进行了模拟。根据不同井距下收益率的变化，确定了适合各个开发地质单元的最优开发井距。

由图 3-3-9 看出，与直井压裂的情况类似，对于区域累积产气量而言，随着井口数量的增多，即井间距的减小，区域累积产气量随之增大，过小的井间距对于累积产气量的贡献并不明显，因此过小的井间距是不可取的。对于单井的产气总量而言，随着井口数的增加单井产气总量有逐渐减小的趋势，井间距过大时，由于单井控制面积过大，15 的开采年限并不能有最大限度采出煤层气，因此出现了单井累积产量减小趋势，因

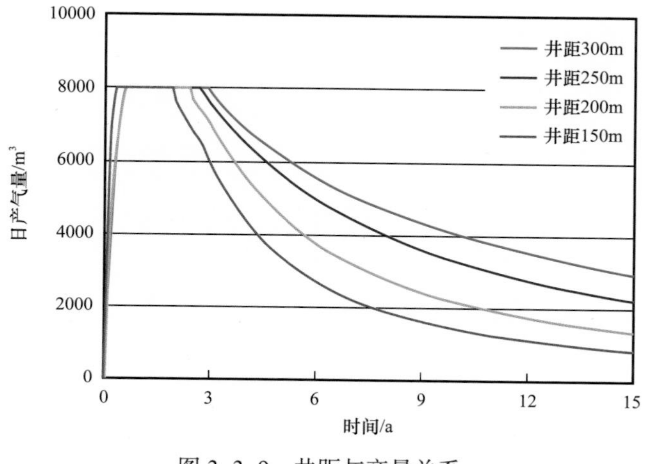

图 3-3-9　井距与产量关系

而过大的井间距也是不可取的。数值模拟结果表明，当井距为150～200m时单井产气量、稳产期、采收率等开发指标合理，因此优选L型水平井井距为150～200m较为合理（表3–3–2）。

表3–3–2　井距与产气量关系表

井距/m	稳定日产气/m^3	累产气/10^4m^3	稳产时间/a	采出程度/%
150	8000	2355	1.5	61.2
200	8000	2914	1.8	56.7
250	8000	3238	2	52.99
300	8000	3377	2.5	48.89

第四章　L 型水平井钻井技术及应用

前期试验了多种煤层气开发井型，其中水平井包括多分支水平井、仿树形水平井、U 型水平井等，在开发实践中，均体现出一定的适应性和局限性。针对以往开发存在的问题，创新了煤层气 L 型水平井开发技术，并优化了井身结构。针对煤储层构造复杂、厚度变化大、储层敏感性强等特殊性，经过“十三五”期间的技术攻关，对水平井钻井设备、导向技术、钻井液体系、半程固井技术等方面进行了创新优化，形成了煤层气 L 型水平井独特的钻井技术体系，并且在沁水盆地南部通过规模应用，煤层进尺、煤层钻遇率等关键钻井指标取得较大突破。

第一节　井身结构与技术特点

一、早期水平井井身结构与特点

1. 裸眼多分支水平井

我国煤层气水平井研究起步较晚，但是在借鉴国外先进技术的基础上，通过科技攻关已经掌握了多分支水平井钻井技术。中国石油通过引进 CDX 国际公司先进的钻井技术，在沁水盆地樊庄区块成功实施了中国第一口煤层气羽状多分支水平井。由中联煤层气有限责任公司实施的 DS–01 井累计完成进尺 6526m，产量超过 $1\times10^4m^3/d$，相当于 10 口直井产量。在潘庄区块，亚美大陆公司与奥瑞安合作实施的 PZP01–2 羽状水平井，单井产量 $4\times10^4m^3/d$，是相邻直井产量的 40 倍。

1）*井身结构*

多分支水平井采用三开井身结构，一开采用 ϕ445mm 钻头，钻至 40m 左右后下入 ϕ339.73mm 导管，二开采用 ϕ311mm 钻头，钻至 160m 处下入表层套管，套管为 ϕ244.48mm，三开采用 ϕ216mm 钻头钻进，着陆之后在煤层中继续钻进。煤层中完钻后，在地面钻洞穴排采井，与井眼进行连通，下入泵进行排采（图 4–1–1）。

2）*主要技术特点*

裸眼多分支水平井钻井技术集成了直井造洞穴、两井对接、煤层水平分支钻进、欠平衡钻井等多项钻井技术，工艺复杂，与常规油气水平井钻井有着很大差异。

（1）直井裸眼造洞穴技术。

为了保证工艺井与直井的连通，要在直井的煤层位置“造穴”。其工艺过程为：在直井的完井套管的煤层位置下入一根玻璃钢套管固井，下入内割刀割断玻璃钢套管，再下入造穴工具在煤层段造穴，最后清洗井眼并填砂至煤层底。目前有水力喷射射流造穴与机械造穴两种方法，一般使用机械造穴工具，洞穴直径可达1～1.5m，通常0.6～0.8m即可满足连通要求。

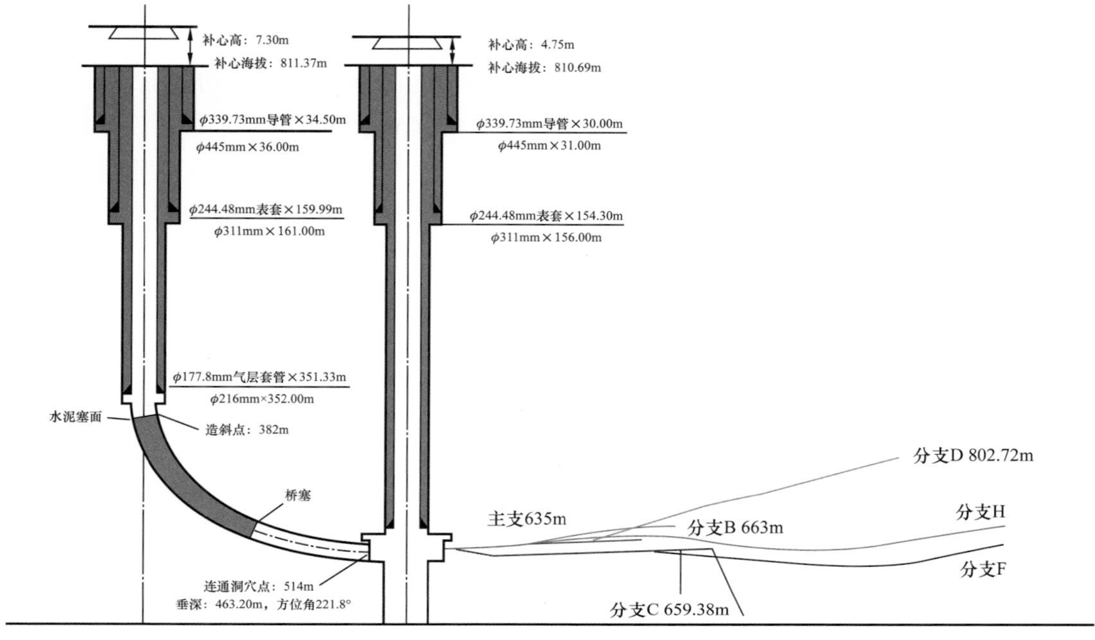

图4-1-1　多分支水平井井深结构

（2）井眼连通技术。

水平井眼在进入煤层后必须与排采直井连通才能钻主支及分支。要实现ϕ152.4mm或ϕ120.65mm的小井眼在几百米深度的地层与直井纵横相交，需要精确的“制导”技术。目前美国Vector公司具有该技术专利，其精确定位设备“RMRS”系统是利用一个旋转的磁性接头在正钻井中产生一个从几十米外就可以探测到的磁场信号，在目标井（直井）中下入有线探管测量磁场强度和方向，通过分析测量数据判断钻头与洞穴的相对位置，在连通之前对轨迹进行有效调整以实现连通（谭天宇等，2019）。

（3）欠平衡钻井技术。

由于采用裸眼完井，钻井过程中需避免钻井液对储层的伤害，因此需采用欠平衡钻井技术（图4-1-2），裸眼多分支水平井钻井通常采用空气钻井，从排采直井注入压缩空气到与水平井连通处，经水平井环空到井口返出。

目前适合煤储层的钻井液体系主要有四种，即充气钻井液、泡沫流体、地层水和空气。充气钻井液是将气体注入钻井液内形成以气体为离散相，液体为连续相的充气钻井液体系。主要适合于地层压力系数为0.7～1.0之间的储层，且不受地层大量出水的影响。充气钻井液保护储层的机理是通过钻井液中充气以减少其当量密度，从而降低液柱对井底的压力，最后达到在井底形成负压差以实现欠平衡钻井。

充气欠平衡钻井的优点：① 钻井效率高、施工周期短，一般完井只需3～5d，而水基钻井液钻井技术一般需要 15～20d。② 钻井工程成本低，可节省 20% 的费用。③ 对煤层伤害小，大约是钻井液钻井技术的 10%。

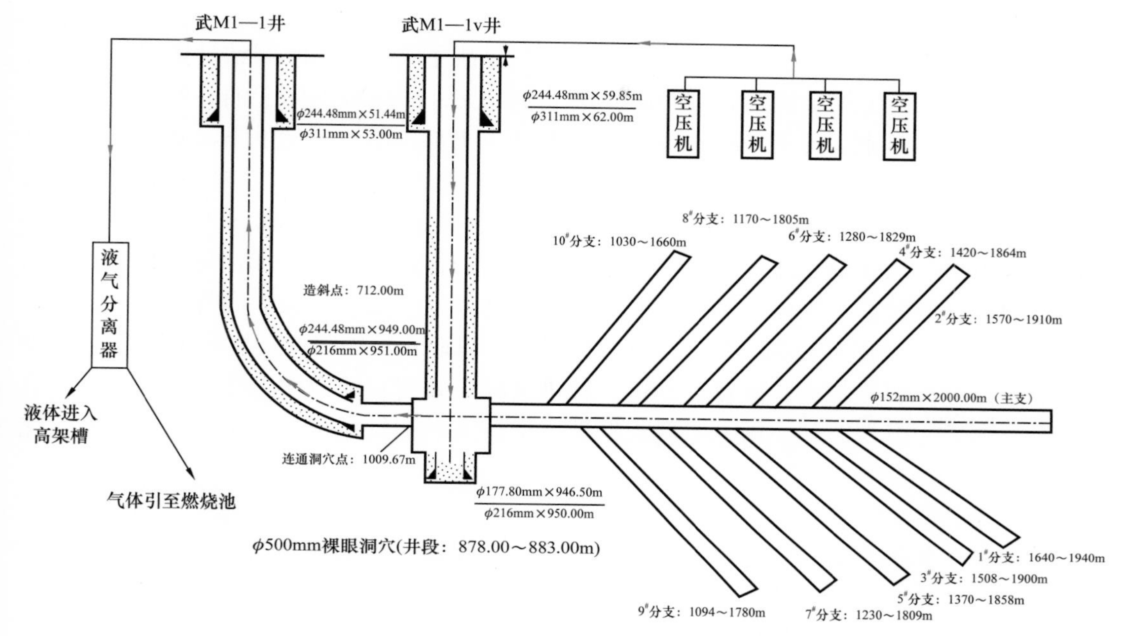

图 4-1-2 欠平衡钻井流程示意图

充气欠平衡的安全钻进的具体作业原则是：① 当注气压力低于安全注气压力时立即停止注气，安全注气压力由注气量、井身结构、钻井液密度等因素决定。② 环空有大量气体返出时严禁接单根，必须停止注气，然后等到空气全部返出时才可以接单根。③ 进行起下钻作业时，上提下放速度应平稳，尤其在煤层段应缓慢上提，防止引起井眼坍塌。④ 由于煤层中的钻速较高，环空中的煤屑量较多，每钻进 30～60m 应充分循环钻井液。

（4）井眼轨迹控制技术。

井眼轨迹设计一是要有利于生产时排水，煤层气排采需要经过解吸、扩散、渗流等复杂过程，这个过程的前提就是排水降压，为了有利于排水，水平段设计成沿煤层产状上倾走向；二是要有利于与洞穴井连通，连通点的煤层经过造穴、穿针等工艺，严重破坏了煤岩原有的结构，使本来就易垮塌的煤层更容易垮塌，连通位置尽量在煤层上部靠近顶板泥岩，减少井眼在连通前煤层中的长度；三是有利于钻进作业（李浩等，2019）。

煤层气多分支水平井定向控制的主要参数包括：井斜角、方位角、垂深。为了很好地将井眼轨迹控制在煤层中，采用地质导向技术进行井眼轨迹实时控制与监测。首先利用前期地震的资料建立区块地质模型，然后利用从 LWD 随钻监测到的储层伽马、电阻率参数来修正地质模型并调整井眼轨迹。同时，定向工程师可以结合综合录井仪实时监测到的钻时和返出的岩屑，判断钻头是否穿出煤层。

各井段钻具组合。主井眼造斜段一般用“动力钻具 +MWD”钻具组合，施工过程中确保工具的造斜率能够达到设计要求，使井眼轨迹在煤层中顺利着陆。水平及分支段一般采用“单弯螺杆 +LWD+ 减阻器”的地质导向钻具组合钻进。通过连续滑动钻进的方式实现增斜、降斜；通过复合钻进的方式稳斜。

分支侧钻工艺。煤层中的各分支是在裸眼中侧钻完成的，裸眼侧钻是煤层气分支井钻井中的难点。由于煤层比较脆，所以煤层气多分支井的侧钻不同于油井的侧钻，具体侧钻工艺如下：① 起钻至每一个分支的设计侧钻点上部，然后开始上下活动钻具，将钻柱中的扭矩释放后开始悬空侧钻。② 侧钻时采取连续滑动的方式，严格控制钻进速度，新井进尺 1～2m 内机械钻速控制为 0.8～1.2m/h，2～3m 内控制为 1.2～2.5m/h，3～10m 内控制为 3m/h，整个侧钻工序预计需要 5h。③ 侧钻时将重力工具面角摆到 90°，首先向左下方侧钻，形成了一条向下倾斜的曲线。因为钻柱处于水平井眼的底部，而不是中心线，90°的工具面角能够让钻头稳定地和井眼接触，以防止振动引起煤层的跨塌。④ 滑动侧钻至设计方位和井斜后开始复合钻进，钻进过程中要密切注意摩阻扭矩的变化。钻完每一个分支后，至少循环一周，然后起钻至下个分支的侧钻点位置。重复上述步骤，完成其余分支井眼的作业。

（5）悬空侧钻技术。

在水平主井眼上钻分支井眼时，无导斜器或水泥塞作为依托侧钻。要实现定点水平侧钻出各分支，在侧钻点的选择、工具面的摆放、技术参数的制定、操作措施的控制以及施工上的分析判断是极为讲究的。

其中两井对接技术相对最为复杂，难度最大，直接影响后期是否能稳定排采。早期该项技术为国外垄断，费用昂贵。后期经过我国技术攻关，初步掌握了该项技术，两井交汇的靶心距最小 10cm，最大 30cm。

2. 仿树形水平井

煤层气仿树形水平井由 1 口工艺井（即多分支水平井）和 2 口排采井组成，其中，远端排采井也可作为监测井。工艺井分别与两口排采井连通，连通位置位于稳定的煤层顶板（或底板），工艺井的主支在稳定的煤层顶板（或底板）沿上倾方向钻进，形成稳定的排采通道；工艺井水平段由主支、分支、脉支构成。该仿树形水平井主要适用于有稳定顶板（或底板）岩层的单斜煤层（李浩等，2020）。

（1）工艺井的直井段位于煤层的低部位，主支在稳定的顶板或底板岩层，沿煤层上倾方向钻进，井斜角大于 90°，距离煤层保持尽可能小的距离，但不触煤。水平段长度一般不小于 800m，与两口排采井均在顶板（或底板）岩层中连通。建在煤层顶板或底板内的主支，提供了稳定的排水、疏灰、采气通道；产状上倾，有利于排水；主支不触煤，有利于稳定。

（2）在主支两侧钻若干分支（一般 6～12 个），分支沿地层上倾方向侧钻进入煤层，井斜角保持不小于 90°，在煤层内保持平缓上倾延伸，尽可能钻长，以满足多钻脉支的需要，分支长度一般不小于 200m，同侧分支侧钻点间距 100～200m，异侧分支侧钻点间距 50～100m。分支通过在主支两侧的延伸控制着仿树形水平井在煤层中的展布形态和产气解吸面积。

（3）在每个分支上侧钻若干脉支（一般 3～8 个），脉支在煤层内，以沟通煤层内裂隙为主要目的，不出煤层，长度一般 50～400m，不求长，但数量尽可能多，以增大煤层气解吸。

（4）排采井洞穴的主要作用：一是方便工艺井与排采井连通；二是排采时气、液、固的分离腔。为确保洞穴长期稳定，将排采井洞穴建在稳定的顶板（或底板），排采洞穴应处于水平井轨迹的低部位，便于主、分支顺势排水，便于气、液、固三相分离，同时当井眼有垮塌物时，流水可将其搬运到洞穴处，保证井眼畅通。

3. U 型水平井

澳大利亚将煤矿井下抽放技术应用到地面开发中，形成独特的 U 型井技术。U 型水平井，又称远程连通井，一般由洞穴直井与定向水平井两口井组成，由于水平井在水平的靶点末端与洞穴直井相连通，两口井形成一个“U”型井筒结构，因此形象地称为 U 型井（图 4–1–3）。煤层气 U 型井中洞穴直井一般布置在煤储层构造低部位，水平井布置煤储层构造高部位。在钻井过程中，先钻直井并造洞穴，水平井沿煤层钻进后与洞穴直井远端连通，筛管完井，利用洞穴直井进行后期采气。

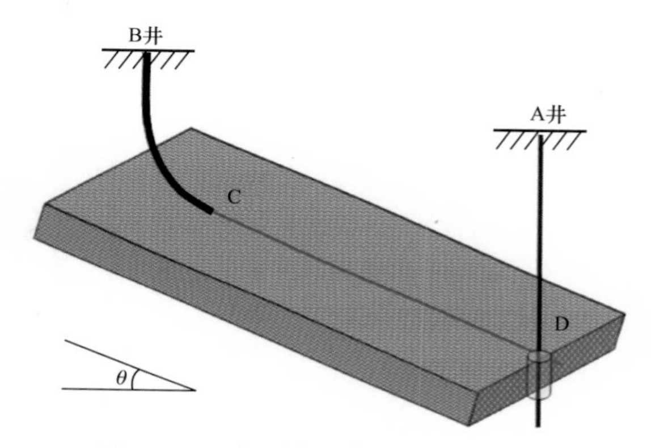

图 4–1–3　典型煤层气 U 型井井身结构

整个 U 型井的有效排水采气井段为水平井，位于煤层的斜直井段 CD 段。由于煤层气 U 型井这种独特的井身结构充分利用了倾斜煤层水的重力优势，在生产阶段煤层水很容易依靠重力作用排到生产井 A 的井底，再经过排采设备抽排到地面，因此，非常有利于排水降压采气和排除煤粉。

鉴于高陡构造煤层倾角大、渗透率偏高的特点，钻煤层气羽状井或多分支水平井意义不大，不利于后期的排水降压作业，可以进一步改进 U 型水平井，而设计成沿煤层 U 型定向斜井，即沿煤层段设计一段平行于煤层的斜直段。其中 θ 为地层倾角。直井 A 井要在斜井 B 井之前完井，还需要两井在煤层段连通。钻进煤层气斜井时在煤层顶板以上某段设计造斜点 KOP，稳定造斜，着陆点设计在煤层顶板下部接近煤层的部位，便于下技术套管固井，也便于后期钻进煤层时实施欠平衡作业。由于煤层气 U 型井是沿煤层倾向从高端向低端钻进，有效排水采气井眼是位于煤层中的斜直井段 CD，生产排水阶段煤层水很容易依靠重力作用排到 A 井的井底，再经过排采设备抽排到地面。煤层气这种 U 型井结构，充分利用了倾斜煤层水的重力优势，而且有利于排水和产出煤粉。

4. V 型水平井

V 型水平井只有 2 个主支和排采直井（图 4–1–4），相当于 2 个 L 型单支水平井均穿过排采直井洞穴。该井型的优点较多：（1）利用直井排水采气，可以采用成熟的有杆排采设备，排采泵可以下入煤层底板以下，保持适当的煤没度，有效防止窜气，有效防止煤粉进入泵筒，排采连续性强；（2）单支V型水平井可以下入套管或筛管，对煤层进行有效支撑，也可以固井压裂，可改造性强；（3）一口洞穴直井同时为2口L型水平井排水降压，成本明显低于U型水平井。

V型水平井吸收了单支水平井和多分支水平井的优点，在其基础上发展而来，继承了多分支水平井井控面积大，煤层进尺长，利用洞穴直井排采的优点，同时继承了单支水平井可以下入套管、筛管的优势，避免了多分支水平井井段坍塌和不可大规模压裂改造的问题，因此，V型水平井是目前条件下最适宜的煤层气开发井型，具有实现高产和实现经济效益双重目标的潜力。

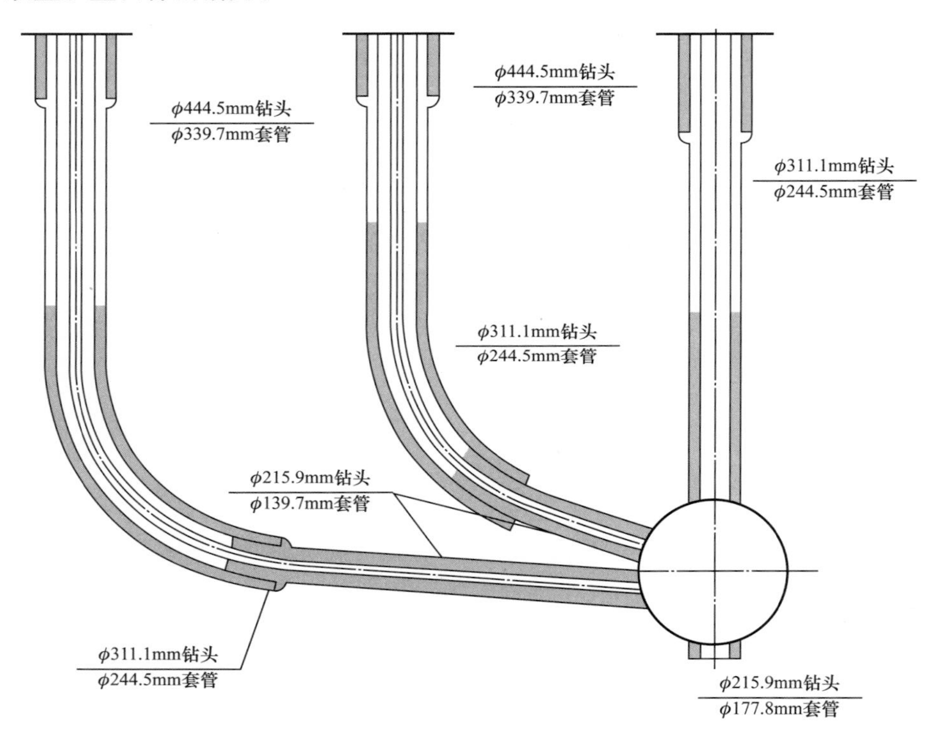

图4-1-4 V型水平井井身结构

二、L型水平井井身结构与特点

L型水平井井身结构如图4-1-5所示，与以往多分支、U型井相比，取消了洞穴井，只采用一个工程井。根据地层孔隙压力、破裂压力、坍塌压力三条曲线，煤层气井井深，综合考虑煤层气钻井设备配套现状、工艺技术水平及施工能力等一系列因素优化井身结构，采用二开井身结构。一开用ϕ311.2mm牙轮钻头钻穿基岩风化带20m后，且井深不小于60m（以实钻地层为准），下入ϕ244.5mm套管进行“穿鞋戴帽”固井（注水泥全封固），封固地表疏松层、砾石层。二开采用ϕ215.9mm钻头，开始直至完钻全部处于裸眼状态，完钻后在主支下入 ϕ139.7mm 的筛管或套管洗井后完井，半程固井，水平段不固井。若是存在漏失现象，则需要将上部漏失层段找准后，使用空气钻钻穿漏失层段，后钻进适当的进尺（50～100m），后下入 ϕ244.5mm 表层套管进行“穿鞋戴帽”固井，再进行二开钻井施工。水平段钻达设计井深，下入 ϕ139.7mm 套管（筛管）固井，水泥封固着陆点以上井段。

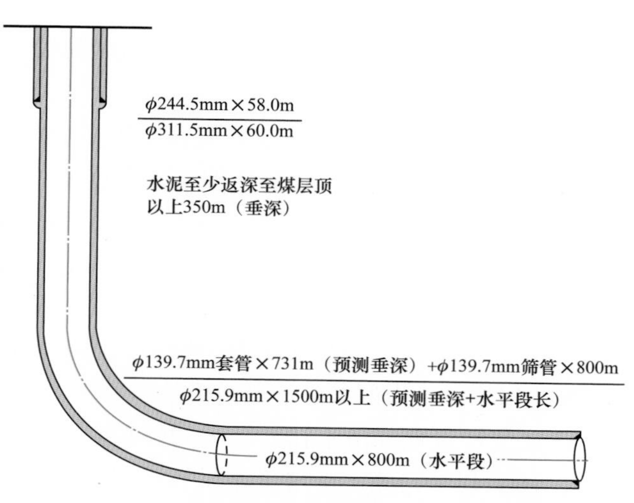

图 4-1-5 L 型水平井井身结构（水泥返身至地面）

此外，排采方式也发生了改变：U 型水平井通过排采直井排采，可以使用稳定性最好的抽油机 + 管式泵，排水泵可以下入煤层底板以下，利于充分排水降压；另外，可以使泵始终保持一定的沉没度，有效地防止气窜；且由于煤粉不容易直接进入泵中，排采稳定性好、连续性好。而 L 型水平井由于没有洞穴直井，在煤层附近造斜较大，常规抽油机 + 管式泵无法下入，只能使用无杆泵下在水平段最低点进行排采，因此，如果保持一定沉没度，则煤层压力不能完全降低，影响产气效果；如果不保持沉没度，则气体和煤粉很容易进入泵筒，导致泵效降低，排采不连续。L 型井与 U 型井相比，最大的优势是取消了洞穴直井，大幅降低钻井和井场建设费用，同时对山地地形条件的适应性增强，且不需要水平井与直井连接，大幅降低了技术难度。

L 型水平井有常规地面抽采 L 型水平井和采动区 L 型水平井 2 种，其中，常规地面抽采 L 型水平井布置在远景规划区，开发煤层气机理为通过排水降压使煤层甲烷解吸产出，由于 L 型水平井为单支水平井，可以全水平段下入筛管或套管，实现井眼稳定且能对水平井进行分段水力压裂或者氮气扩孔增渗，提高储层渗透率，进而提高排水降压效率，但目前无杆排采工艺尚未完全成熟，排采设备及排采方式是该类井推广应用的关键制约因素。采动区 L 型水平井则布置在生产准备区，水平段在煤层顶板，直井段需特殊设计保证采煤后仍能排采，该类井瓦斯抽采机理是通过煤矿开采释放地层应力提高储层渗透率，不需要储层改造，不需要排水降压，兼具煤矿高位钻孔抽采和地面直井抽采的优点，利于深部煤层瓦斯排放，可以大规模推广应用。

第二节 钻井工程设计

煤岩具有特殊的物理力学性质，其钻井工艺、钻井液、完井方式等与常规油气钻井明显不同，传统经验及钻井方式无法满足复杂结构井钻进煤层需要。在探索新技术与新工艺过程中，井壁失稳、煤层伤害、完井效果差等难题一直困扰着煤层气的高效勘探开发。与常规储层相比，煤层钻井主要有以下特殊性。

（1）煤岩割理发育，胶结差，强度低，井壁易失稳。为最大限度保护煤层气资源，现场复杂结构井多采用清水作为钻井液钻井煤层，但清水黏度低、滤失量大、携岩效果差，力学化学耦合作用进一步弱化了井壁煤岩强度。因此，井下事故复杂时有发生。

（2）煤层地质基础差，易受伤害。煤层低孔隙、低渗透、低压力，发育方解石、菱铁矿、斜长、黄铁矿等敏感矿物，此外还发育高岭石、绿泥石等黏土矿物。常规钻井完井液侵入煤层，引起煤层流体敏感和固相侵入伤害，妨碍煤层甲烷解吸。此外，由于储层压力低，侵入的工作液难以返排，煤层气渗流通道极易受阻。

（3）完井效果差，煤层气产量低。清水钻井最大的弊端除了不利于多分支水平井等复杂结构井井壁稳定外，还不利于完井，不利于煤层气长期开采。清水钻进复杂结构井时，井径不规则、井壁掉块严重，钻成的井眼重入性差，多采用裸眼完井。由于无套管或筛管支撑井壁，煤层气开采几年后井壁便会坍塌，大大缩短了煤层气井采气寿命。而据国外经验煤层气井平均可开采20～30年，有些井可达40年。没有套管或筛管的煤层气水平井以及U型井将无法进行增产作业。

基于以上煤层钻井的特殊性，经过多年的钻井实践与技术优化，形成了目前较完善的煤层气L型水平井的钻井技术体系。

一、钻井参数设计

钻井参数优选是指在一定的客观条件下，根据不同参数配合时各因素对钻进速度的影响规律，采用最优化方法，选择合理的钻井参数配合，使钻进过程达到最优的技术，实现最好的经济指标。机械破岩钻井参数（机械参数）一般指钻头的工作参数——钻压和钻速，牙轮钻头机械参数的确定取决于所钻地层岩性、钻头自身的力学机械特性、下部钻柱形式等，根据使用经验，钻头机械参数的确定应遵循如下原则：软地层采用低钻压、高转速；硬及中硬地层、深部地层采用高钻压、低钻速；钻头安全承载能力一般取0.6～0.8kN/mm；密封滑动轴承不宜采用高转速。根据现场实际施工资料，推荐钻井参数见表4-2-1。

二、钻井设备选择

目前煤层气水平井常用钻井设备见表4-2-2（可选用同等能力钻机）。

表 4-2-1 钻井参数设计表

开次	钻头					钻井参数			
	直径 /mm	喷嘴组合				钻压 /kN	转速 /（r/min）	排量 /（L/s）	泵压 /MPa
一开	311.2	11	11	11	11	30～50	60～110	34	1～5
二开	215.9	10	10	9	9	30～80	DN/DN+40～60	30	13～14
二开（水平段）	215.9	9	9	9	9	20～40	DN+30～40	30	14～15

表 4-2-2 水平井钻井设备简表

序号	名称		型号	规格		数量	备注
				载荷 /kN	功率 /kW		
一	钻机		ZJ30B/1700B			1	
二	井架		JJ170-41-K	1700		1	
三	提升系统	绞车	JC-30B		441	1	
		天车	TC-170A	1700		1	
		游动滑车	YC-170A	1700		1	
		大钩	DG-200	2000		1	
		水龙头	SL-200	2250		1	
四	转盘		ZP-445	2720		1	
五	顶驱		DQ40BC	2250	404	1	
六	循环系统配置	1# 钻井泵	3NB-1000		735	1	
		2# 钻井泵	3NB-1000		735	1	
		钻井液罐	ZJ30			4	含储备罐
		搅拌器				4	型号不做要求
		专用灌注装置				1	型号不做要求
七	普通钻机动力系统	1# 柴油机	G12V190PZL-3		882	1	
		2# 柴油机	PZ12190B		882	1	
		3# 柴油机	G12V190PZL		882	1	
八	发电机组	1# 发电机	TAD1232		380		
		2# 发电机	TAD1641GE		300	1	
		3# 发电机	12V2000G23		565	1	

续表

序号	名称		型号	规格		数量	备注
				载荷 /kN	功率 /kW		
九	钻机控制系统	自动压风机	2V—6.5/12		53	1	
		电动压风机	SA-22A-10.5		22	1	
		辅助刹车	DSF-35			1	
十	固控系统	$1^{\#}$ 振动筛	S250-2×2		7.36	1	
		$2^{\#}$ 振动筛	S250-2×2		7.36	1	
		除砂器	NCS300-2F		1.5	2	
		离心机	LW450-842N		45	1	
十一	加重装置	加重漏斗				1	型号不做要求
		电动加重泵				1	型号不做要求
十二	仪器仪表	钻井六参数仪	型号不作要求			1	包括：大钩载荷、大钩高度、扭矩、钻压、立压、钻井液总量
		测斜仪				1	
		液位报警仪				1	
		测斜绞车				1	
十三	液压大钳					1	

注：以上钻井设备是依据计算的钻具悬重设计的，实际可根据实际钻具重量在施工安全的情况下选择。

三、钻头的选择

钻头是破碎岩石的主要工具，钻头质量的优劣、钻头与岩性及其钻井技术措施是否适应，将直接影响钻井速度、钻井质量和钻井成本。

1. 岩石强度评估

利用地层压力评估软件，进行地层岩石可钻性分析，从地层可钻性评估结果及邻井实钻资料（表 4-2-3）对比可以看出：石千峰组—山西组煤层段以上为软—中软地层，适合使用 H517G 钻头，山西组煤层段适合 PDC 钻头钻进。

2. 钻头设计

直井钻探以牙轮钻头为主，煤层可应用 PDC 钻头。水平井煤层上部井段地层较硬，应用牙轮钻头钻进比较经济，所以一般应用牙轮钻头钻进；进入煤层的水平井段，因为煤层较软，并且为了减少起下钻的次数，应用 PDC 钻头，不同井段的钻头使用情况见表 4-2-4。

表 4-2-3 地层岩石可钻性分析

地层	井段 /m	可钻性级别	
第四系	0～24.2	2～3	软—中软
石千峰组	～308	2～3	软—中软
上石盒子组	～752	3～4	中软
下石盒子组	～946	3～4	中软
山西组	～1160	2～3	软—中软

表 4-2-4 单支水平井钻头设计表

序号	钻头直径 /mm	钻头类型	钻进井段
1	311.2	牙轮	一开
2	215.9	PDC 或牙轮	二开着陆点前
3	215.9	PDC	二开水平段
4	118	磨鞋	

四、钻具组合

一开钻具组合：ϕ311.2mm 钻头 + 托盘 +ϕ165mmNDC（无磁钻铤）×1 根 +ϕ165mmLDC（螺旋钻铤）×5 根 +ϕ127mmDP（钻杆）。

二开钻井组合：通过检测分析，套管内摩擦系数 0.25，裸眼摩擦系数 0.30，钻井液密度 1.05g/cm^3，设计滑动钻进钻头扭矩 600N·m，钻压 30kN，旋转钻进钻头扭矩 1500N·m，钻压 50kN（图 4–2–1）。

地面—井斜角 60°：ϕ215.9mm 钻头 +ϕ172mm×（1.5°）单弯螺杆 + 浮阀 + 循环接头（MWD）+ϕ165mmNDC×1 根 +ϕ127mmNWDP（无磁承压加重钻杆）×1 根 +ϕ127mmWDP（加重钻杆）×21 根 +ϕ127mmDP。

井斜角 60°着陆点：ϕ215.9mm 钻头 +ϕ172mm×（1.5°）单弯螺杆 + 浮阀 + 循环接头（MWD 带伽马）+ϕ127mmNWDP×2 根 +ϕ127mmDP×28 根 +ϕ127mmWDP×18 根 +ϕ159mm 随钻震击器 +ϕ127mmWDP×6 根 +ϕ127mmDP。

煤层中钻进时：ϕ215.9mm 钻头 +ϕ172mm 单弯螺杆（1.25°～1.5°）+ 浮阀 + 循环接头（MWD 带伽马）+ϕ127mmNWDP×2 根 +ϕ127mmDP×141 根 +ϕ127mmWDP×21 根 +ϕ159mm 随钻震击器 +ϕ127mmWDP×9 根 +ϕ127mmDP。

五、井眼轨迹控制

二开采用“双增双稳”井眼轨迹优化设计，保证井眼轨迹平滑稳定；严格控制井眼造斜率，全角变化率控制在8°/30m以内，靶前位移200～300m，造斜点选在200～300m。水平井眼沿最小水平主应力方向、沿煤层上倾方向布置，保证井眼稳定性（图4-2-2）。

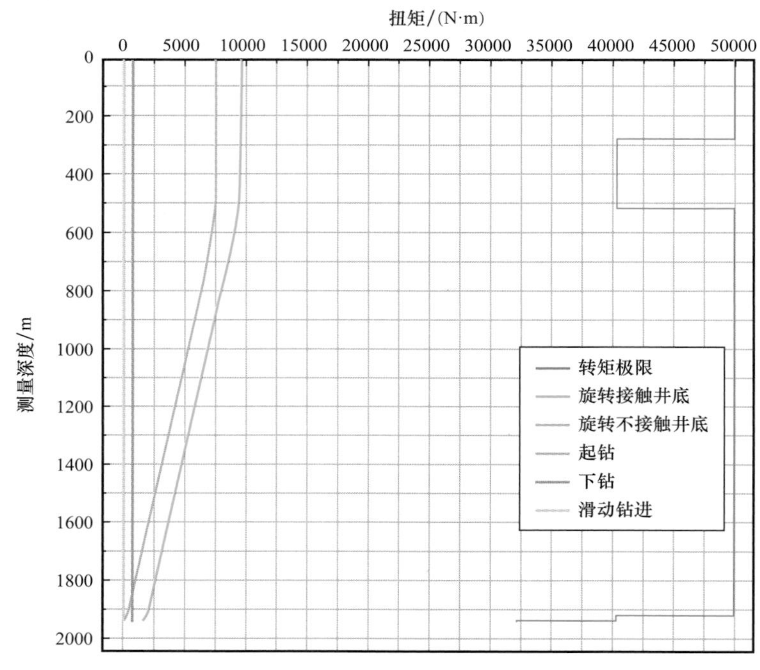

图4-2-1 旋转钻进钻头扭矩变化曲线

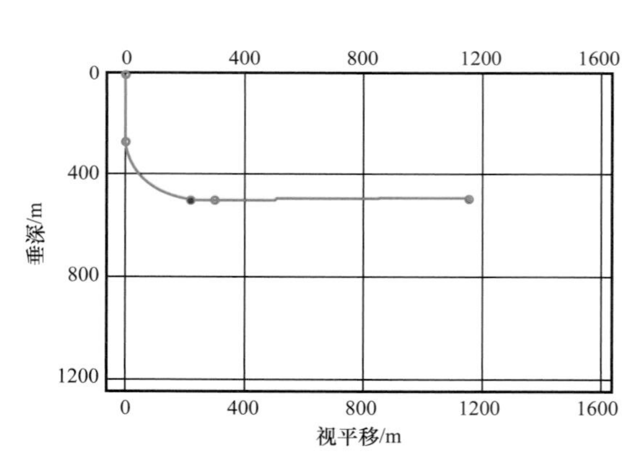

图4-2-2 樊67平3-1L水平井井眼轨迹示意图

L型水平井由单个工程井组成，一般是二开：一开表层固井后，二开一趟管柱钻完井，具有全通径、效率高的特点。L型水平井的完井工艺类型较多，常见的有套管完井和筛管完井，实际应用中，可根据地质条件优选套管/筛管完井，其地质适应能力较强。这种完井方式，稳定性较强，可支持后期解堵、压裂等作业。同时由于其属于一次钻井，无须侧钻，因此费用投资整体较低。L型水平井和裸眼多分支水平井的工艺对比详见表4-2-5。

六、现场应用

新型可控L型水平井在沁水盆地南部晋城斜坡带郑庄区块开展现场试验，其目的是利用L型水平井提高单井产气能力。

1. 一开井段

钻具组合：ϕ311.2mm牙轮（$6^5/_8$in REG-PIN）×0.3m+ϕ203mm配合接头（$6^5/_8$in REG-

PIN/$6^{5}/_{8}$in REG–BOX）×0.6m+ϕ203mm 减振器（$6^{5}/_{8}$in REG–PIN/$6^{5}/_{8}$in REG–BOX）×6.37m+ϕ203mm 钻铤（$6^{5}/_{8}$in REG–PIN/$6^{5}/_{8}$in REG–BOX）×17.89m+ϕ203mm 配合接头（$6^{5}/_{8}$in REG–PIN/$6^{5}/_{8}$in REG–BOX）×0.6m+ϕ165mm 钻铤（4inIF–PIN/4in IF–BOX）×18.33m+ϕ165mm 配合接头（4in IF–PIN/$4^{1}/_{2}$inIF–BOX）×0.6m+ϕ127mm 钻杆（$4^{1}/_{2}$in IF–PIN/$4^{1}/_{2}$in IF–BOX）。

钻井参数：钻压 40kN；排量 32L/s；转速 50r/min+ 螺杆转速。

使用效果：定向增斜，转动钻进防斜打直效果较好。

表 4–2–5 L 型水平井和裸眼多分支水平井主要工艺对比

对比项	裸眼多分支水平井		L 型水平井		L 型水平井钻井工艺技术优势
钻井工艺	工程井＋洞穴井		单个工程井		工艺简单
	三开	钻至煤层段以上固井，更换小钻头钻进，穿针洞穴井	二开	一开表层固井后，二开后一趟管柱钻完井，全通径、效率高	
	分支	多分支，多次侧钻	单支	一次钻井，无须侧钻	
完井工艺	裸眼（易垮塌、不能恢复作业）		套管 / 筛管（可解堵、压裂作业，后期稳定）		后期可维护
地质适应性	差（低渗储层、煤体复杂区不适合）		强（根据地质条件优选套管 / 筛管完井，可改造、可支撑）		适应性强
费用投资	高（1200 万元以上）		低（300 万元左右）		投资降低

2. 定向增斜段

钻具组合：ϕ215.9mmPDC×0.37m+ϕ172mm 1.25°单扶螺杆（1.5°）×8.90m+ 浮阀 ×0.50m+MWD 短节 ×0.79m+ϕ127mm 无磁钻铤 ×9.24m+ϕ127mm 无磁钻杆 ×9.43m+ϕ127mm 加重钻杆 ×247.80m+ϕ127mm 钻杆。

钻井参数：钻压 40kN；排量 32L/s；转速 30r/min+ 螺杆转速。

使用效果：滑动钻进造斜率 8°～10° /30m，转动钻进增斜 0.5°～1.5° /30m。

3. 水平段

钻具组合：ϕ215.9mmPDC（$4^{1}/_{2}$inREG–PIN）×0.25m+ϕ172mm 螺杆（$4^{1}/_{2}$in REG–BOX/$4^{1}/_{2}$in IF–BOX）×7.50m+ϕ165mm 钻具截止阀（$4^{1}/_{2}$in IF–PIN/$4^{1}/_{2}$in IF–BOX）×0.50m+ϕ165mm 定向接头（$4^{1}/_{2}$in IF–PIN/$4^{1}/_{2}$in IF–BOX）×0.79m+ϕ127mm 无磁加重钻杆（$4^{1}/_{2}$in IF–PIN/$4^{1}/_{2}$in IF–BOX）×18.45m+ϕ127mm 加重钻杆（$4^{1}/_{2}$in IF–PIN/$4^{1}/_{2}$in IF–BOX）×27.69m+ϕ127mm 钻杆（$4^{1}/_{2}$in IF–PIN/$4^{1}/_{2}$in IF–BOX）×285.82m+ϕ127mm 加重钻杆（$4^{1}/_{2}$in IF–PIN/$4^{1}/_{2}$in IF–BOX）×194.57m+ϕ127mm 钻杆（$4^{1}/_{2}$in IF–PIN/$4^{1}/_{2}$in IF–BOX）。

钻井参数：钻压 40kN；排量 32L/s；转速 30r/min+ 螺杆转速。

使用效果：在煤层段水平钻进 900m（图 4–2–3）。

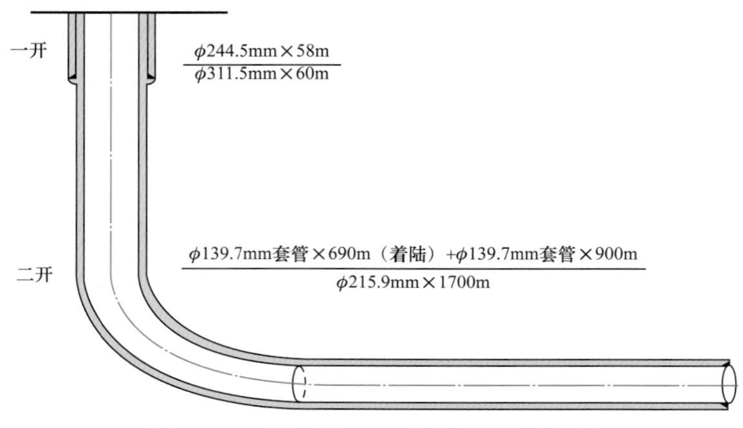

图 4-2-3　郑 4 平 7-1L 井井身结构示意图

第三节　导向技术

一、常规导向技术

为了保证最佳的钻井效果，需要精确控制井眼轨迹。实施导向钻井技术后，能够实现基于实时信息采集，不断调整钻进方向，从而使井眼轨迹根据设计的方向钻进。

1. 实施步骤

煤层气水平井常规导向钻井通常包括三个步骤：（1）收集整理导向材料：为了形成最佳井眼轨迹，提高煤层气产气量，需要全面收集掌握目标井所在区块的地质情况信息。通常采用探井方式，尽量收集关于地质导向的各类数据，方便实时钻进时有效判别导向情况。（2）精确控制着陆：根据所收集的地质资料，对原始地质设计进行修改，计算标志层与目标层位置，当钻遇标志层后，对煤层所在位置进行估计，精确控制着陆并控制钻头进入煤层。（3）水平段导向：着陆后进行水平段钻进，需要实时监控分析导向情况尽量控制钻头在煤层中钻进，若钻头钻出煤层，需要立刻对钻头进行调整，使钻头尽快进入煤层，当水平段钻井完成后停止导向（岳洁等，2019；郭宝林等，2018）。

2. 分类

一般来说，煤层气水平井导向钻井根据导向方式的差异可分为几何导向和地质导向两种。

1）几何导向

这种导向方式运用几何参数进行分析。通常情况下，所需参数通过随钻测量工具采集，对数据分析处理后，通过控制系统有效控制井眼轨迹。这种导向方式较为简单，但其在应用时也具有一定的局限性，适用于地质情况已经完全掌握且区块内部不存在异常地质状况的情形。这种方式基于设计完成的轨迹进行控制，利用导向工具产生新的井眼轨迹。由于操作简单，技术难度较低，目前部分钻井施工中运用该技术。

2）地质导向

当对目标井所在区块的地层信息获取较少时，采用几何导向方式具有较大风险，因为极有可能钻遇高危、高压地层而发生钻井事故，因此便研究发展了地质导向技术。当在复杂地层钻井且地层信息较少时，为顺利钻遇储层并形成最佳井眼轨迹，提高钻井效率与缩短钻井时间，需要实时监测分析钻遇地层岩性，从而依据地层岩性信息及时调整钻头状态，产生最佳的井眼轨迹，提升单井产量。在沁水盆地南部，一般在钻进过程中，通过实时监测 GR 和全烃值，来判别是否在煤层中钻进。地质导向是在实际钻进时根据实际的地质情况来控制井眼轨迹，参考但并非完全依据原始地质模型进行钻进，通过实时对井眼轨迹进行控制，有效保证了钻井质量，降低了钻井风险。在煤层气水平井钻井时，应用地质导向方式，通过各种录井测井方式获得地质信息，形成导向方案，控制钻头前进方向，提高煤层钻遇率（申鹏磊等，2020；刘明军等，2020）。

几何导向与地质导向对比情况见表 4–3–1。

表 4–3–1 几何导向与地质导向指标对比

对比项目	几何导向	地质导向
使用成本	低	高
导向工具	简易	复杂
测量参数种类	较少	较多
导向准确性	较低	高
导向风险	大	较小
使用情况	对导向准确性要求较低的情况	对于需要精确了解地层情况、精确控制井眼轨迹的情况

由于国内煤层地质情况复杂，因此地质导向钻井更加适合于国内煤层气井开发。应用导向钻井技术，能够有效指导钻头在合理位置进入煤层，同时在煤层中沿着最优轨迹钻进，有效提高煤层气水平井的钻遇率（郭宝林等，2018；黎铖等，2016）。

3. 适应性分析

在沁水盆地南部实际钻井过程中，常规地质导向钻井技术在 3# 煤层中应用较好，体现出较强的适应性。但随着开发煤层的变化，如 15# 煤，由于煤层厚度明显减薄，一般厚度 2～3m，局部甚至不到 1m，且构造复杂、断层多、微小褶皱发育，常规地质导向逐渐体现出了不适应性。通过总结，当前常规地质导向技术主要存在以下几个方面问题，制约了煤层气水平井钻井效率与质量。

（1）反应慢、易出层。常规地质导向采用“MWD+1 个自然伽马传感器”进行导向，测量仪器距钻头 15m，GR 盲区较大，无法准确跟踪煤层走向，钻头出层 15m 后才能判断出层，造成出层较多，侧钻多，易发生垮塌、卡钻等复杂事故（图 4–3–1）。

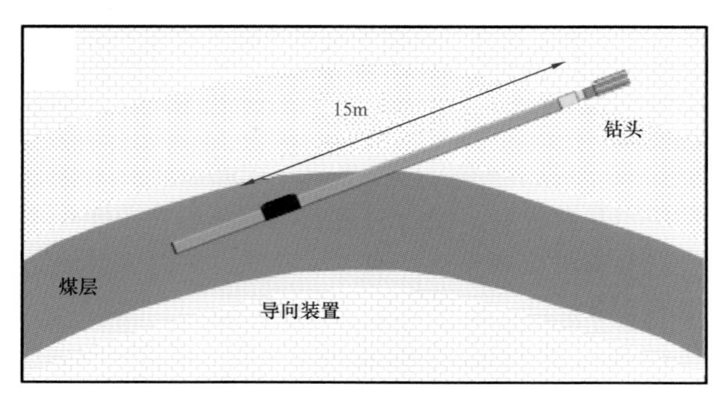

图 4-3-1 常规地质导向示意图

（2）判断准确性差，追层难度大。常规地质导向测量系统只有平均 GR，由于平均 GR 没有方向性，钻头出层后，无法快速准确地判断出层位置，只能向上或向下进行试探性追层，导致钻井过程中频繁出层、效率低、周期长（图 4-3-2）。而为了保证钻遇率，导致侧钻施工太多，增加了钻井成本，同时也延长了煤层裸露时间，增加了煤层垮塌风险，从而导致钻井风险大幅增加，影响煤层钻遇率和开发效果。

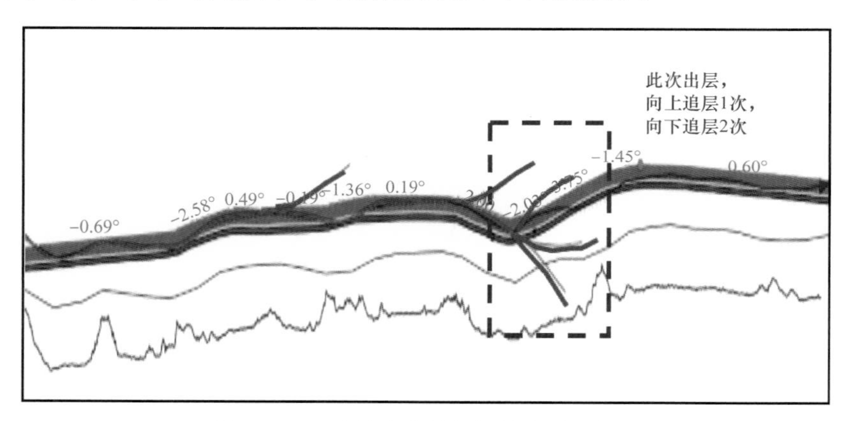

图 4-3-2 常规地质导向频繁追层示意图

二、煤层近钻头地质导向技术

常规地质导向的局限使人们意识到解决近钻头测量问题的重要性。同时随着水平井的钻井比例越来越高，地质情况也更加复杂，对近钻头地质导向测量工具的需求更加紧迫，市场上目前国内外都有不同厂家的近钻头仪器，各有优缺点，但高成本限制了其大范围的推广应用，更无法在强调低成本的煤层气钻井市场进行商业化推广。因此有必要研发一种低成本、推广性强的近钻头地质导向技术（潘文娟，2006；张春泽，2014；孙佃金等，2015）。

针对煤层气水平井钻井，需要解决以下问题：一是煤层薄，一般厚度在 2～5m；二是煤层的地层起伏及倾角变化极大，极易出层，为保证钻遇率，导致侧钻施工太多，增加了钻井成本，延长的煤层裸露时间，增加了煤层垮塌风险，从而导致钻井风险大幅增加；三是高造斜率要求；四是煤层气钻井的低成本现状（张福强等，2012）。

基于以上问题，中国石油测井集团有限公司创新研发了随钻方位自然伽马成像测井技术，并成功在沁水盆地南部实现规模化、商业化应用。该技术采用多个自然伽马传感器及方位测量系统，实现井周围不同方位自然伽马测量；应用多扇区成像数据采集处理方法，在钻具旋转时实现 16 扇区扫描伽马成像，识别岩性、计算地层倾角，进行构造分析。其测量结果具有方位特性，除了识别岩性、计算泥质含量等常规自然伽马测井应用外，实时传输数据可以作为地质导向重要资料。

1. 仪器概述

近钻头测量系统是钻井系统为获取井底真实参数而研制发明的一种智能型的测量系统。测量参数比常规 MWD 提前 15m 以上，距离钻头只有 0.5m，该系统可准确的获得钻头处的动态方位伽马数据和静态井斜数据，解决常规伽马地质导向工具的不足，为复杂地层、薄煤层的开发提供先进的工具，推动薄煤层及各类复杂煤储层的开采，缩短钻井周期，降低钻井成本。

近钻头测量系统包括安装在钻头与螺杆钻具之间的近钻头测量短节、在螺杆钻具与无磁钻铤之间安装的近钻头接收短节和配备无线接收短节的 MWD。近钻头测量短节测量近钻头静态井斜和方位伽马数据，通过跨螺杆钻具无线通信传输给近钻头接收短节，再通过无线通信传输到 MWD，然后通过脉冲发送至地面。近端测量仪器采用先进的电子技术及加工工艺，主要包括四大核心技术模块。

1）近钻头近端测量模块

（1）平均伽马 GR；

（2）方位成像伽马技术：16 扇区高分辨率伽马测量；可实时测上伽马 GR_U、下伽马 GR_D、左伽马 GR_L、右伽马 GR_R；

（3）井斜；

（4）钻头转速。

2）井下无线信号短传（SHORTHOP）传输技术

近钻头近端测量短节通过无线电磁波的模式，将测量到的数据跨过螺杆钻具并无线传输到螺杆钻具上端的接收短节。

3）MWD 无线传输技术

MWD 的主控系统接收到近钻头近端测量数据后，将这些数据调制编码成钻井液脉冲信号，并传输到地面系统。

4）地面系统

地面系统自动检测并识别井下测量数据，通过地面软件进行数据处理并出图，为地质导向提供技术分析平台。

2. 系统结构

1）近钻头测量仪器

井下系统 MWD 连接顺序：循环套 + 主阀头主件 + 脉冲器短节（内置接收短节）+

探管短节 + 电池短节（内置电池组）+ 打捞头（图 4–3–3）。

钻具连接方式：钻头 + 近钻头测量短节 + 螺杆钻具 + 近钻头接收短节 + 无线发射机芯 + 转换接头 + 无线通信短节 + 无磁钻铤（图 4–3–4）。

图 4–3–3　NBS 近钻头测量仪器

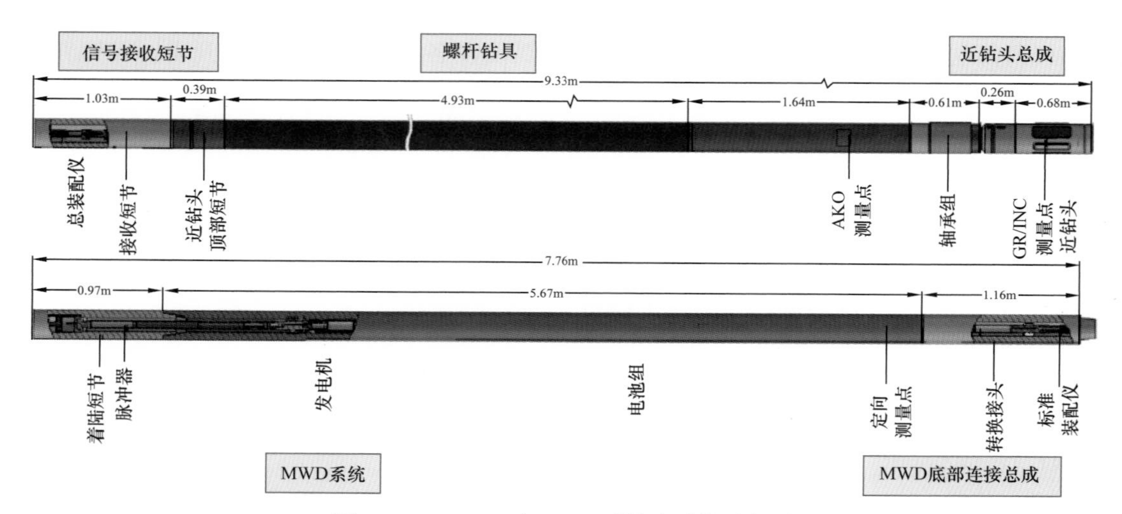

图 4–3–4　MWD 与 NBS 近钻头系统示意图

2）伽马成像仪器

目前有 $4^7/_8$in 和 $6^7/_8$in 2 种外径尺寸规格，其中 $4^7/_8$in 仪器有 3 个自然伽马传感器，在钻铤同一截面相互间隔 120°偏心放置（图 4–3–5），$6^7/_8$ 仪器有 4 个自然伽马传感器，在钻铤同一截面相互间隔 90°偏心放置，结合磁力计系统获取传感器在旋转过程中的方位位置，从而实现井筒不同方位自然伽马数据测量。2 种仪器滑动钻进时都能提供 4 个扇区的方位自然伽马测量值，并实时上传，作为地质导向服务时的判断依据，确保钻头尽可能在储层内钻进；仪器复合钻进时提供 16 个扇区的方位自然伽马测量值，并存储在井下仪器的内存中，经过数据处理和成像显示可以提供地层方位自然伽马成像图。

3）仪器电路组成

随钻方位自然伽马成像测井仪主要由电源模块、磁力计模块、自然伽马传感器、信号处理电路等组成。仪器将自然伽马传感器的测量信号，经电平隔离转换后进入 ARM 处理器的高端定时 / 计数器口进行采集；磁力计系统的输出经过处理后进入片外 ADC 模块，对工具面信息进行采集，同时采集振动与温度信息对工具面角进行校正。系统将采集的信息处理成 16 扇区数据存储在井下仪器中，并将上下左右 4 个扇区数据经通信模块传送到 MWD 系统，调制编码后传送到地面系统。

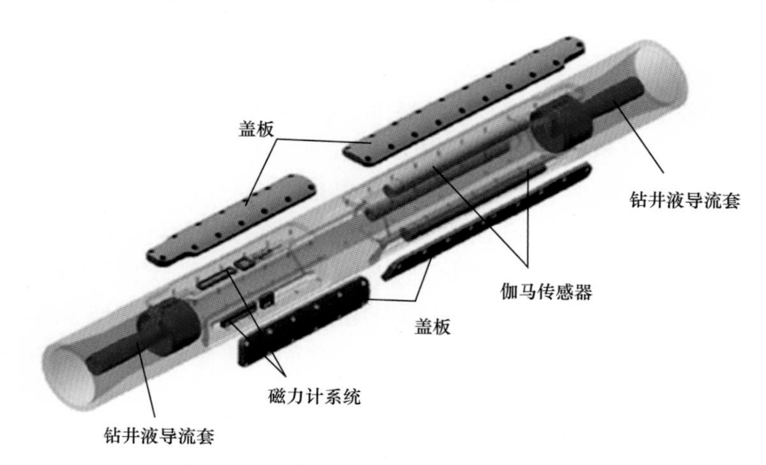

图 4-3-5 $4^7/_8$in 方位伽马成像仪器示意图

3. 技术指标

近钻头地质导向技术具有以下优点：（1）方位成像伽马技术，通过上下伽马能准确识别在煤层中所处位置并且钻遇优质煤层。（2）伽马测量点短距离零长，距离钻头顶部仅 0.28m。（3）能满足高造斜率。

通过与国内外地质导向技术指标对比（表 4-3-2），可以看出煤层近钻头测量仪器目前处于领先地位。

表 4-3-2 煤层近钻头测量仪器与国内外地质导向技术指标对比

技术指标	国外产品			国内产品		煤层近钻头测量仪器
	斯伦贝谢公司	贝克休斯公司	哈里伯顿公司	中国石油	胜利油田钻井院	
测量参数	伽马成像井斜，转速温度	双伽马成像、水平和垂直振动	伽马成像井斜	方位伽马、井斜	方位伽马、井斜	方位伽马井斜、转速、温度和压力
离钻头距离	0.42m	0.64m	0.45m	2.15m	0.6m	0.28m
成像	实时 8 扇区存储 16 扇区	实时 8 扇区存储 16 扇区	实时 8 扇区存储 16 扇区	上下伽马	上下伽马	实时 8 扇区存储 16 扇区
跨螺杆钻具传输方式	无线	配合旋转导向	配合旋转导向	有线	无线	无线
耐温	150℃	150℃	150℃	125℃	125℃	150℃

4. 钻遇不同地层响应特征

通常情况下，当随钻方位自然伽马成像测井仪器在储层中钻进时，仪器测量的上、下、左、右自然伽马曲线重合；当仪器钻遇倾斜地层时，测量的上、下、左、右自然伽马曲线在不同深度出现峰位，峰位位置能反映地层界面位置；当仪器钻遇断层时，测量的上、下、左、右自然伽马曲线在断层处各出现峰位，峰位位置能反映断层断块界面位置。

1）自然伽马传感器旋转时测量响应数值模拟

常规自然伽马测井仪器是利用1个自然伽马传感器在井筒中测量地层自然伽马总放射性强度，而随钻方位自然伽马成像测井仪是在随钻过程中利用多个自然伽马传感器，在数据采集时通过记录不同传感器在不同扇区内自然伽马计数实现井筒方位测量。钻井施工时转盘转速大都在50～100r/min，如果60r/min计算，仪器在井下每秒旋转360°，仪器采用16扇区数据格式，那么每个扇区对应的角度为22.5°。通过计算模型得到了自然伽马传感器在仪器旋转时的测量响应。模型采用4个相同的自然伽马传感器，传感器NaI晶体尺寸ϕ25.4mm×120mm，放置在钻铤的同一截面，传感器盖板厚度6.5mm，在钻铤的固定位置放置1个放射性点源（137CS，放射性强度为10μCi）。顺时针旋转钻铤180°，通过模拟计算，能够看出晶体1、2、3、4在钻铤旋转时计数的响应情况，随着传感器与点源的距离变化，各个传感器计数峰位也随之变化（图4–3–6）。

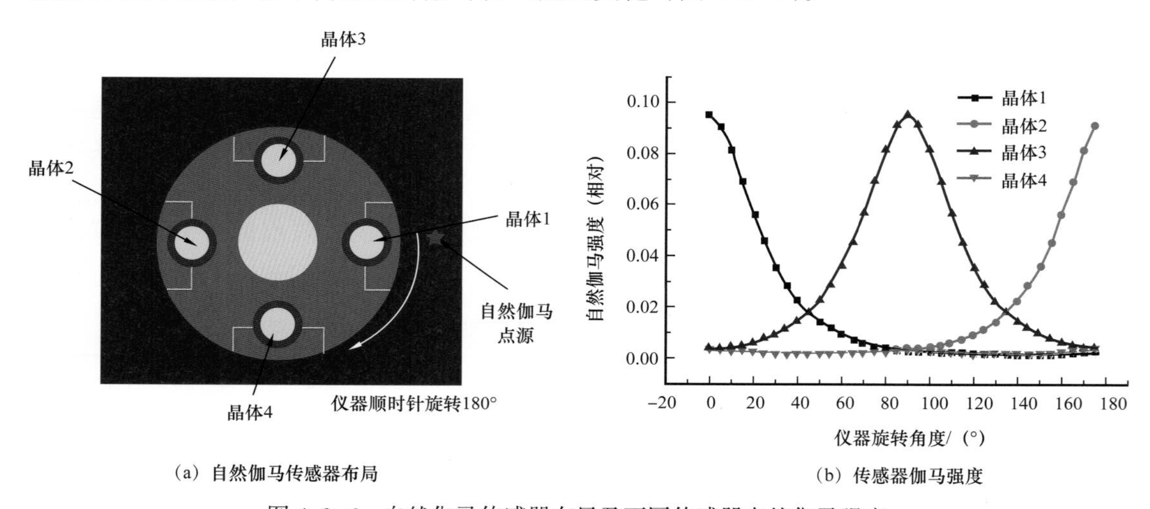

（a）自然伽马传感器布局　　（b）传感器伽马强度

图4–3–6　自然伽马传感器布局及不同传感器自然伽马强度

目前自然伽马测井仪刻度都采用API单位，API是根据美国石油学会在休斯敦大学建立的自然伽马刻度井确定。但由于井眼尺寸及刻度环境变化等原因，不能满足大部分尺寸随钻自然伽马测井仪器刻度。国外相关公司对此进行了研究，建立新的刻度方法，可以实现不同尺寸随钻自然伽马测井仪器的刻度，同时使电缆和随钻自然伽马测量值更加一致。随钻方位自然伽马成像测井仪测量值的精度受刻度影响较大，因此仪器出厂前在石油工业测井计量站自然伽马标准井中进行了刻度，确保了仪器的测量精度。

2）仪器钻遇倾斜地层

利用计算模型，模拟仪器钻遇倾斜地层不同位置处4个方位的自然伽马计数，利用得到的数据及插值方法可得出方位自然伽马成像图（图4–3–7）。仪器从低自然伽马地层进入高自然伽马地层时，如图4–3–7（a）所示1点，其自然伽马成像图*A*点为仪器探测器在 1 点位置处探测到下部井筒出现的自然伽马值突然增高，反映到成像图中可见颜色突变，说明仪器在钻进过程中下部遇到高自然伽马地层；成像图 *B* 点处颜色突变，表示仪器在钻进过程中探测到上部井筒也出现高自然伽马值，井筒四周其他方向自然伽马亦呈高值状态。综合以上现象说明，仪器整体进入高放射性地层。仪器从高自然伽马地层进入低自然伽马地层时，如图 4–3–7（a）中所示 2 点，成像图 *C* 点、*D* 点处的突变分别反映了仪器在钻进中依次探测到井筒下部、井筒上部自然伽马值降低，分析可见仪器已穿过高放射性地层，进入低自然伽马地层。

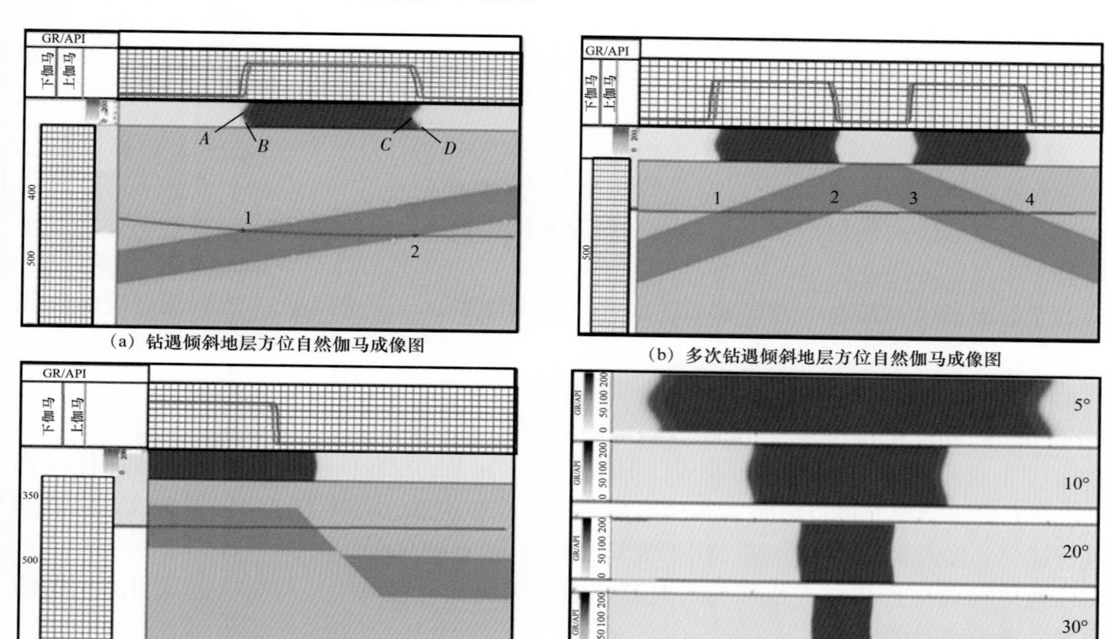

图 4–3–7 几种典型地层自然伽马成像响应特征

3）仪器多次钻遇倾斜地层

图 4–3–7（b）为多次钻遇倾斜地层方位自然伽马成像图。当仪器多次钻遇高自然伽马地层时，根据图 4–3–7（b）中计算模型，仪器先后 2 次进入高自然伽马地层，其中 1 和 2 点响应特征与上述中的描述一致；3 点井眼轨迹从高自然伽马地层下部地层进入，与 1 点响应特征相反；4 点从高自然伽马地层上面穿出，与 2 点响应特征相反。通过分析自然伽马成像图测井特征，可以判断井眼与地层的接触关系。

4）仪器钻遇断层

当仪器钻遇断层时，断层方位自然伽马成像图与倾斜地层方位自然伽马成像图存在很大差异，断层倾斜角度对方位自然伽马成像图有很大影响，断块倾角越大，断块成像图在轴向展布越大［图 4–3–7（c）］。

5）仪器钻遇不同倾斜角地层

在井斜为 90°、地层厚度一定的情况下，假设地层倾斜角度分别为 5°、10°、20°和 30°，模拟仪器钻遇地层不同位置处 4 个方位的自然伽马计数，利用得到的数据及插值方法得出方位自然伽马成像图［图4-3-7(d)］。由图4-3-7(d)可以看出，在井斜为90°时，地层倾斜角度越小，方位自然伽马成像图展布范围越大，地层倾斜角度对方位自然伽马成像图影响很大。

方位伽马成像仪器边界拾取精度、对薄层的识别能力较高，能够精确确定产层位置，实时得到井眼轨迹与地层的相切关系，给调整轨迹提供可靠依据，有效回避钻探开发风险。

5. 现场应用

郑1平-3L井位于沁水盆地南部晋城斜坡带郑庄区块，目的层为山西组3#煤，煤层为垂深756m，设计要求水平井进尺达到1000m。该区为北西倾向的单斜构造，断层不发育，构造较简单；地层倾角3°左右。

1）工具组合

本井按照着陆井段与水平段，分别使用以下钻具组合：

（1）着陆段：采用常规下左坐键常规MWD与平均自然伽马测量仪器，下部仪器钻具组合为：$6^1/_2$in无磁钻铤（内置MWD+GR仪器）+1.5°螺杆钻具+$8^1/_2$in PDC钻头。

（2）水平段：采用上悬挂MWD仪器与平均自然伽马测量仪器+近端测量近钻头测量仪器，下部仪器钻具组合为：$6^1/_2$in无磁钻铤（内置MWD+GR仪器）+1.5°螺杆钻具+$6^3/_4$in近端测量近钻头仪器（NBS近钻头仪器）+$8^1/_2$in PDC钻头。

NBS近钻头测量仪器方位伽马测量点距离钻头上端台阶面仅0.3m，其测量到的数据通过无线遥传将数据传输到MWD下部的接收短节，MWD接收短节再将数据传输到MWD中央控制单元进行编码，并转换为钻井液脉冲信号，再传到地面采集系统并将数据进行解码为实际地层测量数据，用于现场工程师进行实时决策。

地质导向主要依据方位伽马实时测井曲线上切、下切地层，判断轨迹在目的层中的位置，进而及时做出调整。

2）煤层施工过程

组合常规MWD+伽马仪器，于2018年3月13日11：00钻进至斜深887m，发现煤层，气测值也符合煤层特征，地质人员判断属于3#煤层，决定起钻准备下近钻头仪器钻水平段。

通过采用近钻头仪器，于2018年3月18日10：00正常钻进至完钻井深1796m（垂深736.93m），井斜86°（图4-3-8）。

该井实钻909m，煤层进尺909m，钻遇率100%。该项技术实现了“国内首例煤层气水平井近钻头导向”，煤层钻遇率100%。

三、地质建模导向综合控制技术

煤层气地质建模导向综合控制技术是通过综合应用地震、录井、测井等资料，建立宏观地球物理分析与微观邻井层位对比结合、随钻动态资料与已有静态结合、地质分析与工程控制结合的综合导向方法。近年来，华北油田通过不断探索和实践，逐步形成了具有“地震与井资料、静态与动态、地质分析与工程控制、导向与评价”五结合特征的地质建模导向综合控制技术，目的是实现水平井钻井由“被动”变“主动”。

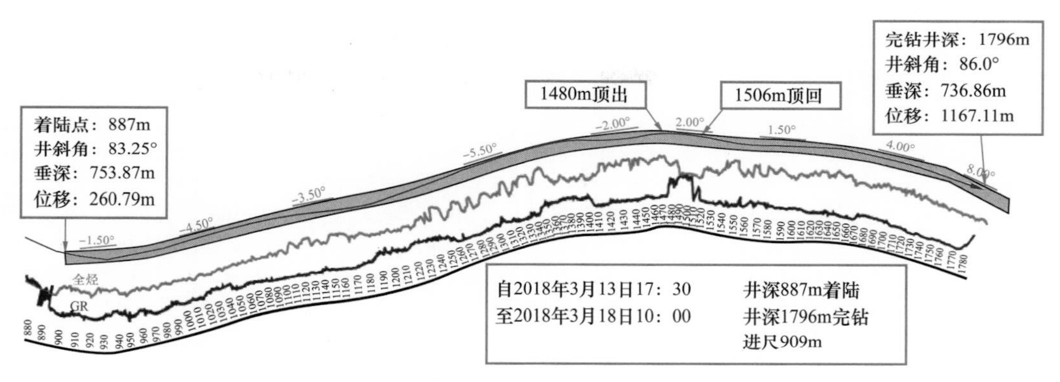

图 4-3-8 郑 1 平 -3L 井导向轨迹图

1. 主要技术

1）地质建模技术

利用地震数据，开展井震分析，结合随钻测录井数据，研究目的层在区域构造的展布、延伸和空间形态，在宏观区域上建立地质模型，为随钻测井奠定基础。其次，利用已钻邻井测录井资料开展多井对比分析，详细研究目标层在区域上的变化及分布规律，为精细建模、刻画目标层空间展布提供依据。然后，在地质模型研究的基础上，确定设计井眼轨迹在模型中空间位置，将设计井眼轨迹与邻井井眼轨迹通过计算分析，利用三维绕障防碰技术识别碰撞风险因素，开展钻前井眼轨迹碰撞风险评估，及时进行井眼轨迹修正。优势主要表现在：（1）快速钻进，缩短钻井周期，降低开发成本；（2）减少水平段侧钻次数，降低后期下套管作业风险。

2）MWD+GR+ 综合录井的低成本导向技术

受限于煤层气低成本开发，目前区内水平井一般使用 MWD+360° GR 随钻仪器组合，具有伽马无方向性、测量盲区长等劣势。尤其在 15# 煤层厚度变化大、地层倾角变化大的条件下，表现出一定的不适应性，经常出现伽马测量位置刚进入煤层，而钻头已钻出煤层的情况，极大地增加了导向师的工作难度。针对试验区域地质特点以及设计要求和施工的技术特点，探索完善 MWD+GR+ 综合录井的低成本导向方法。

（1）等深对比法。

利用等深对比法预测着陆点，就是在不考虑井眼轨迹横向延伸时地层倾角对地层厚度的影响，在区域稳定的标志层至目的层的厚度不变的情况下，预测着陆点深度。由于多数情况下地层不会为水平，因此距离目的层越近，对比预测的着陆点数据越准确。施工区域内，15# 煤层上部稳定的标志层主要为山西组 2#、3# 煤层和太原组 4 套石灰岩，其中 3# 煤层和 15# 煤层相邻两套石灰岩最为稳定，施工中利用逐层对比，可逐渐减少误差，准确预测出目的层垂深。以 f71p3 井为例，其附近有 3 口邻井，按等深对比法，不难预测出 f71p3 井 15# 煤层顶部深度（表 4-3-3）。从表 4-3-3 中预测数据可知，所选的标志层距离目的层越远，预测结果起伏越大，准确度越低；距离越近，预测结果起伏越小，准确度越高。该井实际着陆点与预测结果存在 3m 误差，原因在于该井第四套石灰岩在横向上变薄。

表 4-3-3 f71p3 井 $15^{\#}$ 煤层顶垂深预测表

<table>
<tr><th rowspan="3">序号</th><th rowspan="3">层位</th><th colspan="2" rowspan="2">fsu2v 井</th><th colspan="2" rowspan="2">f71 井</th><th colspan="2" rowspan="2">fsU2H 井</th><th colspan="4">f71p3 井</th></tr>
<tr><th></th><th colspan="3">预测 $11^{\#}$ 煤顶垂深 /m</th></tr>
<tr><th>垂深 / m</th><th>距 $15^{\#}$ 煤顶距离 / m</th><th>垂深 / m</th><th>距 $15^{\#}$ 煤顶距离 / m</th><th>垂深 / m</th><th>距 $15^{\#}$ 煤顶距离 / m</th><th>垂深 / m</th><th>与 fsu2v 井对比预测</th><th>与 f71 井对比预测</th><th>与 fsU2H 井对比预测</th></tr>
<tr><td>1</td><td>$2^{\#}$ 煤</td><td>440.56</td><td>113.89</td><td>537</td><td>103.5</td><td>549.5</td><td>93.57</td><td>缺失</td><td></td><td></td><td></td></tr>
<tr><td>2</td><td>$3^{\#}$ 煤顶</td><td>457.4</td><td>97.05</td><td>550</td><td>90.5</td><td>560.98</td><td>82.09</td><td>569</td><td>666.23</td><td>659.68</td><td>651.27</td></tr>
<tr><td>3</td><td>第三套灰岩顶</td><td>533.34</td><td>21.11</td><td>618.5</td><td>22</td><td>626.96</td><td>16.11</td><td>633</td><td>654.4</td><td>655.29</td><td>649.4</td></tr>
<tr><td>4</td><td>第四套灰岩顶</td><td>544.32</td><td>10.13</td><td>629</td><td>11.5</td><td>633.63</td><td>9.44</td><td>650</td><td>659.83</td><td>661.2</td><td>659.14</td></tr>
<tr><td>5</td><td>$15^{\#}$ 煤顶</td><td>544.45</td><td></td><td>640.5</td><td></td><td>643.07</td><td></td><td></td><td colspan="3">实钻 15 号煤层顶垂深为 656m</td></tr>
</table>

（2）岩性特征判断钻头位置法。

以 $15^{\#}$ 煤层为例，区内 $3^{\#}$ 煤层与 $15^{\#}$ 煤层之间一般发育 4 套石灰岩，与砂泥岩的岩性组合特征是准确卡准着陆点的重要依据。通过逐层识别稳定的砂层和石灰岩层，逐渐减小着陆点垂深的误差，而最后一套石灰岩是即将钻遇 $15^{\#}$ 煤层的判断依据。水平段钻进中，需准确捞取岩屑，逐包观察煤屑含量，并进行滴酸试验，判断岩屑中石灰岩或者泥岩含量是否增多，若石灰岩含量增加则为顶出，若泥岩含量增多则为底出。在煤层段施工中，常常因水平段过长，或因煤层疏松引起的掉块，造成岩屑混杂，真假岩屑难以辨认，因此识别水平段岩屑主要通过含量变化来确认。通过岩性的识别可及时判断钻头位置，并确定出层方向，降低随钻伽马仪器存在零长带来的影响。

（3）伽马特征判断钻头位置法。

煤层内部伽马值和曲线形态均存在很大的不稳定性。着陆后，通常先将井斜控制在小于地层倾角在煤层中穿行，使井眼轨迹缓慢进入煤层底部，呈现出完整的煤层内部伽马形态，方便通过形态对比，识别井眼轨迹所处煤层位置。若施工井要求进入煤层后中完，由于仪器测量盲区，将会丢失部分伽马曲线，通常可使井眼轨迹进入煤层底部，并将井斜增至与地层倾角相同再中完，尽量保留煤层内部伽马的完整形态。

以试验区域 $15^{\#}$ 煤层内部特征为例，虽然伽马曲线形态存在很大的不稳定性，但他们存在某些共同的规律。通过相邻几口直井 $15^{\#}$ 煤层电测曲线对比，横向上，煤层内部煤矸石发育，其厚度不同，伽马值和伽马形态也各不相同，但纵向上，整体均为上部伽马值低，往底部逐渐抬高（图 4-3-9）。导向师可通过识别伽马曲线形态，判断轨迹穿行方向，若伽马曲线整体呈下降趋势，则井眼轨迹向上穿行；若伽马曲线整体抬升，则井眼轨迹向下穿行。

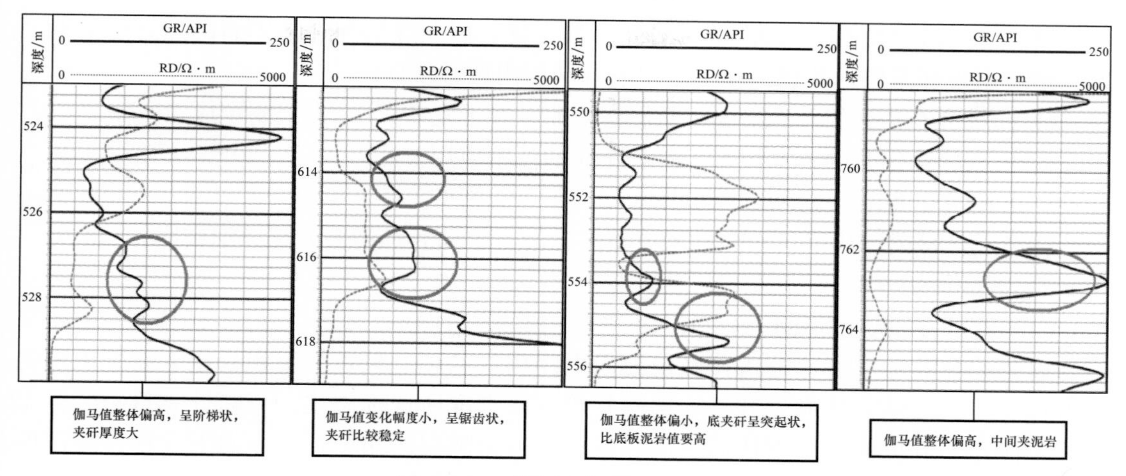

图 4-3-9 煤层内部特征对比图

（4）钻时全烃法。

钻时录井具有较好的实时性，是唯一能够在第一时间反映轨迹位置的参数。通过钻时可及时推断钻头所处位置，对井眼轨迹做出及时调整。利用钻时判断钻头位置时，需首先排除定向钻进和托压、摩阻等外界因素的影响，使钻时更准确地反映地层的可钻性。综合录井仪检测的煤层气主要为吸附气，即吸附在煤层空隙、裂隙表面的气体，在煤层中钻进时，全烃相当活跃，最高可达 100%，受钻时影响较大，因此波动范围较大。同等条件下，破碎煤层的速度越快，解析的气体越多，全烃值越高。因此不能通过全烃值直接判断井眼轨迹位置，需结合钻时综合判断。在钻井参数稳定的情况下，$15^{\#}$ 煤层顶板表现为高钻时、全烃为基值；煤层上部表现为低钻时、高全烃；煤层下部煤矸石表现为低钻时、低全烃；煤层底板表现为低钻时、全烃为基值。

（5）工程参数法。

工程参数在水平井导向中起着非常重要的作用，不仅可以通过分析工程参数的变化识别地层，还可以通过实时监测工程参数是否正常，为水平井全程施工提供异常预报，确保在易垮塌的水平段正常施工。水平井中可用来辅助地层识别的工程参数主要包括钻压、扭矩和泵压。一般情况下，进入煤层后，钻压、扭矩和泵压都会降低，在定向钻进时，需排除钻具托压对钻压造成的影响，避免造成误判。

2. 方案设计

1）导向准备

（1）资料收集：钻井地质设计书；钻井工程设计书；区域构造资料；地震测线资料；邻井录井资料；邻井测井资料；基本数据，包括井口坐标、地面海拔、补心高。

（2）编制地质导向技术方案。

① 根据前期收集的邻井录井、测井资料、地震测线资料以及建立的区域地质模型，对施工区域形成宏观地质认识。

② 对试验区域地质特点选取稳定标志层，建立对比关系，作为着陆井深卡取依据。

③ 分析邻井目的煤层内部录、测井参数变化，以及煤层与上下围岩的差异等地质情况，形成微观邻井层内认识，作为水平段导向层内调整依据。

④ 针对可能钻遇的特殊情况（断层、褶曲，井下复杂等），提前制定应对方法。

⑤ 根据随钻仪器的技术特点，制定相应的技术应用方法。

（3）技术交底。

在造斜钻进前，将地质导向技术方案向钻井、定向井等相关人员详细交底。

2）着陆井深卡取

（1）着陆井眼轨迹控制。

通过邻井的地层对比分析，确定纵向上距离目的煤层较近、沉积稳定、易于识别的岩电标志层，实钻中依靠录井、随钻测井等手段卡准所选标志层，不断计算每一个标志层地层倾角，并以此作为下伏标志层和目标煤层的地层倾角，计算预测下一标志层深度和着陆点深度；根据实际钻遇结果，判断标志层和着陆点计算预测深度与设计吻合程度。若吻合较好，则按设计井眼轨迹施工；若吻合较差，结合剩余靶前距和工程施工工具轨迹控制能力，适时对着陆轨迹进行调整，直至煤层着陆，保证着陆时井斜角与地层倾角的角差在6°左右。

① 确定分布稳定、特征明显的岩性作为地层对比标志层；

② 随钻绘制“录井垂直剖面图”，及时与邻井对比；

③ 依据就近原则计算修正地层倾角；

④ 绘制“随钻井眼轨迹跟踪图”，确定钻遇煤层的斜深、垂深、井斜角、水平位移，并与设计井眼轨迹对比，提供井眼轨迹修正数据，保证着陆时井斜角与地层倾角的角差在6°左右；

⑤ 着陆后应以仪器工具允许的最大造斜率将井斜增至接近地层倾角，控制钻头位置位于煤层中上部。

（2）着陆判断依据：

① 机械钻速加快1倍以上；

② 伽马测量值降低；

③ 全烃值升高；

④ 岩屑中煤成分百分含量增加。

3）水平段地质导向

（1）井眼轨迹现场施工设计应遵循如下原则：① 满足合同要求见煤进尺考核指标；② 钻井施工安全优先，避开已知断层；③ 钻出煤层或钻遇断层，应以仪器工具允许的最大造斜率追踪煤层；④ 满足前三点要求的前提，严格执行工程设计。

（2）导向依据：钻时持续低值、气测全烃相对高值时可确定在煤层中钻进；煤矸石对应伽马值的变化可判断钻头在煤层中位置；导向区间应选择距煤层顶底一定距离，钻头位置变化伽马值特征差异明显的区间。

（3）随钻地层倾角计算：根据顶出、底出煤层，计算已钻地层的地层倾角；根据钻遇同一煤矸石界面，计算已钻地层的地层倾角；根据钻穿同一煤矸石的进尺比，计算正钻井段的角差，推测正钻地层的地层倾角。

（4）钻出煤层的判断依据：根据 GR 曲线组合特征、顶底钻时差异、全烃高低变化等进行综合分析判断。

（5）现场施工数据实时采集计算、传输：由基地专家远程指导施工现场，地质导向人员及时汇总现场各项资料，分析原因，做出准确判断。整个过程实现地质建模、随钻资料实时解释、油藏描述的有机结合。该技术与录井随钻跟踪技术、定向井轨迹设计技术和远程监控支持实现有机结合，一体化协作、整体联动优势明显，使水平井钻井由“被动”为主动，变“盲打”为“可视”，提高现场水平井着陆控制的准确性及时效性。同时，基地专家与现场导向师同步分析决策。通过与现代网络信息技术衔接，实现现场人员、基地专家对井眼轨迹运行效果的同步监测与分析，钻遇褶曲、微断层、陷落柱、地层尖灭等复杂构造时，可及时发现参数异常，并修正地质模型，匹配出新的井眼轨迹控制方案，提高水平井开发效果（图 4-3-10）。

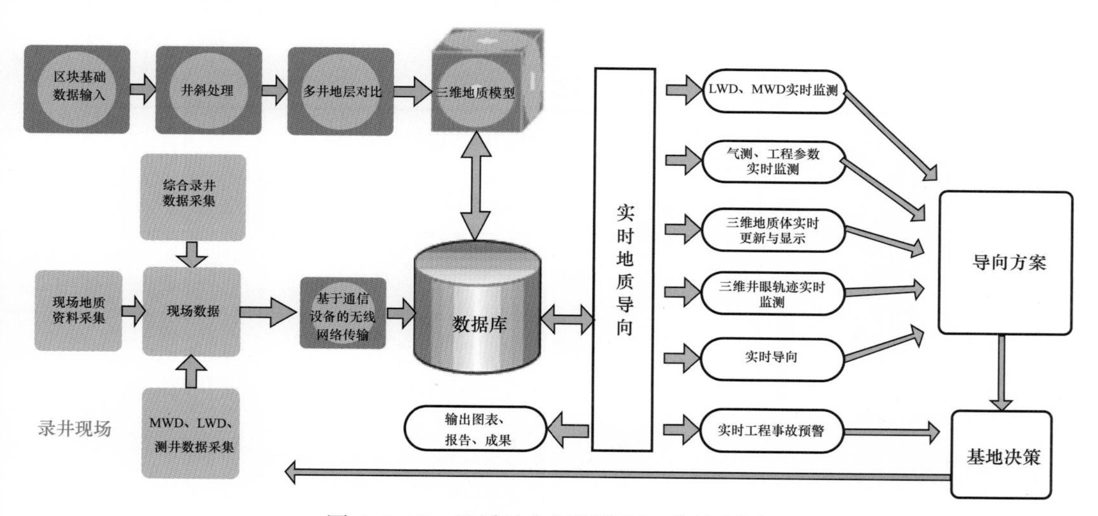

图 4-3-10 地质导向远程控制工作流程图

3. 在郑 4-76-31L 井的应用

分别选取了郑庄、樊庄区块的郑 4-76-31L 井等 6 口井进行现场应用试验，目的层包括 3# 煤层和 15# 煤层，进一步验证可控水平井地质建模导向综合控制方法在不同区块、不同地质条件下的适应性。下面详细介绍在郑 4-76-31L 井的应用。

1）郑 4-76-31L 井地质概况

郑 4-76-31L 井是一口位于沁水盆地南部晋城斜坡带郑庄区块的 L 型水平井，井区为北东倾向的单斜构造，3# 煤顶海拔由 300m 到 450m，高点位于设计井区西南端；断层不发育，构造较简单；地层倾角 4°左右（图 4-3-11）。

2）设计要求

郑 4-76-31L 井设计钻至靶点 1，保证煤层进尺 1700m 左右，根据实际情况可以继续钻进 300m 完钻，钻遇率不低于 90%，采用套管完井。具体设计参数见表 4-3-4。

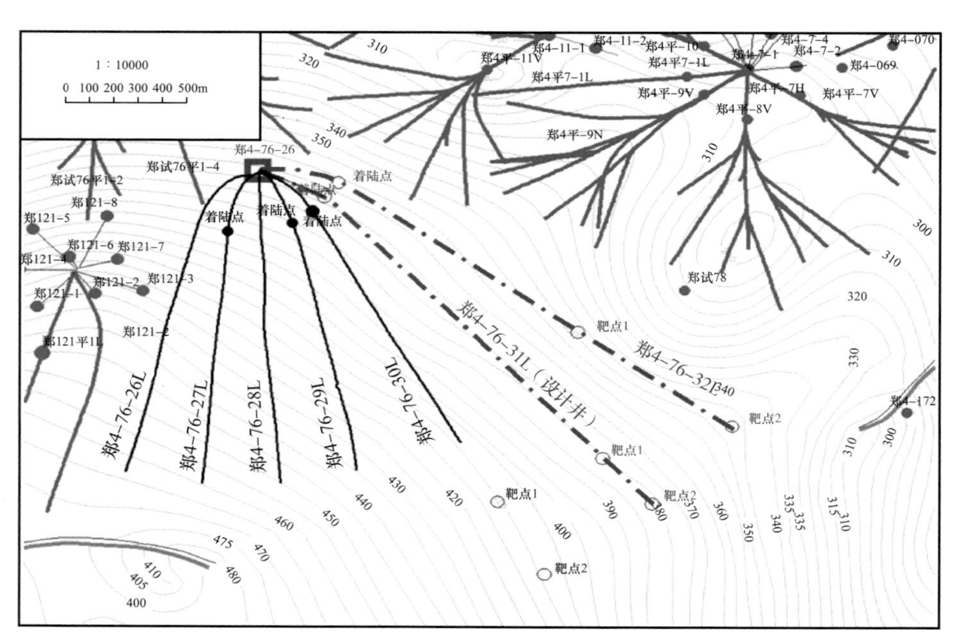

图 4-3-11　郑 4-76-31L 井 3# 煤层构造图

表 4-3-4　郑 4-76-31L 井地质设计基本数据表

井型	L 型水平井	设计井深（井深）/m	预测着陆点垂深 640m（未考虑补心高），预测完钻井深 2840m
井别	开发井	目的层	山西组 3# 煤
地理位置	山西省沁水县龙港镇里必村	钻探目的	利用水平井提高单井产气能力
构造位置	沁水盆地南部晋城斜坡带郑庄区块	完钻层位	山西组（P1s）
磁偏角 /（°）	-4.4	完钻原则	钻至靶点 1，根据实际情况可以继续钻进 300m 完钻
地面海拔 /m	976	完井方法	套管完井

3）导向准备

（1）资料收集：包括郑 4-76-31L 井地质设计、工程设计；邻井电测、录井资料、井口坐标、地面海拔、补心高；该钻井平台已钻井郑 4-76-26L 井、郑 4-76-27L 井、郑 4-76-28L 井、郑 4-76-29L 井、郑 4-76-30L 井的实钻资料等。

（2）编制导向施工方案。

① 建立地质模型。钻前收集邻井测井、录井、地震资料，建立宏观地质认识。分别采用地震测线推算法、构造等高线计算法、井震结合逼近法等方法分段预测本井煤层走势（表 4-3-5）。

建立钻前地质模型，根据分段预测煤层走势建立单井地质模型，可以看出，模型预测结果与原设计井眼轨迹出入较大（图 4-3-12），模型预测结果更客观、更精细地展示了煤层的分布情况，施工中根据实钻数据进行及时调整。

表 4-3-5 郑 4-76-31L 井倾角预测

井段 /m	预测倾角		
	地震测线推算法	构造等高线计算法	井震结合逼近法
800～900	上倾 1°	上倾 1°	上倾 2°
900～1300	上倾 3°	上倾 2°	上倾 3°
1300～1600	上倾 4°	上倾 3°	上倾 3°
1600～2000	上倾 2°	上倾 2°	上倾 2°
2000～2300	上倾 4°	上倾 2°	上倾 3°
2300～2500	0°	上倾 1°	上倾 2°
2500～2800	下倾 5°	上倾 1°	下倾 2°

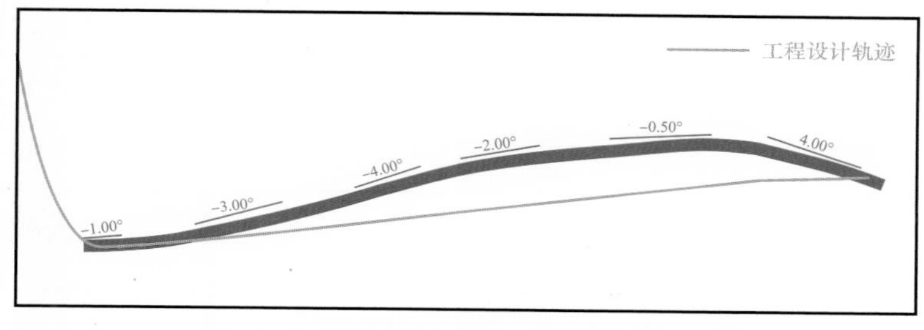

图 4-3-12 郑 4-76-31L 井钻前地质建模

② 地层对比分析。选取本区块较近邻井郑 4-76-30L 井、郑 4-76-29L 井、郑 4-76-28L 井、郑 4-76-27L 井、郑 4-76-26L 井、郑 121-3 井、郑 121-6 井、郑 121-7 井、郑 121-8 井，通过邻井对比（图 4-3-13）认为：

a. 地层发育整体稳定，下石盒子组底部各发育一套砂岩，但砂岩厚度及发育程度不稳定；山西组有一厚层砂岩，距目的层厚度稳定，22～27m，可作为卡取目的层的主要对比标志层。

b. 卡着陆时，3# 煤层上部地层表现为高钻时，低全烃，进入煤层，钻时表现为突然变快，全烃突然升高，可根据此特征在最短进尺内判断井眼轨迹是否进入煤层，从而对井眼轨迹及时调整。

③ 目的层特征分析：

a. 本区块 3# 煤层厚度较为稳定，3.3～4.1m，目的层 3# 煤层自上而下分为顶板、顶煤、顶矸、好煤、底板（图 4-3-14）。好煤厚度最大，2～2.5m，煤质最好，伽马 20～30API，为优选导向区间；中矸厚约 0.7m，泥质含量相对较高，伽马 60～80API；顶煤厚约 0.8m，伽马 40～60API；顶底板均为泥岩，伽马 160～180API，底板略高于顶板。煤层中伽马最低的煤层位于煤层中下部，靠近底板的位置，可作为判断钻头位置的依据之一。

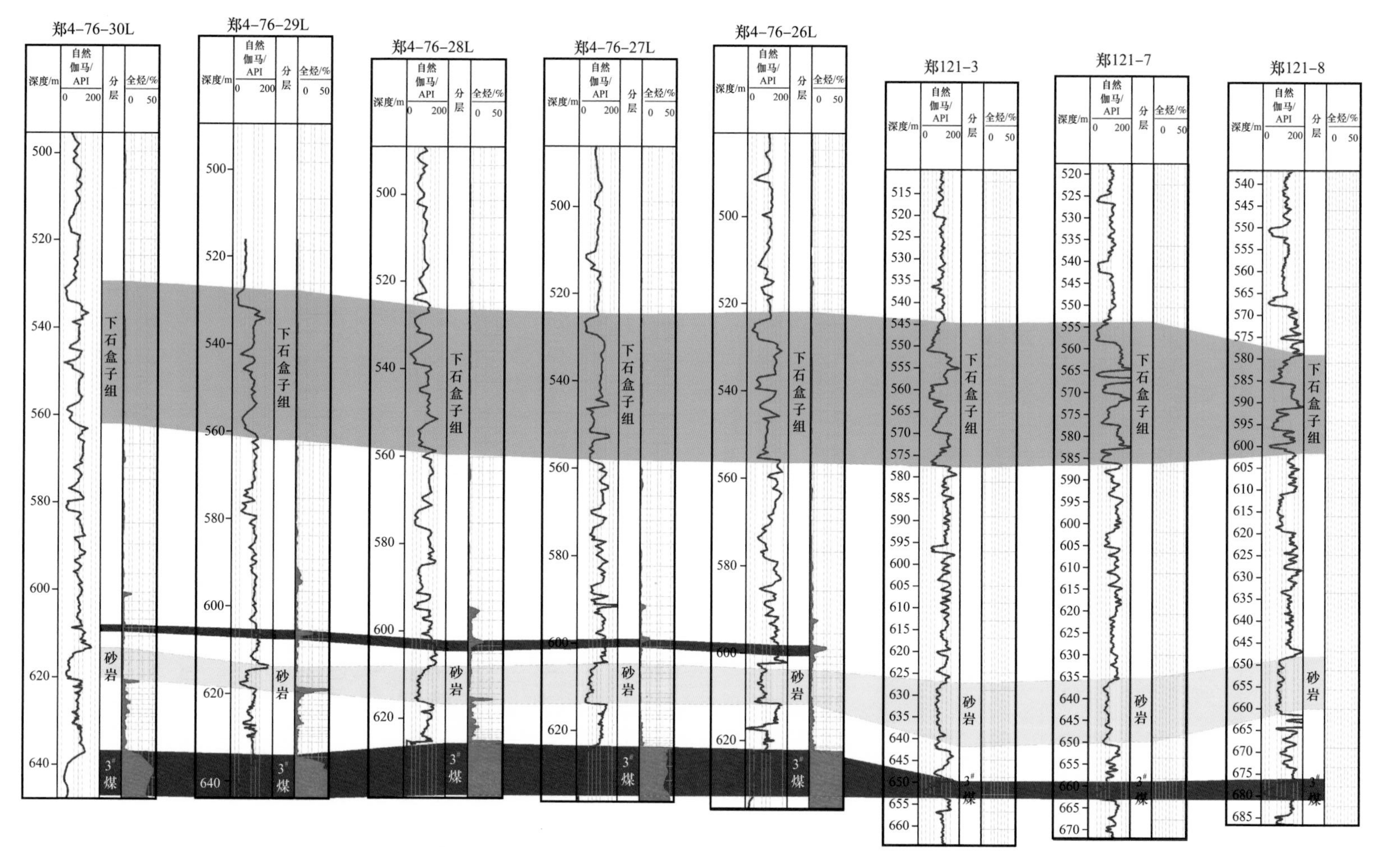

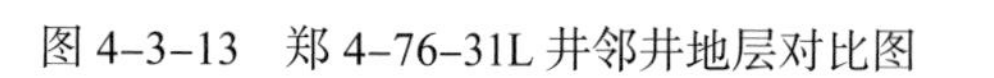
图 4-3-13 郑 4-76-31L 井邻井地层对比图

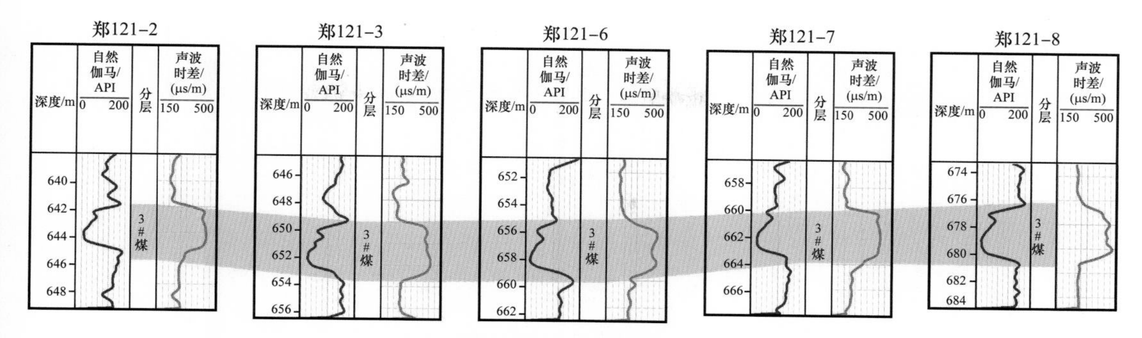

图 4-3-14 郑 4-76-31L 井邻井目的层特征图

b. 煤层气主要为吸附气，即吸附在煤层空隙、裂隙表面的气体，在煤层中钻进时，全烃相当活跃，最高可达 100%，受钻时影响较大，因此波动范围较大。同等条件下，破碎煤层的速度越快，解析的气体越多，全烃值越高，且在钻遇煤矸及好煤时，全烃值无明显变化，所以无法根据全烃值的变化判断钻头在煤层内的位置。

④ 施工难点分析：

a. 邻井 3# 煤层较薄，3～4m，与本区块 3# 煤层相比，好煤位于煤层中下部，无底矸，在好煤中钻进时，当地层抬升有钻遇底板的风险；

b. 已钻井郑 4-76-30L 井显示煤层局部变化较大，最大达到上倾 12°；

c. 本井设计水平段长 2000m，水平段后期摩阻大，井眼轨迹控制难度大。

（3）郑 4-76-31L 井着陆井深卡取。

本井钻至井深 315.00m 开始定向造斜，自二开 65.00m 开始使用常规 MWD 随钻伽马仪器实时测量。在随钻跟踪过程中通过与邻井进行地层对比，预测目的层深度，钻穿对比层后通过钻时、全烃、岩性变化、伽马值变低等特征依据来判断是否着陆。

① 修正靶点数据。本井设计着陆点垂深为 645.3m，通过已钻井郑 4-76-26L 井、郑 4-76-27L 井、郑 4-76-28L 井、郑 4-76-29L、郑 4-76-30L 井实钻数据校正构造图后，显示着陆点垂深为 638m，故将靶点垂深调整为 640m，下步等钻穿下石盒子底后再做调整。

② 钻穿下石盒子组底。井深 600m 钻穿下石盒子组底，垂深 568m（图 4-3-15）。预计 3# 煤顶深度为 636～638m，与设计基本吻合，按设计井眼轨迹钻进，钻遇山西组的砂岩标志层再对井眼轨迹进行调整。

③ 钻遇山西组砂岩顶。井深 700m 钻遇山西组砂岩，垂深 614.70m（图 4-3-16）。预计 3# 煤顶深度为 635～637m，与设计基本吻合，决定将靶点上提至 637m，钻穿该砂岩标志层再对井眼轨迹进行调整。

④ 钻穿山西组砂岩底。井深 712m 钻穿山西组砂岩，垂深 617.74m（图 4-3-17）。预计 3# 煤顶深度为 632～636m，与设计相比垂深提前将近 6～8m，决定按最大造斜率全力增斜至 80°开始复合探层。

⑤ 确定着陆。钻至井深 770.00m（井斜 78.75°，垂深 635.10m，闭合距 258.06m，比设计着陆点垂深高 10.2m），钻时由 3min/m 下降至 1min/m，全烃由 4.13% 上升至 22.63%，岩屑为黑色煤，综合分析现场资料认为自井深 800m 进入 3# 煤层（图 4-3-18）。

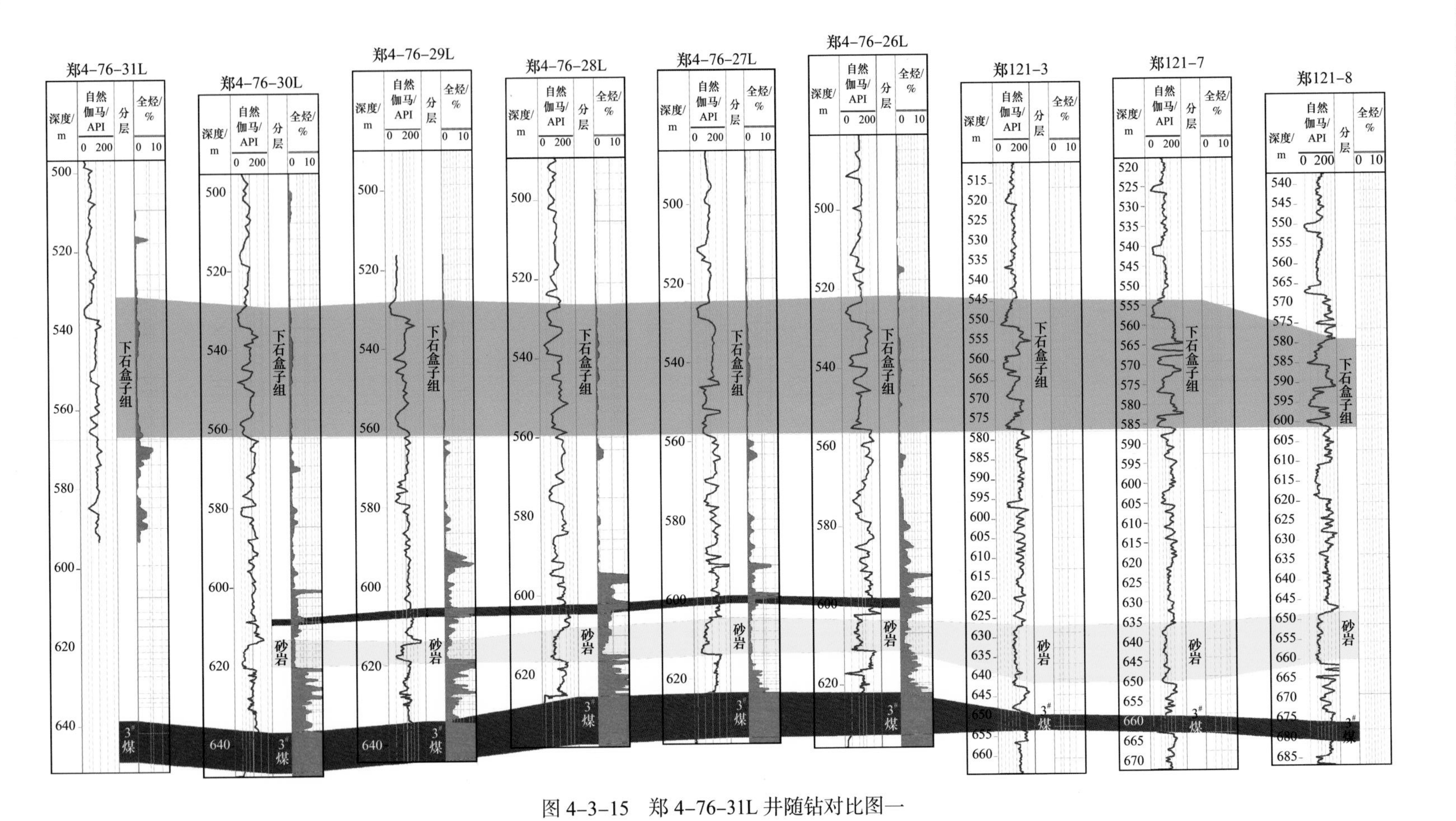

图 4-3-15 郑 4-76-31L 井随钻对比图一

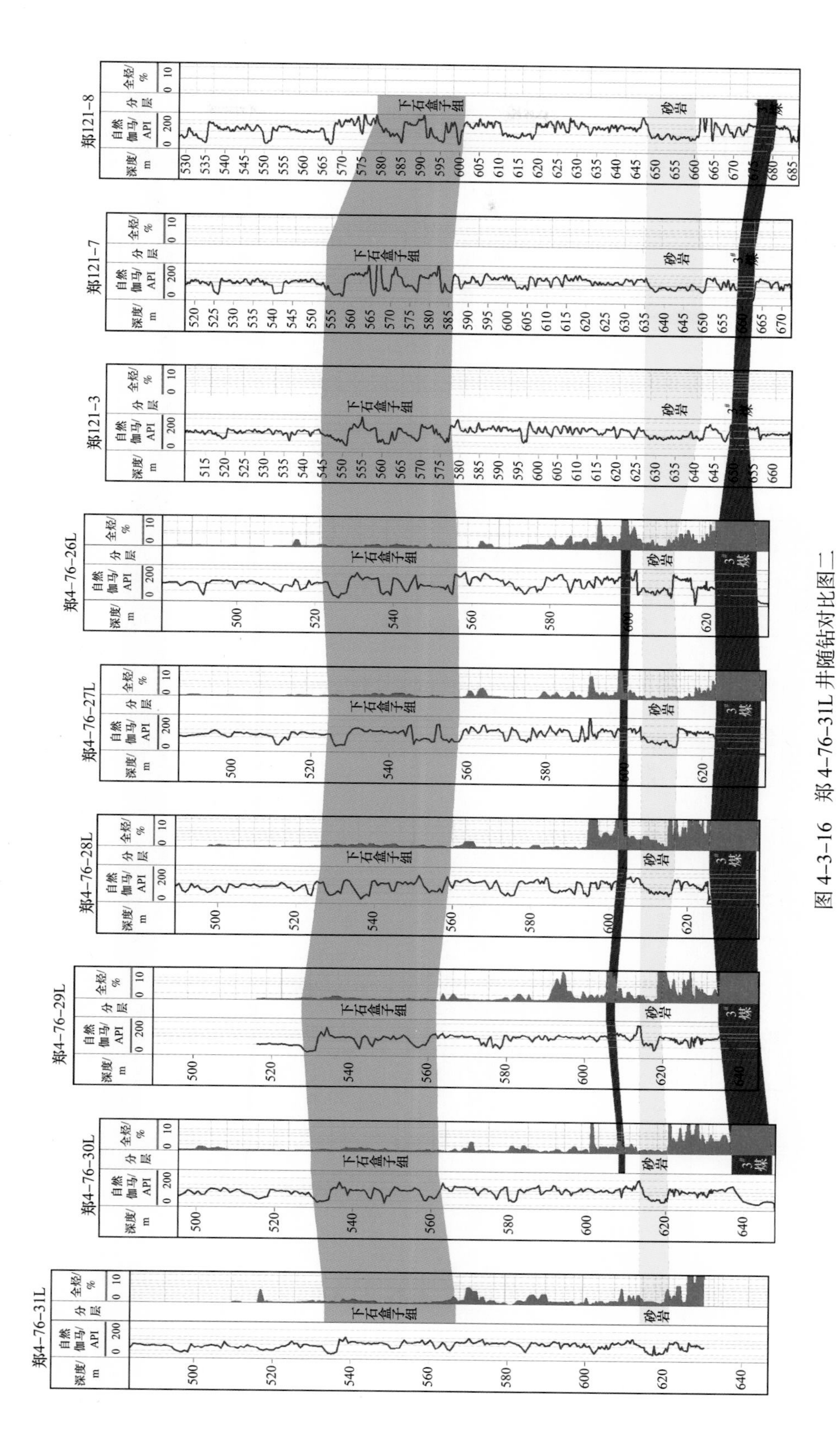

图 4-3-16　郑 4-76-31L 井随钻对比图二

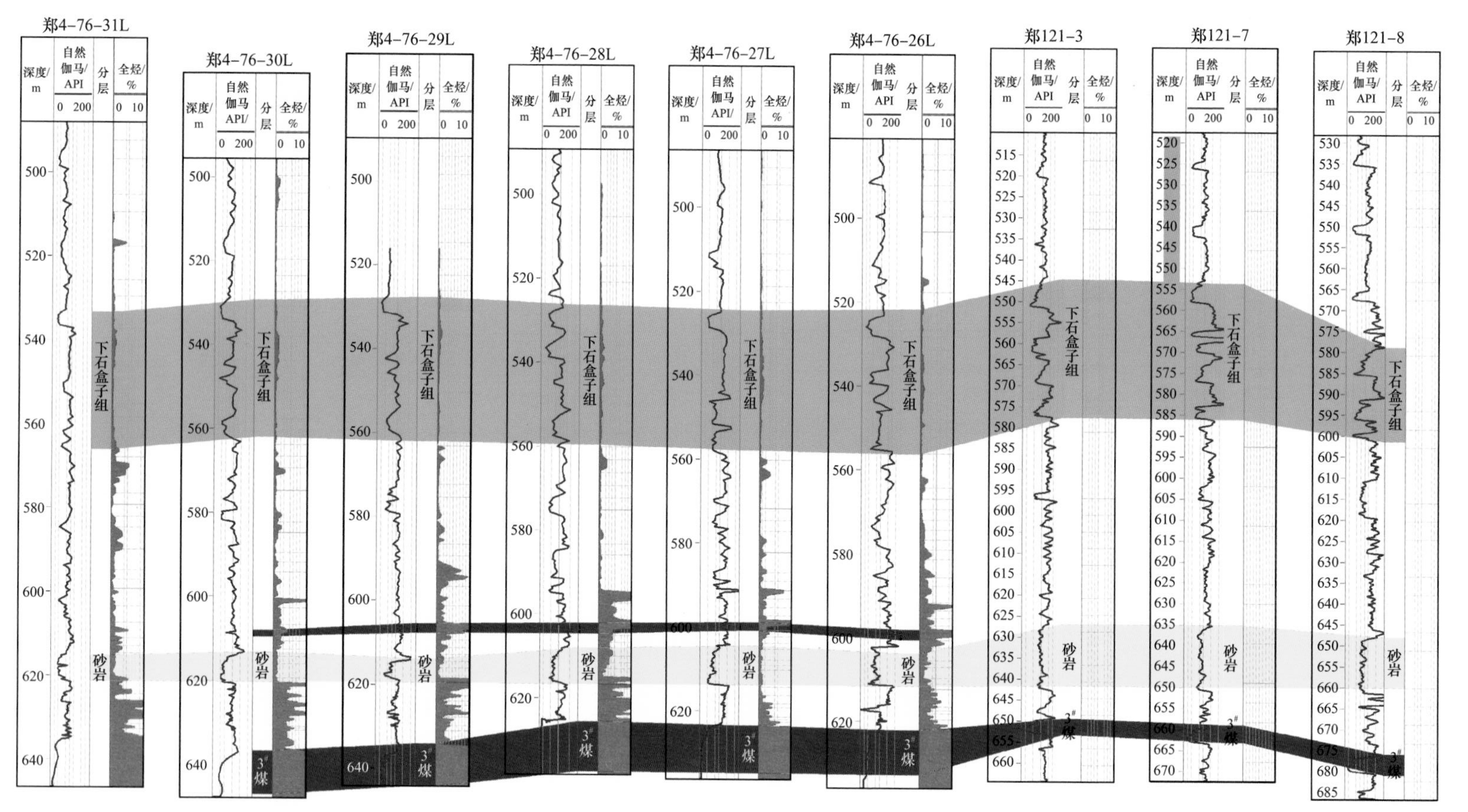

图 4-3-17 郑 4-76-31L 井随钻对比图三

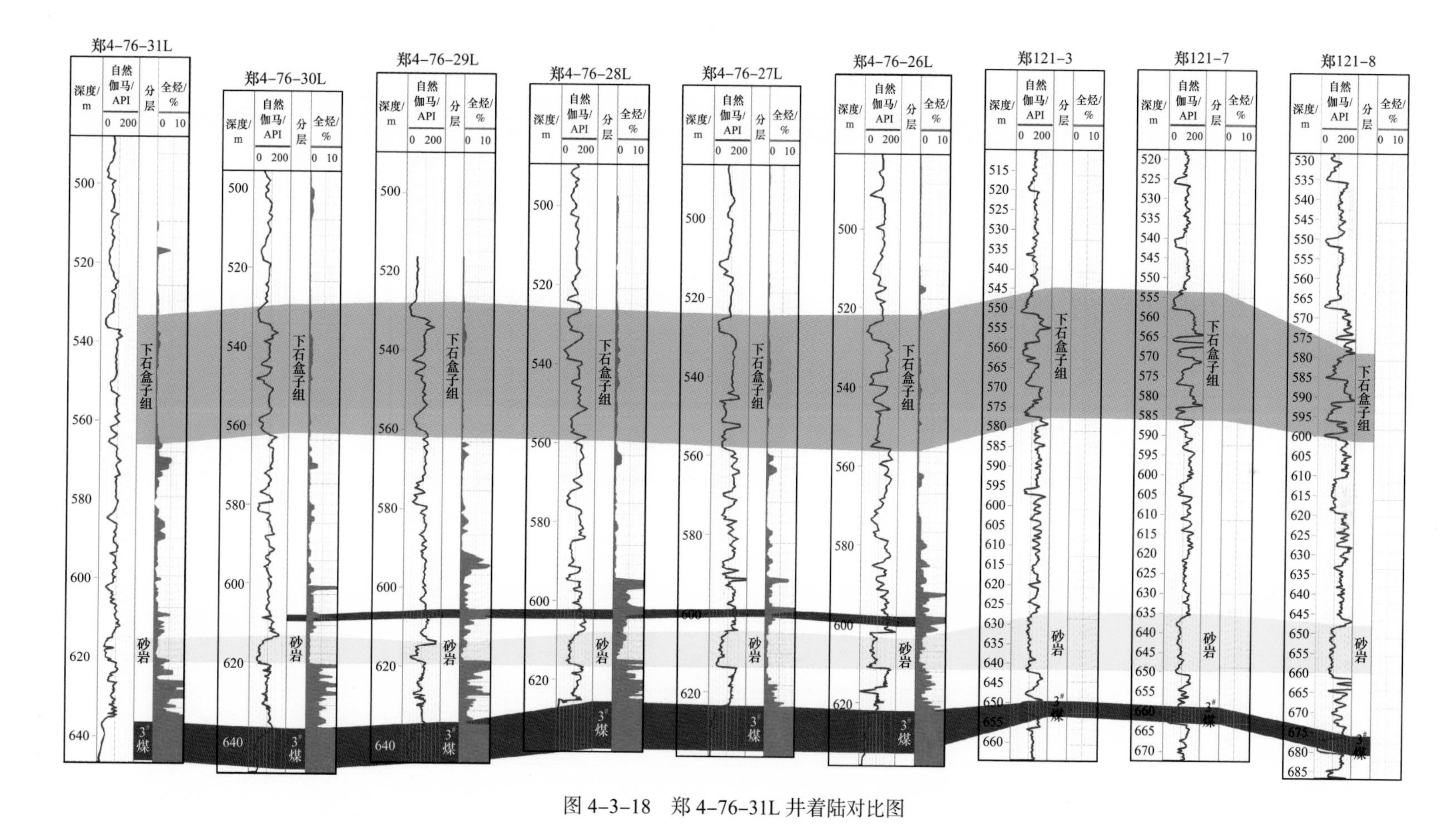

图 4-3-18　郑 4-76-31L 井着陆对比图

（4）郑 4-76-31L 井水平段井眼轨迹控制。

本井邻井较多，构造落实程度较高，整体参考性较强，但局部仍存在较大变化，水平段施工主要依据以下两点：

① 根据煤层内部特征，通过钻遇顶煤、顶矸及好煤时的 GR 曲线形态，判断钻头在煤层内的位置，及时调整井眼轨迹；

② 根据地质建模对煤层走势宏观认识，施工中优化井眼轨迹，避免出层。

水平段施工中控制井眼轨迹在煤层中上部，经过多次调整（表 4-3-6），10 月 16 日钻至井深 2577.00m 满足设计要求完钻。

表 4-3-6　郑 4-76-31L 井导向记录表（770.00～2577.00m）

井段 /m	工作内容
770.00	2019.10.09 18：00 于井深 770.00m 揭开 3# 煤层，垂深 635.10m，井斜 78.75°
770.00	井底井斜 79°，地层倾角 0°，770.00～828.00m 增斜，预计井斜增至 93°
851.00	井底井斜 94°，地层倾角上倾 3°，851.00～856.00m 降斜，预计井斜降至 92°
898.00	井底井斜 95°，地层倾角上倾 2°，898.00～905.00m 降斜，预计井斜降至 92°
962.00	井底井斜 92°，地层倾角上倾 2°，962.00～967.00m 降斜，预计井斜降至 90°
1087.00	井底井斜 93°，地层倾角上倾 2°，1087.00～1094.00m 降斜，预计井斜降至 90°
1226.00	井底井斜 93°，地层倾角上倾 1°，1226.00～1232.00m 降斜，预计井斜降至 90°
1319.00	井底井斜 93°，地层倾角上倾 1°，1319.00～1324.00m 降斜，预计井斜降至 91°
1429.00	井底井斜 91°，地层倾角上倾 2°，1429.00～1436.00m 增斜，预计井斜增至 93°
1466.00	井底井斜 94°，地层倾角上倾 2°，1466.00～1471.00m 降斜，预计井斜降至 92°
1532.00	井底井斜 93°，地层倾角上倾 2°，1532.00～1537.00m 降斜，预计井斜降至 91°
1666.00	井底井斜 95°，地层倾角上倾 3°，1666.00～1671.00m 降斜，预计井斜降至 93°
1750.00	井底井斜 93°，地层倾角上倾 2°，1750.00～1757.00m 降斜，预计井斜降至 91°
1822.00	井底井斜 92°，地层倾角上倾 1°，1822.00～1827.00m 降斜，预计井斜降至 90°
1935.00	井底井斜 91°，地层倾角上倾 3°，1935.00～1941.00m 增斜，预计井斜增至 93°
1981.00	井底井斜 95°，地层倾角上倾 3°，1981.00～1986.00m 降斜，预计井斜降至 93°
2000.00	井底井斜 93°，地层倾角上倾 1°，2000.00～2007.00m 降斜，预计井斜降至 90°
2020.00	井底井斜 91°，地层倾角 0°，2020.00～2026.00m 降斜，预计井斜降至 88°
2157.00	井底井斜 90°，地层倾角上倾 2°，2157.00～2164.00m 增斜，预计井斜增至 92°
2263.00	井底井斜 93°，地层倾角上倾 4°，2263.00～2270.00m 降斜，预计井斜降至 95°
2354.00	井底井斜 94°，地层倾角上倾 3°，2354.00～2361.00m 降斜，预计井斜降至 91°
2447.00	井底井斜 91°，地层倾角 0°，2447.00～2454.00m 降斜，预计井斜降至 89°
2530.00	井底井斜 90°，地层倾角下倾 1°，2530.00～2536.00m 降斜，预计井斜降至 88°
2577.00	2019.10.16 17：00 钻至井深 2577.00m 满足设计要求完钻

实钻煤层趋势描述：自着陆点 770.00m，至井深 800.00m，地层 0°；至井深 900.00m，地层上倾 3°；至井深 1100.00m，地层上倾 2°；至井深 1400.00m，地层上倾 1.5°；至井深 1600.00m，地层上倾 2°；至井深 1750.00m，地层上倾 3°；至井深 1900.00m，地层上倾 1°；至井深 2000.00m，地层上倾 2°；至井深 2200.00m，地层 0°；至井深 2350.00m，地层上倾 4°；至井深 2450.00m，地层 0°；至井深 2577.00m，地层下倾 1°。

（5）郑 4–76–31L 井现场试验成果。

① 本井自井深 770.00m 着陆，钻至井深 2577.00m 完钻，共用时 7 天完成水平段长 1807.00m，纯煤进尺 1807.00m，钻遇率 100%（图 4–3–19）。

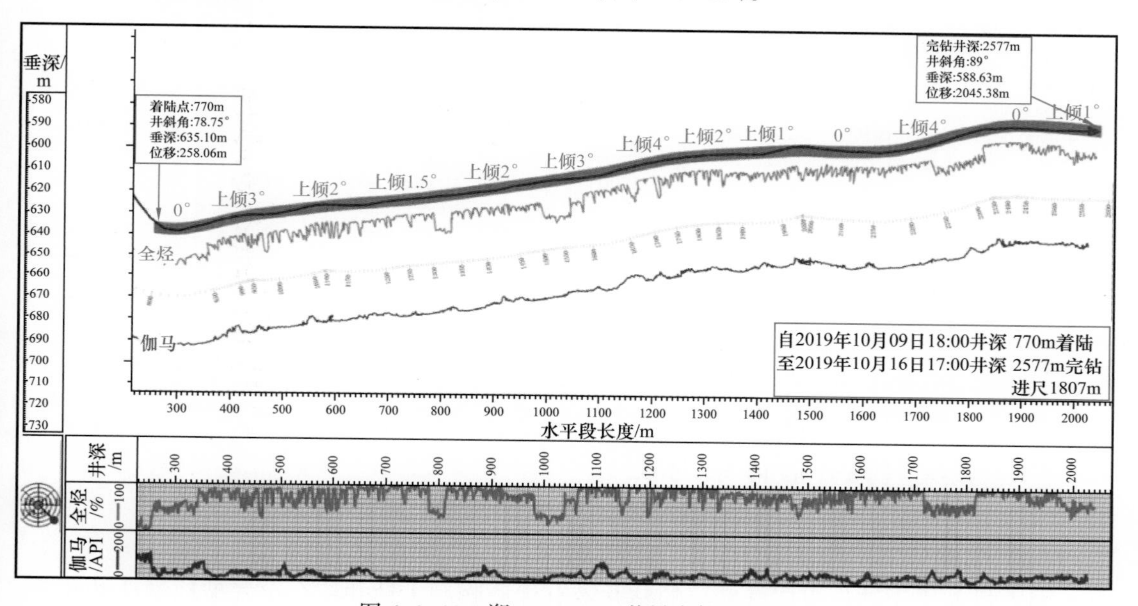

图 4–3–19 郑 4–76–31L 井导向轨迹图

② 实钻资料证实煤层整体呈上倾趋势，走势平缓，水平段施工一次完成，未侧钻。

③ 郑 4–76–31L 井创出国内煤层气 215.9mm 井眼 L 型水平井单支完钻井深最深、水平段最长、纯煤进尺最多、水平位移最大、水垂比最大、套管下深最深等多项纪录。

4. 推广应用

可控水平井地质建模导向综合控制在郑 4–76–31L 井、郑 4–76–32L 井、FZP16–1N 井、郑试平 8–3L 井、FZP22–15–2L 井、郑试 59 平 2L 井等 6 口井进行了现场试验，取得了较好的现场应用效果（表 4–3–7）。

其中，郑 4–76–31L 井、郑 4–76–32L 井先后刷新国内煤层气 L 型水平井单支水平段最长纪录，圆满完成煤层气大位移水平井试验目的。其中郑 4–76–32L 井完钻井深 2816m，完钻垂深 614.32m，水平段长 2001m，纯煤进尺 1836m，水垂比 3.70，水平位移 2271.22m，创国内煤层气 215.9mm 井眼 L 型水平井单支完钻井深最深、水平段最长、纯煤进尺最多、水垂比最大、水平位移最大等多项纪录。

通过“十三五”攻关与示范，实现了“成本低、周期短、钻遇高”的目标，形成了具有自主知识产权的特色煤层气水平井综合地层判识技术。煤层钻遇率由“十一五”末的80%提高到95%，L型水平井的成井率达到100%。

表4-3-7 可控水平井地质建模导向综合控制现场试验数据统计表

井号	着陆井深/m	完钻井深/m	水平段长/m	纯煤进尺/m	煤层钻遇率/%	着陆日期	完钻日期	水平段施工周期/d
郑4-76-31L	770	2577	1807	1807	100	10.9	10.16	7
郑4-76-32L	815	2836	2001	1836	91.75	11.1	11.15	14
FZP16-1N	916	1916	1000	923	92.3	9.14	9.27	13
郑试平8-3L	1030	1960	930	850	91.4	11.18	11.28	10
FZP22-15-2L	820	1820	1000	930	93	9.22	12.12	11
郑试59平2L	1373	2373	1000	961	96.1	12.2	12.20	18

第四节 钻井液体系

一、煤层气钻井液体系现状

1. 国内钻井液体系

国内目前用于钻进煤层气储层的钻井液有优质膨润土钻井液、空气玻璃漂珠钻井液、泡沫钻井液、低固相聚合物钻井液、无固相钻井液和绒囊钻井液等。此外，还有用空气和清水作为循环介质。

1）优质膨润土钻井液

在清水中使用适量优质膨润土配基浆，加入优质降滤失剂和固相填充粒子，降低滤失量，形成薄而韧的优质滤饼，其具有良好的流变性、造壁性、携砂能力和造浆效率，在现场施工过程中，操作简单，有利于减小成本，且能够有效阻止钻进中向地层的侵入（张天翔等，2021；徐蓝波，2021；蒋子为等，2021；王涛，2020；王建龙，2019）。

2）空气玻璃漂珠钻井液

在钻进低压地层时，为减少漏失和对煤储层的伤害，采用密度小的钻井液，其中一种就是使用空心玻璃球配制密度1.0～0.82g/cm^{3}的钻井液，空心玻璃球密度为0.38g/cm^3，而且该球基本上是不可压缩的，空心玻璃球不会被常规的现场固控设备和离心泵破坏，且这种钻井液体系有较好的滤失性，适合进行煤层气储层的钻井（左景栾等，2012；郭剑，2021）。

3）泡沫钻井液

泡沫钻井液通过混合水、表面活性剂和空气（或氮气）来制造泡沫，泡沫具有较宽的粒径分布，可以用于封堵大范围直径分布的裂缝。泡沫通过架桥来堵塞孔喉，减少钻井液进入储层，从而减少井底压力的传播和钻井液对储层的伤害。且泡沫钻井液密度较低，适合低压的煤层气储层。泡沫钻井液也有其自身方面的不足，主要表现在：（1）需要专门的设备来产生泡沫，这些设备往往价格昂贵；（2）在井底压力下，泡沫比较容易被破坏而失去封堵能力（马腾飞等，2021；李强，2020；李强等，2020；李志勇等，2020）。

4）低固相聚合物钻井液

低固相钻井液具有密度低、黏度低、滤失量低、pH 值低等特性。低固相钻井液在钻进过程中能够迅速在煤壁上形成滤饼，能够有效防止钻井液向煤层深部侵入，同时形成的滤饼能有效防止煤层坍塌、掉块，并且能够润滑钻具有效传递钻压；同时，由于具有较好的剪切稀释性和携岩能力，有利于井底清洁，降低井内复杂事故的发生（陶秀娟，2022；马二龙等，2019；朱智超等，2019）。

该类钻井液的缺点是：一方面由于钻井液的侵入其固相颗粒会堵塞孔喉、裂缝通道，而这种侵入将有可能导致煤层中敏感性矿物发生反应，堵塞通道，从而造成煤层渗透率大大降低；另一方面该种钻井液形成的滤饼薄而坚韧在后期煤层气开发中很难从煤层中自由脱落或降解，即使完井后采用清水对煤层段进行清洗依然无法轻易使滤饼脱落，反而会造成井内事故发生，影响了煤层气开发进程。

王宏伟等（2009）研制了低密度聚磺钻井液体系，并应用于新疆额敏县和煤 1 井钻井过程中。该钻井液体系以一开井段的膨润土—CMC 钻井液作为基础浆，以 MAN104 作为抑制剂，MAN101 与 NPAN 作为降滤失剂，以 SMP–1、SPNH、阳离子乳化沥青改善滤饼质量，并以低荧光润滑剂防卡。该钻井液体系的应用成功解决了和煤 1 井煤层防塌、防污染、快速取心等技术问题。

包贵全（2007）将低固相（密度 1.02～1.05g/cm^3）双聚钻井液（聚丙烯酰胺和聚丙烯腈）应用于辽宁阜新煤层气参数井及试验井。这种钻井液由无机盐、聚合物和暂堵剂组成，在辅以相应储层保护技术基础上，该钻井液体系在现场施工中取得了良好效果。

袁进科等（2008）提出针对孔内坍塌、掉块不太严重的一般煤系地层，可以采用低固相聚丙烯酰胺钻井液，既可获得无固相钻井液体系的高钻速，又有较好的携带悬浮岩屑能力和防止孔壁垮塌的性能，特别采用部分水解聚丙烯酰胺高分子聚合物絮凝剂，既可以实现低固相钻井液的黏度特点，又可以实现对钻井混合液中岩屑和劣质土的选择性絮凝作用。在进入垮塌特别严重的煤系地层钻进时，可采用低固相钙处理钻井液体系钻进，以此来抑制水敏性地层垮塌和强化钻井液平衡地层压力，实现防止孔壁坍塌的效果。两种低固相钻井液体系在古叙煤田中都得到了成功的运用。

5）无固相钻井液

为了降低固相颗粒对储层的伤害，煤层气钻井液开始采用无固相钻井液。该种钻井液不含黏土，含有一定的化学药剂，降低密度，减轻对煤层的正压差作用，在井壁上不形成滤饼，同时其良好的携岩能力，对于降低“压持效应”和保持井内清洁起到了良好的作用。

该类钻井液缺点是：在煤层段水平钻进过程中化学药剂加入量无法控制（主要是提黏药品），提黏药品加入量太少会造成井内不够清洁，易发生砂卡；提黏药品加入过多会造成长链的高分子聚合物侵入煤层段深部堵塞通道，导致后期清洗难度增大。

刘彬等（2013）将无固相盐水钻井液体系应用于沁水盆地SN–015井，其配方为：清水+0.1%～0.5%纯碱+0.2%～0.5%降滤失剂+0.5%～1%包被剂+0.2%～0.5%页岩抑制剂+0.03%～0.06%增黏剂+30%工业盐。在现场应用过程中，控制钻井液密度1.15～1.20g/cm^3，漏斗黏度40～50s，利用增加工业盐的含量控制密度保证井壁力学稳定性，加入降滤失剂控制失水保持煤层结垢强度，利用增黏剂控制钻井液流变性实现高效携岩。此钻井液体系成功解决了煤层易漏失、井壁不稳定、携岩能力差等问题，且提高了钻速，最终煤层钻遇率达100%。

张振华（2005）对辽河盆地小龙湾地区煤层气水平井或分支水平井，采用无膨润土聚合物钻完井液体系，取得了很好的效果。该钻井液体系配方为：0.5%～1.5%增黏剂（XC、HV–CMC、CMS三者混合）+2%～3%暂堵剂（SAS或沥青制剂）+0～1.5%乳化剂+（0～40%）密度减轻剂（柴油）+0.5%～2%助排剂+水。该钻井液体系不含膨润土防止固相伤害，强抑制性保持井壁稳定，低滤失量，pH值接近中性，滤液具有降低气液表面张力的能力，这些特性可防止水锁效应或内外流体不配伍而造成储层伤害。

蔡记华等（2011）对煤层气水平井可降解钻井液体系进行了研究，试验评价了两种钻井液体系：（1）低固相钻井液体系：水+2%膨润土+0.6%CMC+0.75%DFD+1%超细碳酸钙+氯化铵+特种生物酶SE–4；（2）无固相钻井液体系：水+0.65%CMC+1%DFD+1.2%超细碳酸钙+氯化铵+特种生物酶SE–4。结果表明，液态特种生物酶对两种钻井液体系都具有较快的破胶速度和较彻底的破胶效果，且“生物酶降解+酸解”的复合解堵方式可有效消除可降解钻井液对煤层气储层的伤害，具有稳定井壁和保护储层的双重优点，适合煤层（特别是松软煤层）储层钻进。

6）绒囊钻井液

绒囊钻井液是一种新型的无固相钻井液，室内试验仿照长有绒毛的细菌外貌研发仿生绒囊。针对煤层气钻井特点，绒囊钻井液由水和表面活性剂、聚合物等处理剂组成。绒囊粒径在15～150μm，壁厚3～10μm，均匀地分散在连续相中形成稳定的气液体系。分散在钻井液体系中的囊泡能够自匹配漏失通道，形成封堵作用，进而有效提高地层承压能力暂堵地层，控制漏失。绒囊钻井液具有很好的携岩能力，动塑比可达1.0以上，有很好的抑制性，稳定井壁功效，进而保证井下安全。

7）空气

选用氮气或者空气在钻井过程中充当循环介质。用气体压缩机等设备作为增压装置，用旋转防喷器作为井口控制设备，具有循环压耗低、携砂能力强、井眼净化好的特点，同时能有效防止井漏、保护储层。然而利用空气作为循环介质进行钻井只能适用于地层较硬、井壁稳定的储层，在钻井中也可能引起井下爆炸，从而造成钻具损坏（任美洲，2021）。

8）清水

清水作为煤层气水平井钻井液具有成本低、无固相和现场易操作等特点，基本可满足钻井工程作业要求。但使用清水作为钻井液，可能对储层造成水敏性伤害、结垢；不能有效絮凝细小煤屑颗粒，造成固相伤害储层；返排能力不足等问题（王林杰，2021）。

岳前升等（2012）针对清水钻井液在保护煤储层方面仍存在的一些不足，通过引入无机盐、防垢剂、表面活性剂和低分子量絮凝剂对清水钻井液进，优选出煤层气水平井钻井液配方：清水 +0.5% 防膨絮凝剂 PXA+0.5% 防垢助排剂 GPA，改进后清水钻井液与煤层水、黏土矿物具有很好的配伍性，返排和絮凝能力增强，具有优异的储层保护效果。

2. 国外钻井液体系

国外煤层气钻井过程中普遍采用 Aphron 钻井液体系、超低渗透钻井液体系和新型强封堵煤层气钻井液体系，其推广应用范围较广，取得了较好的效果。

1）Aphron 钻井液体系

Aphron 钻井液体系是一种具有很高的剪切稀释性的水基充气泡沫钻井液体系，已在世界范围内得到广泛应用。Aphron 是由三层表面活性剂所包裹的气核，表面活性剂中间有一层黏度较高的稠化水层，最外层表面活性剂极性端朝外，使得 Aphron 与周围水基流体相溶（赵福等，2008）（图 4-4-1）。

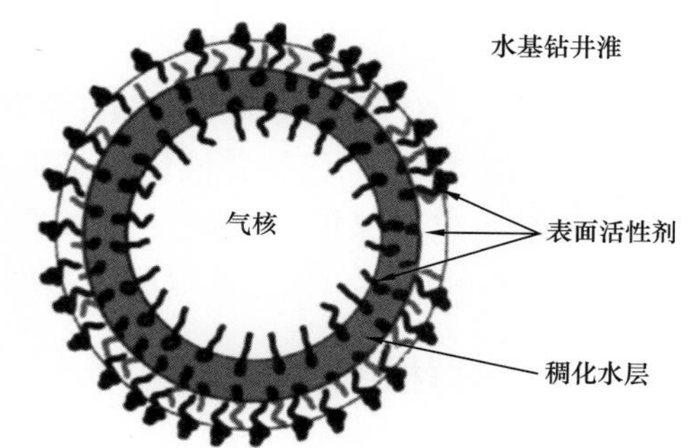

图 4-4-1 Aphron 钻井液体系结构图

相对于普通泡沫钻井液体系，Aphron 钻井液体系承压能力较强，稳定时间较长，Aphron 与煤岩裂缝表面作用力较小，易于从地层中将其清除，渗透率能够得到较好的恢复，有利于后期煤层气生产。

2）超低渗透钻井液体系

超低渗透钻井液体系中加入了一种叫做 FLC2000 的处理剂，它的 HLB 值较宽，当其加入到水基钻井液中会聚集形成胶束，胶束在煤岩裂缝聚集堵塞形成封堵层，阻止钻井液进入储层；胶束只在井壁表面聚集，不深入储层，有利于恢复渗透率；有较高的承压能力，有利于井壁稳定性的提高。

3）新型强封堵煤层气钻井液体系

新型强封堵煤层气钻井液体系是由带正电的特殊材料通过静电吸附到带负电的煤岩表面，在裂缝表面聚集封堵裂缝，阻止钻井液向地层的侵入和井底压力向地层的扩散，来达到稳定井壁和保护储层的目的，如图 4-4-2 所示，其中，“表面桥”可由破胶剂将其清除来恢复储层渗透率（张金波等，2003）。

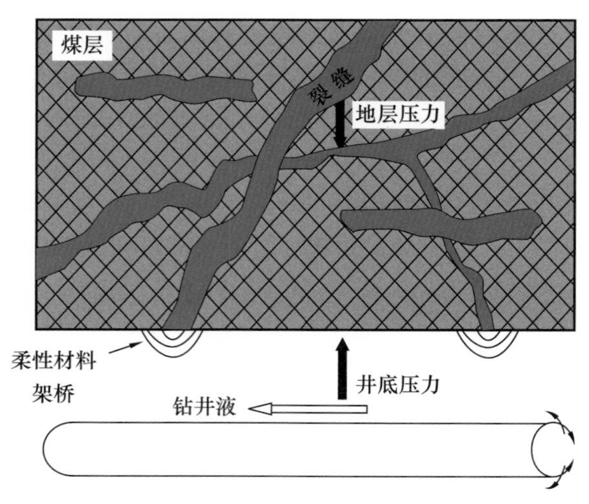

图 4–4–2 新型强封堵煤层气钻井液封堵裂缝示意图

二、可降解无固相钻井液

受高煤阶煤岩低压低渗、构造复杂的特点限制，在煤层气钻探过程中依靠常规的钻井液理论、方法难以解决煤层失稳、伤害、漏失等问题。例如采用清水钻进无伤害，但易垮塌、难成井，采用普通钻井液钻井伤害较大。后续又陆续试验了多种胶体类的钻井液体系，但产气效果较差。因此，亟需突破常规思维，通过理论创新，寻找一种安全、高效、环保、高性价比的煤层气钻井液，实现煤层气钻井液技术的重大突破。

通过技术攻关，在对煤层气水平井已用钻井液体系大量资料调研的基础上，结合储层保护评价，对煤层气水平井钻井液体系进行了优化研究。研发了“可降解无固相清洁聚膜钻井液体系”。该钻井液体系是集吸附、絮凝、缔合作用于一体的水溶性聚合物，实现了井壁稳定，保护了储层，提高了钻速。完钻后，通过破胶，处理剂降解为小分子，解除对孔喉的堵塞，恢复孔喉的渗透率，实现了无伤害。

1. 可降解稠化剂优选

煤岩储层节理微裂缝发育，机械强度低，应力敏感性强，容易发生破裂造成坍塌，若钻井液黏度和切力过小或过大都将诱发煤岩应力变化，导致井壁失稳或垮塌，故需对钻井液流变参数进行优化。试验通过对比分析大量可降解稠化剂增黏效果，优选出性能优异的稠化剂，并对其流变参数进行优化，使其既满足携砂要求，又能减少对井壁稳定的不利影响。

1）增黏剂性能评价

现场常用稠化剂的增黏效果进行对比研究（表 4–4–1～表 4–4–5），采用六速旋转黏度仪测量不同增黏剂加量下溶液的流变性参数，作出其黏度随加量的变化曲线（图 4–4–3 和图 4–4–4）。

试验结果表明，几种稠化剂的增黏效果都随着加量的增加而增大，其中，PF–XC、PF–PLUS、PF–VIS、HV–PAC、JMY 胶、羟丙基瓜尔胶、瓜尔胶粉、魔芋粉等，增黏效果较好，加量 0.5% 下，表观黏度值都可达 17mPa·s 以上，其中可降解聚合物 DPA 是由多种植物胶和成膜剂复配而成，与其他增黏剂相比，具有低成本、成膜性好和可降解性等优点。

表 4-4-1 0.1% 常用增黏剂增黏效果对比

名称	加量	*AV*/mPa·s	*PV*/mPa·s	*YP*/Pa	*YP*/*PV*
CMS	0.1%	1	1	0	0.00
PF-XC		4	3	1	0.33
PF-PLUS		4.25	3	1.25	0.42
LV-PAC		1.75	1.5	0.25	0.17
HV-PAC		4.75	3.5	1.25	0.36
羟丙基淀粉		0.5	0.5	0	0.00
HV-CMC		2.5	2	0.5	0.25
可降解聚合物 DPA		1.5	1	0.5	0.50
羟丙基瓜尔胶		3.5	3	0.5	0.17
瓜尔胶粉 2		3.5	3	0.5	0.17
PF-VIS		3.75	2.5	1.25	0.50
魔芋粉（yz-w-05）		2.75	2.5	0.25	0.10
JMY 胶		5.5	5	0.5	0.10

表 4-4-2 0.2% 常用增黏剂增黏效果对比

名称	加量	*AV*/mPa·s	*PV*/mPa·s	*YP*/Pa	*YP*/*PV*
CMS	0.2%	1	1	0	0
PF-XC		6	4	2	0.50
PF-PLUS		5.5	3.5	2	0.57
LV-PAC		2	2	0	0.00
HV-PAC		8	7	1	0.14
羟丙基淀粉		0.75	1	−0.25	−0.25
HV-CMC		4.5	4	0.5	0.13
可降解聚合物 DPA		3.5	3.5	0	0.00
羟丙基瓜尔胶		7	5	2	0.40
瓜尔胶粉 2		7	5	2	0.40
PF-VIS		7	4	3	0.75
魔芋粉（yz-w-05）		6	4	2	0.50
JMY 胶		12	8	4	0.50

表 4-4-3 0.3% 常用增黏剂增黏效果对比

名称	加量	*AV*/mPa·s	*PV*/mPa·s	*YP*/Pa	*YP*/*PV*
CMS	0.3%	1.25	1	0.25	0.25
PF-XC		10.25	5	5.25	1.05
PF-PLUS		11	6	5	0.83
LV-PAC		3	2.5	0.5	0.20
HV-PAC		13.5	9	4.5	0.5
羟丙基淀粉		1	1	0	0.00
HV-CMC		7.5	6	1.5	0.25
可降解聚合物 DPA		5	5	0	0.00
羟丙基瓜尔胶		14	10	4	0.40
瓜尔胶粉 2		11.5	7	4.5	0.64
PF-VIS		10	5	5	1.00
魔芋粉（yz-w-05）		10.5	7	3.5	0.50
JMY 胶		27.5	15	12.5	0.83

表 4-4-4 0.4% 常用增黏剂增黏效果对比

名称	加量	*AV*/mPa·s	*PV*/mPa·s	*YP*/Pa	*YP*/*PV*
CMS	0.4%	1.5	1	0.5	0.50
PF-XC		14.5	8	6.5	0.81
PF-PLUS		13.5	8	5.5	0.69
LV-PAC		4	3.5	0.5	0.14
HV-PAC		18	13	5	0.38
羟丙基淀粉		1.75	1.5	0.25	0.17
HV-CMC		9	7	2	0.29
可降解聚合物 DPA		7	6	1	0.17
羟丙基瓜尔胶		24	13	11	0.85
瓜尔胶粉 2		17.5	9	8.5	0.94
PF-VIS		13	4	9	2.25
魔芋粉（yz-w-05）		15.5	9	6.5	0.72
JMY 胶		37.5	18	19.5	1.08

表 4-4-5 0.5% 常用增黏剂增黏效果对比

名称	加量	*AV*/mPa·s	*PV*/mPa·s	*YP*/Pa	*YP*/*PV*
CMS	0.5%	1.5	1	0.5	0.50
PF-XC		17	8	9	1.13
PF-PLUS		17.5	9	8.5	0.94
LV-PAC		6.5	6	0.5	0.08
HV-PAC		33	20	13	0.65
羟丙基淀粉		3	3	0	0.00
HV-CMC		14	10	4	0.40
可降解聚合物 DPA		9.25	8	1.25	0.16
羟丙基瓜尔胶		25.5	13	12.5	0.96
瓜尔胶粉 2		23.5	11	12.5	1.14
PF-VIS		17	7	10	1.43
魔芋粉（yz-w-05）		21.75	11.5	10.25	0.89
JMY 胶		58	23	35	1.52

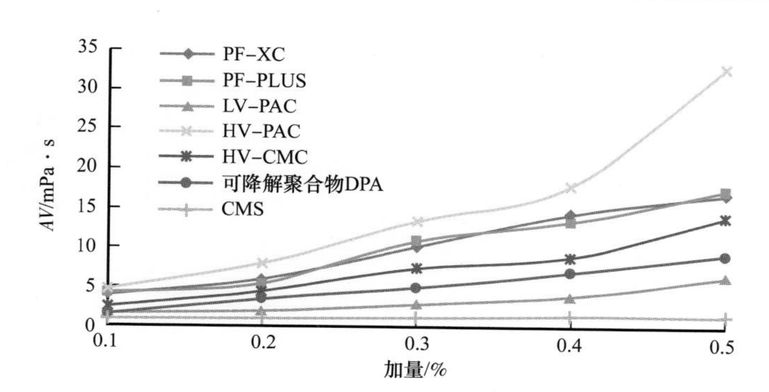

图 4-4-3 不同加量下几种增黏剂的增黏效果对比（1）

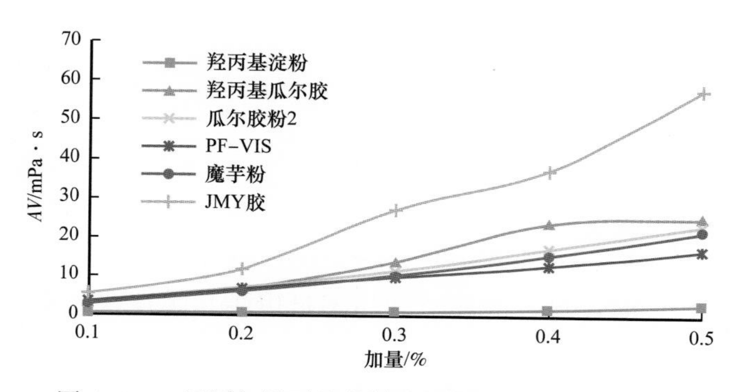

图 4-4-4 不同加量下几种增黏剂的增黏效果对比（2）

2）成膜性研究

用无渗透仪评价了上述几种增黏剂（稠化剂）的封堵能力，加量均为0.5%，结果显示DPA侵入深度最小（表4-4-6），可见可降解稠化剂DPA的成膜封堵性要明显优于其他增黏剂。

表4-4-6　不同种类增黏剂的侵入深度

增黏剂种类	DPA	VIS	XC	羟丙基瓜尔胶	JMY	HV-PAC	PLUS
侵入深度/cm	15.0	13.5	20	21.0	17.5	20.0	>21

综合以上研究结果，考虑增黏性、成膜性、经济性等因素，决定选用可降解稠化剂DPA作为本次研究的稠化剂。

2. 水基润滑剂优化

在煤层中钻水平井时，由于钻柱与井壁接触面积增大，摩阻增加，必须保证钻井液具有良好的润滑性，减少钻具与井壁之间的摩擦力，减少起下钻时卡钻的可能性，防止井下复杂情况的发生。由于聚合物本身具有一定的润滑性，故聚合物钻井液体系的润滑性能优于清水钻井液。

为探究其润滑性能是否满足现场需要，室内通过极压润滑仪和黏滞系数测定仪对上述优选稠化剂的润滑性能进行对比评价。优选稠化剂优化后的流变参数见表4-4-7，润滑性能测试结果见表4-4-8。

表4-4-7　优选稠化剂体系流变性能

基浆体系	加量/%	*AV*/mPa·s	*PV*/mPa·s	*YP*/Pa	*FL*/mL
PF-PLUS	0.5	19	12	7	—
PF-XC	0.5	16.25	7	9.25	—
HV-PAC	0.4	19	13	6	—
JMY胶	0.3	25	14	11	—
ZNJ-4	0.3	40	33	7	12
羟丙基瓜尔胶	0.4	17.5	10	7.5	—
瓜尔胶粉2	0.4	14.5	8	6.5	—
可降解聚合物DPA	1.0	16	13	3	—
PF-VIS	0.5	18	9	9	—

试验结果表明，仅DPA自身的润滑性尚不足以满足煤层气水平井对钻井液的润滑性能要求，通过添加水基润滑剂—聚合醇WLA可以显著提高润滑能力，适宜的加量为0.5%～1.0%，可满足煤层气水平井钻井的需求。

表 4-4-8 各种稠化剂体系润滑性能

基浆体系	极压润滑系数 K_0	滤饼黏滞系数 K_m
清水	0.3214	0.6494
0.5%PF-PLUS	0.1979	0.4663
0.5%PF-XC	0.1557	0.3739
0.4%HV-PAC	0.2026	0.4142
0.3%JMY	0.3277	0.4770
0.3%ZNJ-4	0.1863	0.0524
0.4% 羟丙基瓜尔胶	0.2484	0.2867
0.4% 瓜尔胶粉 2	0.2287	0.1139
1% 可降解聚合物 DPA	0.2437	0.1246
0.5%PF-VIS	0.1530	0.1405

3. 消泡剂优化

煤层气钻井过程中因煤岩中吸附气解吸，在地面系统中会产生一定量的气体，若钻井液为清水，这些解吸的气体会很快逸出；若钻井液具有一定的黏度和切力，则这些气体会分散在钻井液中，经钻头水眼高速剪切会产生较稳定的泡沫流体，影响钻井液上水效率以及溢出地面管罐系统，此时应加入消泡剂进行消泡。

钻井液发泡时，其密度降低，而泡沫逐渐消失时其密度逐步回升，消泡剂的优劣和加量直接影响着密度恢复的程度，利用这一原理来评价消泡剂的质量。

通过对比不同种类消泡剂的消泡效果（图 4-4-5），可以看出消泡剂 HIP-5 的消泡效果最优，在加量为 0.2% 时泡沫密度恢复值基本可达 80% 以上，故选择 HIP-5 为消泡剂，推荐加量 0.8%。

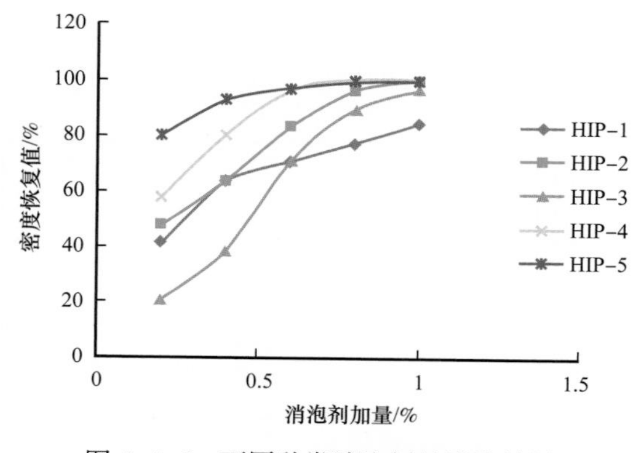

图 4-4-5 不同种类消泡剂的消泡效果

4. 配方及优势

可降解聚合物钻井液配方：清水 +0.1% 纯碱（去除钙镁等高价金属离子）+0.5%～0.8% 可降解稠化剂 DPA。配方优势如下：

（1）配方简单：清水 +0.1% 纯碱 +0.5% 可降解聚合物。

（2）施工简单：完井后，清水洗井到井口返出清水为止，一般清水用量不低于

$200m^3$；加入破胶液 $120m^3$ 进行动态循环洗井破胶 12h；静置 12h 后，再次用清水配制 $50m^3$ 破胶液替入井筒，确保井眼充满干净的破胶液。

（3）破胶效率高：1% 破胶剂 JBK 可将聚合物钻井液降解至清水，可完全解除该钻井液对储层的伤害。

5. 性能测试

同时在室内对其膨胀性、侵入速度以及煤岩强度等进行测试实验，结果显示可降解聚合物在破胶后钻井液造成的煤层伤害大部分被破胶液所解除，取得了较好的实验效果。

1）膨胀性测试

将块状煤样粉碎过 100 目筛，烘干后称重 5g 在 5MPa、5min 下压制成圆柱形样品，在 30℃、常压下测试其在不同流体介质中的膨胀率。膨胀率 = 因膨胀额外增加高度 / 原始高度 ×100%。总体来看，煤粉在清水中的膨胀性并不强，但与可降解聚合物钻井液相比，清水中的膨胀率要高一个数量级，可以认为煤粉在可降解聚合物中的近乎不膨胀或膨胀率极低（图 4-4-6）。

2）侵入速度测试

取空气渗透率在 0.5mD 左右煤心，用地层水饱和后，在 3.5MPa 压差下用可降解聚合物钻井液或清水驱替煤心 0.5h 后测其驱出液体积，以此来衡量这两类外来流体侵入煤层的速度（图 4-4-7）。在相同的压差和时间条件下，可降解聚合物钻井液侵入煤心的体积要远小于清水，这是因为：一方面可降解聚合物钻井液黏度较清水大，侵入煤层速度自然较慢；另一方面，可降解聚合物钻井液中含有封堵成膜材料，会在低渗煤层割理等处形成一致密膜，极大阻止钻井液进一步侵入，这也意味着可降解聚合物钻井液侵入煤层深度较浅，为后期解除污染创造了有利条件。

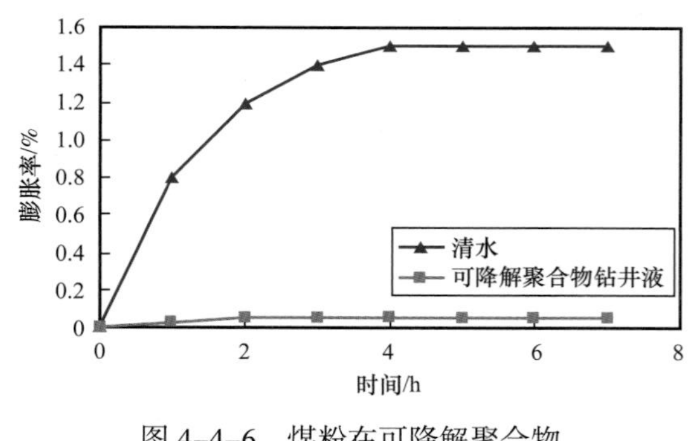

图 4-4-6　煤粉在可降解聚合物钻井液和清水中的膨胀性

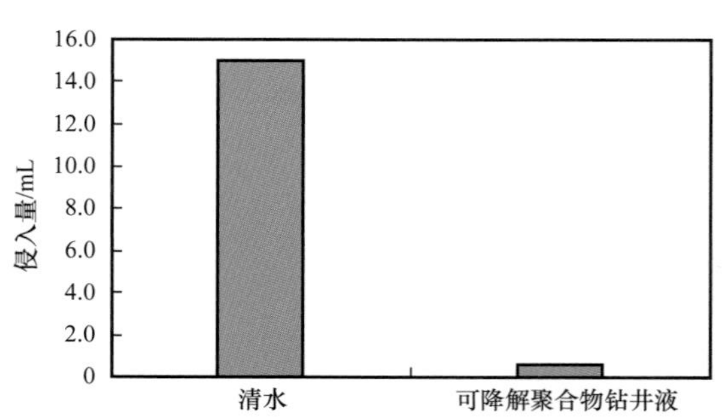

图 4-4-7　可降解聚合物钻井液和清水对煤心侵入量比较

3）煤岩强度测试

对于低压煤层而言，实际钻井过程中造成的压差一般均较大，考虑到起下钻过快或开泵等因素该压差可能会更大，在这种情况下钻井液侵入煤层是不可避免的。外来流体侵入煤层后会和煤层中的各种矿物发生复杂的物理和化学作用，最终结果会导致煤岩强度发生不同程度的降低，这会直接影响煤层的井壁稳定。表 4–4–9 的实验结果表明，清水浸泡后煤岩强度发生明显降低，而且幅度较大，而可降解聚合物钻井液降低幅度则较小，这说明可降解聚合物钻井液稳定煤层井壁能力要明显强于清水。造成这种结果原因有两方面：一是可降解聚合物钻井液黏度较清水大，又具有成膜性，侵入煤层速度和总量要少于清水；二是已经侵入煤层的液体，聚合物对煤层中黏土矿物的防膨能力要远优于清水。

表 4–4–9　15# 煤在不同流体介质中加压浸泡后的单轴强度

煤心号	浸泡介质	单轴抗压强度 /MPa
1#	—	16.90
2#	—	15.62
3#	—	17.55
4#	清水	8.87
5#	清水	9.28
6#	清水	7.46
10#	可降解聚合物钻井液	14.35
11#	可降解聚合物钻井液	15.12
12#	可降解聚合物钻井液	13.73

4）破胶性测试

将经可降解聚合物钻井液伤害后的煤心用 2% 破胶剂溶液反向挤入 1PV 后，放置 24h 后，再测煤心的渗透率，并计算煤心的渗透率恢复值，结果见表 4–4–10。可见，经破胶液处理后煤心的渗透率恢复值大幅提高，表明钻井液造成的煤层伤害大部分被破胶液所解除。

表 4–4–10　破胶液对煤心的伤害解除

煤心号	污染介质	K_a/mD	K_o/mD	K_d/mD	K_d/K_o/%
16#	清水	1.52	0.45	0.40	88.9
17#	可降解聚合物钻井液 + 破胶液	1.26	0.38	0.34	89.5

注：K_a 为空气渗透率；K_o 为饱和地层水后气相渗透率；K_d 为伤害后气相渗透率。

6. 结论

可降解聚合物钻井液配方：清水 +0.1% 纯碱 +0.5%～0.8% 可降解稠化剂 DPA，其中纯碱起到软化配浆水，降低钙、镁等高价金属离子作用；可降解稠化剂主要起到增黏提切和护壁作用；视具体井况选择性添加润滑剂或消泡剂。

室内评价结果表明，可降解聚合物钻井液较清水或盐水有强的稳定煤层井壁能力，防膨性强，经破胶液处理后整体煤层保护效果较好，煤心渗透率恢复值可达85%以上。

三、现场应用

以樊庄区块某井为例进行说明。

1. 可降解聚合物钻井液设计

1）钻井液配方

可降解聚合物钻井液配方：清水+0.1%纯碱+0.5%～0.8%可降解稠化剂DPA，其中纯碱起到软化配浆水，降低钙、镁等高价金属离子作用；可降解稠化剂主要起到增黏提切和护壁作用；视具体井况选择性添加润滑剂或消泡剂。

2）钻井液性能控制

着陆后进入3#煤层前，将原钻井液彻底放掉（包括井筒内），换成干净的可降解无固相聚合物钻井液。钻井过程中钻井液性能主要控制两个关键指标：一是漏斗黏度FV在35～40s之间；二是钻井液密度，密度不超过1.08g/cm^3。

3）复杂情况下的钻井液技术预案

“托压”严重或扭矩过大时可以考虑加入润滑剂，按钻井液总体积0.5%～1.0%添加；钻井液池出现大量泡沫影响钻井泵上水，主要原因是煤粉解析产生瓦斯气泡，可以考虑考虑加入消泡剂。

2. 应急处理

1）漏失处理

当钻井液消耗量≤30m^3/d，可视为正常消耗；钻井液消耗量30～50m^3/d，可将钻井液漏斗黏度FV提高至40～45s。如果情况仍未改变，添加适量护壁材料；如果出现“失返”性漏失，更换钻井液体系。

2）掉块处理

如果是碳质泥岩则说明有“出煤层”现象，及时告知录井和导向技术人员；如果煤层掉块出现0.5～1.0cm掉块，及时提高钻井液漏斗黏度至40s以上，如果钻井液漏斗黏度提高至45s或以上仍有明显掉块现象发生，应及时更换其他防塌能力更强的钻井液体系；如果因掉块现象导致“卡钻”现象，应及时更换其他防塌能力更强的钻井液体系。

3）携岩能力不足

若正常钻进时振动筛返屑情况失常，钻屑量明显偏少，可以添加XC提高钻井液动塑比以利于携岩。由于本井煤层段采用6in钻头，正常泵排量情况下携岩应该不成问题。

4）密度超标

正常情况下，如果在煤层钻进，由于煤岩本身不会在水中分散，而且沁水盆地晋城地区3#煤层含黏土矿物非常少，只要开启固控设备，钻井液密度是完全可以控制在一定范围内。出现密度升高情况多数是因为出煤层在泥岩中钻进，此时应保证振动筛、除砂器、除泥器100% 开启率，离心机开启时间不低于 18h/d；同时在保证不“跑浆”情况尽量使用较密的振动筛筛布，如 100 目等；也可以配合使用适量的絮凝剂。

3. 煤层保护

尽量降低可降解聚合物钻井液的固相含量和避免使用不可降解的钻井液材料是保护煤层的关键。因此，保证在煤层中钻进是关键，如果频繁出煤层在泥岩钻进，则会导致泥岩钻屑污染钻井液，最终会伤害煤层。

4. 洗井破胶

可降解聚合物钻井液在煤层保护和井壁稳定之间维持一个相对平衡点，其本身对煤层还是有一定的伤害，这种伤害只有通过后期完井阶段的洗井、破胶技术来加以解除，因此，煤层气水平井完井阶段的洗井破胶对于系统性保护煤层至关重要。

1）清水洗井阶段

下筛管作业结束后，放掉钻井液池全部钻井液并清罐，保证罐壁、罐底干净。

用清水开路循环将井筒内钻井液替出放掉并洗井，直至井口返出清水为止，保证清水用量不低于井筒容积 3 倍。

2）动态洗井破胶阶段

配 50m^3 破胶液，按 20kg/m^3 浓度投加，动态洗井 6h。

3）静态浸泡阶段

重新配干净 50m^3 破胶液，按 20kg/m^3 浓度投加，用清水将其替入煤层水平段井眼，破胶作业结束。

在开钻前用清水 80m^3 加入可降解稠化剂 0.8t 配浆。现场利用配浆设备先配制密度为 1.03g/cm^3 可降解聚合物钻井液。由于煤层钻进容易憋漏地层，造成地层破碎，又经常钻出煤层进入泥岩影响了钻进，因此每打完立柱划眼修整井眼同时破坏水平井段岩屑床。在煤层钻进时很容易产生亚微米颗粒，增加的钻井泵缸套活塞的磨损，并且停泵后细小颗粒在钻具内环空下沉聚集堵塞水眼。因此充分利用固控设备降低钻井液中的无用固相保持钻井液的清洁，控制密度，振动筛筛布使用 120 目。钻井液有一定的气泡产生，有利于携砂和提高黏度降低密度。下入套管与筛管之后固井候凝，下小钻具取分级箍，清罐配 80m^3 破胶液泵入动态循环 6h，并用 10m^3 清水顶替后重新配 40m^3 破胶液打入井底，破胶结束。

5. 现场效果

现场开展了可降解聚合物钻井液试验。开钻前用清水 80m^3 加入可降解稠化剂 0.8t 配浆，利用配浆设备配制密度为 1.03g/cm^3 可降解聚合物钻井液。施工中根据现场需要，补充可降解聚合物处理剂，及时调整可降解聚合物钻井液各项性能。

试验结果显示，应用可降解聚合物钻井液后，实现了近平衡作业，有利地保护了储层。其次该钻井液具有良好的流变性，携岩能力强，强剪切稀释特点，可以充分地发挥水动力的作用，提高机械钻速。可降解聚合物钻井液本身具有良好的抑制性，有效保证井壁的稳定性，防止因煤层掉块、坍塌引起井下复杂。破胶液对钻井液降解效果非常明显，替入破胶液前，井筒钻井液表观黏度为16mPa·s，替入破胶液并循环4h后，黏度与清水一致（1mPa·s），现场降解率达到了93.3%。目前该试验井日产气已达到9000m^3。

从应用效果来看，采用该种钻井液技术后，未出现储层伤害井，钻遇复杂井比例由60%下降至20%，下降了40%。L型水平井指标“千米进尺产气量”与周边高产裸眼水平井相当，日产气量由1000m^{3}提升至5000m^{3}以上，有效提高了5倍。煤储层伤害比例和钻遇垮塌比例均大幅下降。

6. 结论

可降解聚合物钻井液流变性好，钻井液动塑比控制在0.3～0.8Pa/mPa·s，有效提高携岩能力；防漏能力好，依靠自身特殊的结构，降低滤失量，有利于保护煤层；抑制性好，良好的抑制性有效抑制煤层中黏土矿物水化膨胀，维持井壁稳定，同时减轻储层伤害；不影响其他作业，钻井液在应用MWD时，信号传输能力好，不影响施工顺利进行。可降解聚合物钻井液在循环均匀的情况下，不影响井下动力钻具的使用。

可降解聚合物钻井液能够在煤岩中安全钻进，防止煤层坍塌，维护井壁稳定，主要机理为，可降解聚合物钻井液化学组成、封堵特性、流变性能及材料结构。可降解聚合物钻井液的特殊流变特性，容易悬浮、携带、清除井内岩屑及坍塌掉块。减少井内岩屑床的形成。可降解聚合物材料特殊结构，使其具有柔韧性强，不易破碎，且均匀分布在连续相中。同时，可降解聚合物钻井液强膜剂，极易吸附在钻具和岩石表面，增强了钻井液的润滑性，有效降低摩阻，从而降低钻具活动引起煤岩破碎程度。可降解聚合物钻井液自身的组分、优良性能以及柔韧特性，决定了可降解聚合物钻井液体系可以有效稳定煤岩井壁，保证工程安全顺利地完成。无固相可降解钻井液在实现了储层保护的同时实现了井眼的稳定性。在实验室测试显示，绒囊钻井液对储层的伤害可达74%，而可降解无固相钻井液通过破胶后能够实现对储层的无伤害。

第五节　固井工艺技术

在煤层气L型水平井开发过程中，主要存在半程固井与全程固井两种固井方式。

一、半程固井工艺技术

水平井钻井完井，水平段煤层下入筛管或套管，并只对煤层以上井段固井，称为半程固井。为了更好地进行煤层气开发，目前主要采用的是半程固井施工，避免了固井水泥浆伤害煤层，利用水力喷射压裂方式，实现水平井后期分段改造。常规打捞式半程固井工具尚不够成熟，需要钻除内部附件，施工成本高，且钻除后会影响井身质量，在打捞、封隔时经常出现复杂事故。

针对以上问题，华北油田创新研制了免钻塞半程固井技术，对易水窜、易垮塌井段进行注水泥固井，防止造斜段气、水窜，方便后期的采气工艺需要；免钻塞工艺能消除钻塞作业带来的不利影响；水平段的煤层不固井，能够简化工艺步骤，缩短完井作业时间。结合目前水平井分段改造的压裂工艺，优先采用半程固井工艺。

1. 半程固井工具结构

1）免钻塞工具总体构成

半程固井工具是集套管外封隔器、注水泥器和盲板于一体，能够完成分段注水泥的施工要求。注水泥结束后，用打捞矛打捞出工作心筒，实现井眼畅通。一体式免钻分级注水泥工具主要由打捞总成、注水泥总成和封隔总成组成。具体主要由接箍、套管短节、打捞套、关闭套、筒体、上接头、球座、压帽、堵头、过流接头、皮碗、定位环、胶筒、胶筒接头、胶筒下接头等部件组成（图 4-5-1），以及配套的关闭塞和打捞矛。

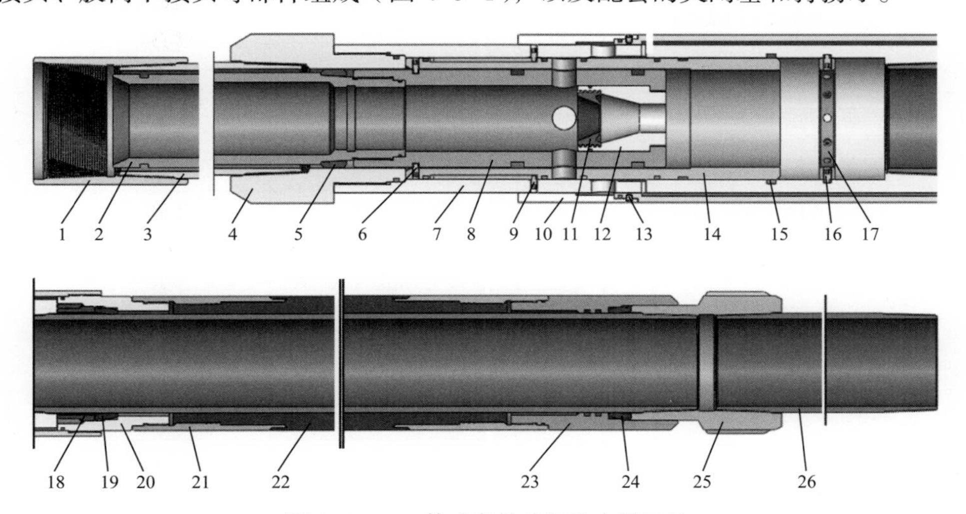

图 4-5-1 一体式免钻分级注水泥工具

1—接箍；2—打捞套；3—套管短节；4—上接头；5—扶正环；6—四级剪钉；7—筒体；8—打开套；9—一级剪钉；10—压帽；11—堵头；12—球座；13—二级剪钉；14—关闭套；15—限位卡环；16—三级剪钉；17—定位环；18—顶环；19—皮碗；20—过流接头；21—胶筒上接头；22—胶筒；23—胶筒下接头；14—皮碗；25—下接箍；26—套管短节

2）工具特点

（1）封隔器采用成熟的套管外封隔器技术，液压胀封，定压关闭；

（2）注水泥总成采用液压打开循环孔，不受井斜限制；

（3）采用内关闭结构，关闭套关闭后形成自锁；

（4）工作心筒采用打捞的方式，捞取简单，免钻，能更好地保护套管和水泥环；

（5）全部附件均由可钻性好的橡胶 / 铝质材料制成，且具有防转机构。

3）技术参数

半程固井工具技术参数见表 4-5-1。

表 4-5-1 半程固井工具技术参数

序号	项目	$5^1/_2$in 半程固井工具	$6^5/_8$in 半程固井工具
1	试用井眼 /mm	215.9	215.9
2	试用套管壁厚 /mm	7.72	8.94
3	最大扶正外径 /mm	208	208
4	本体外径 /mm	202	202
5	内通径 /mm	121	146
6	总长度 /m	4.05	4.2
7	对外连接螺纹	LC	LC/BC
8	管体钢级	N80	N80
9	胶筒的外径 /mm	190	200
10	胶筒的长度 /mm	1170±10	1170±10
11	整体密封能力 /MPa	50	50
12	封隔器打开压力 /MPa	6±1	6±1
13	循环孔打开压力 /MPa	11±1	11±1
14	关闭压力 /MPa	17±1	17±1
15	关闭塞外径 /mm	130	156
16	关闭塞长度 /mm	320	334
17	可退捞矛的最大外径 /mm	116	138
18	可退捞矛的连接螺纹	$2^7/_8$in IF	$2^7/_8$in IF
19	可退捞矛的总长度 /mm	745	745
20	可退捞矛的打捞部分长度 /mm	400	400
21	打捞附加悬重 /kN	100～200	100～200
22	上提丢手剪钉的剪断力 /kN	50～60	50～60
23	通径规外径 /mm	121	146

2. 半程固井工具工作原理

通过控制钻井液的压力变化来实现封隔、打开、循环和关闭，以及打捞来实现免钻半程固井的目的。工具下放到指定位置后，憋压剪断一级剪钉，关闭套带动打开套和打捞套一起下行，至定位环，循环孔对正，封隔器进液孔打开，胀封胶筒，继续憋压，直到封隔器完全胀封；继续憋压，剪断二级剪钉，循环孔打开，开始循环。投关闭塞，关闭塞到位后，憋压剪断三级剪钉，关闭套带动打开套和打捞套一起下行，关闭循环孔，关闭套靠限位卡环限位；继续升压剪断四级剪钉。下打捞矛将内套捞出（图 4–5–2）。

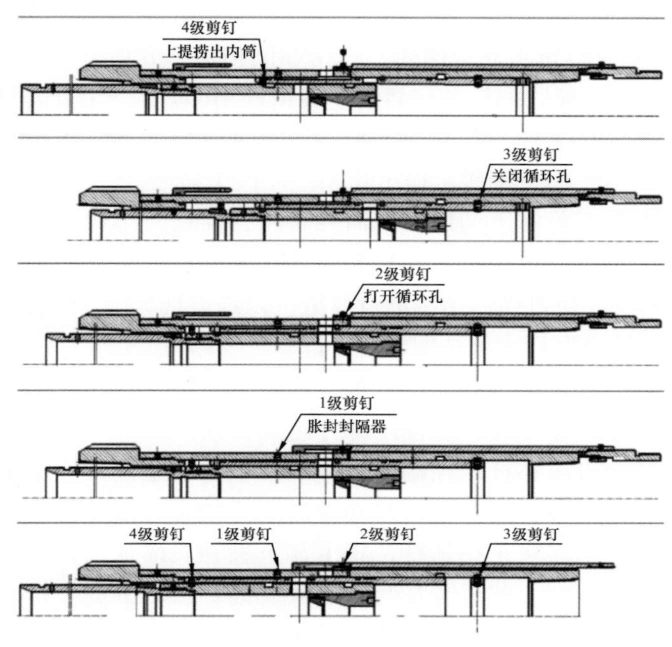

图 4–5–2 一体式免钻半程固井工具工作原理图

3. 配套工具优化

针对打捞矛结构和关闭胶塞结构进行了进一步优化设计，与免钻半程固井工具进行配套使用。

1）打捞矛结构的优化

（1）传统可退打捞矛缺点。

可退式倒扣捞矛结构如图 4–5–3 所示。由传动轴、传扭块、限位块螺钉上卡瓦和心轴等组成。

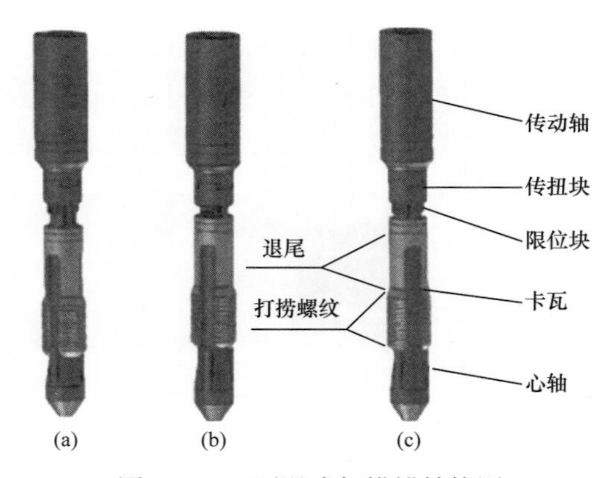

图 4–5–3 可退式打捞锚结构图

卡瓦的打捞螺纹部分外径比对应规格的事故钻杆内径略大。捞矛下入事故钻杆之前，卡瓦落到心轴的锥面上［相对位置如图 4–5–3（a）的位置］，当卡瓦与捞矛本体一起进入到事故钻杆内时，由于卡瓦外径比事故钻杆内径略大而产生的摩擦力，使卡瓦可以自然地悬挂到事故钻杆内壁上，并在捞矛本体上的限位块的推动下下行［相对位置如图 4–5–3（b）的位置］。当捞矛到达预定的打捞位置后上提，卡瓦重新与心轴的锥面贴合［相对位置回到图 4–5–3（a）的位置］。心轴锥面对卡瓦有一个向外上方的挤压力，从而使卡瓦有胀大的趋势。在事故钻杆对卡瓦的摩擦力和心轴锥面对卡瓦的膨胀压力作用下，卡瓦与事故钻杆紧紧地咬合在一起，从而捞住落鱼。如果落鱼被岩粉抱死，无法将全部落鱼一次捞出，可以选择通过钻杆带动捞矛逆时针旋转，捞矛心轴下部的三个键就可以将扭矩传递到卡瓦和事故钻杆上，完成倒扣作业[卡瓦与心轴的相对位置保持打捞状态不变，如图4-5-3（a）所示]。如果落鱼被完全抱死，打捞和倒扣均不成功时可以下压钻杆带动心轴下行，使心铀的锥面与卡瓦脱离接触，然后左旋钻杆1/6圈，使卡瓦坐到心轴的三个键的倒钩内。此时再上提工具钻杆，在心轴倒扣的压力下，卡瓦下部打捞螺纹部分向内收紧[图4-5-3（c）的位置]，即可将捞矛提出孔外，并换用其他方法继续处理。

在打捞式半程固井工具施工结束后，需要采用打捞锚对工作心筒进行打捞。如果关闭塞没到位或者回返上移一定距离后，打捞锚无法顺利下入到打捞中，导致最终无法打捞工作芯筒，因此有必要对打捞锚结构进行改进，以适应现场施工的需求。

（2）带磨铣功能的可退打捞矛结构优化设计。

鉴于常规打捞锚无法适应现场施工的需求，对常规打捞锚结构进行改进（图4-5-4）。其由上接头、心轴、卡瓦、释放环、引锥四部分组成，在上接头下端和引锥的下端设计有带磨铣块。卡瓦外径比事故钻杆内径略大，中间沿轴向开槽使其有一定弹性。卡瓦和心轴之间的配合面为螺旋锥面，当卡瓦相对心轴向下运动时会沿着锥面滑动产生膨胀，从而捞住钻杆。使用时上部连接正扣钻杆，将卡瓦下旋到底部抵住释放环，下入到事故钻杆内部。然后反转钻杆两圈，此时卡瓦与释放环脱离。然后上提钻杆，心轴和卡瓦之间产生相对滑动，使卡瓦外径胀大并和事故钻杆越涨越紧。这样就可以将事故钻杆打捞出来。如果事故钻杆被岩粉抱死无法捞起时，可以下压钻杆并正转两圈，卡瓦重新抵住释放环，因为卡瓦和心轴不能再产生相对滑动，所以卡瓦也就不能再产生膨胀而打捞事故钻杆。此时再上提钻杆即可将可退式捞矛取出，换其他方法处理。可退式捞矛的卡瓦弹性比可退式倒扣捞矛的弹性小，所以用于相同规格事故钻杆的可退式捞矛的卡瓦外径应比可退式倒扣捞矛稍小，以减小其在事故钻杆内的弯曲变形，提高其使用寿命。

图4-5-4　带磨铣功能的可退打捞矛结构图

在现场施工时遇到打捞锚无法下入到位时，可旋转管柱，利用引锥的磨铣头对打捞套内进行磨铣，清理，直到打捞锚卡瓦能够抓住打捞套。

2）关闭胶塞结构优化

关闭胶塞其结构与作用与钻杆胶塞相同，因此设计时以钻杆胶塞原理为基础进行设计。

（1）传统钻杆胶塞缺点。

传统钻杆胶塞一直采用“分体式”胶塞，由橡胶皮碗、铝制杆、导向头、紧固螺帽、皮碗固定环、螺钉、防退卡簧、“O”形密封圈等件组成（图4-5-5）。在尾管固井施工中，它提前安放在钻杆水泥头内，当注完水泥后，打开水泥头挡销释放钻杆胶塞，后注入压塞液和替浆液推动钻杆胶塞在尾管送入钻具内下行，起到隔离水泥浆和替浆液的作用，同时其胶塞皮碗紧贴钻具内壁，起到将钻具内水泥浆刮拭干净的作用。当其下行至尾管胶塞时和尾管胶塞复合密封在一起，并一起下行顶替水泥浆至环空封固地层，直至胶塞碰压。因此，胶塞的可靠性直接影响尾管内水泥塞的长度及固井质量。

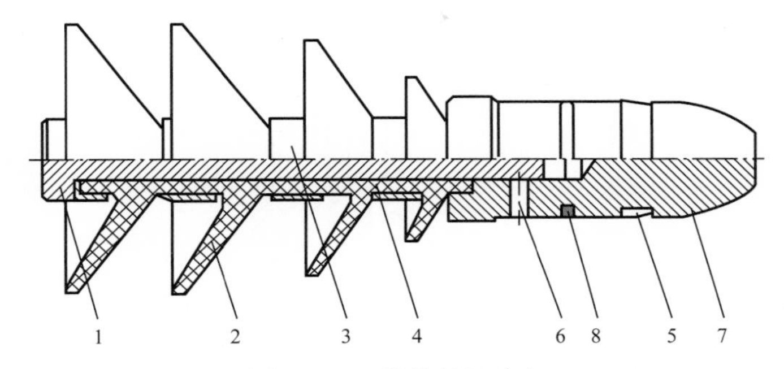

图 4-5-5　传统钻杆胶塞

1—紧固螺帽；2—橡胶皮碗；3—皮碗固定环；4—铝制杆；5—防退卡簧；6—螺钉；7—铝制导向头；8—密封圈

通过传统钻杆胶塞的结构设计，可以发现钻杆胶塞为“分体式”，胶塞皮碗套在胶塞铝制杆上，皮碗组合之间通过铝合金固定扣环隔离，最后通过胶塞导向头和铝制杆之间的螺纹连接使得皮碗挤压牢靠。虽然其外部也有紧固螺钉辅助固定，但这种结构方式的钻杆胶塞当固井替浆施工时在不同通径大小的送入钻具内高速下行时，难免会因为胶塞过度摩擦、皮碗损伤、胶塞皮碗和导向头、胶塞铝制杆脱开，导致胶塞皮碗和本体提前脱落（图 4-5-6、图 4-5-7），俗称胶塞“脱裤子”，胶塞导向头在自重作用下下行速度加快，提前与尾管胶塞复合，从而出现诸如水泥浆替空、尾管灌“香肠”与留水泥塞导致环空返高不够、地层漏封等事故的发生。

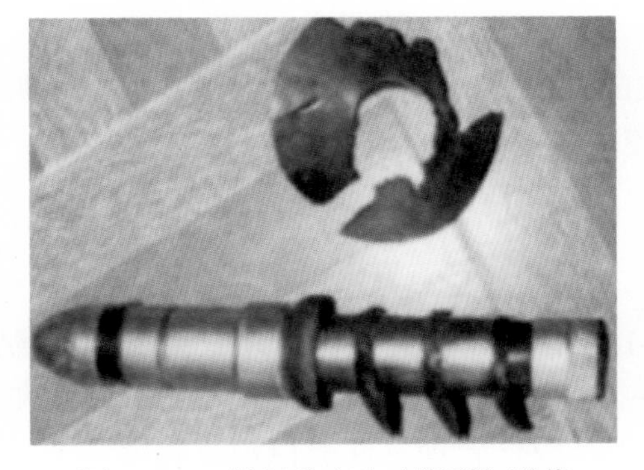

图 4-5-6　钻杆胶塞皮碗撕裂与脱落

图 4-5-7　钻杆胶塞“脱裤子”现象

（2）整体硫化式关闭胶塞结构设计。

鉴于传统钻杆胶塞存在的问题，有必要设计一种整体硫化式关闭胶塞。即通过优选高分子合成橡胶、可钻性好的铝合金等材质，优化皮碗组合设计，高温整体硫化加工，实现了胶塞橡胶件和铝合金本体的整体统一，结构牢靠，胶塞皮碗耐磨性、塑变性、可靠性大大增强。

新设计的整体硫化式关闭胶塞由胶塞本体（铝制杆）和整体硫化橡胶皮碗组两部分组成，并保留传统钻杆胶塞的防退卡簧和“O”形密封圈等件，结构如图 4–5–8 所示。该整体硫化关闭胶塞本体选用可钻性好的铝制材料，橡胶胶碗等采用具有良好耐磨性和塑变性的进口橡胶材料，通过现代加工手段将整体式高分子橡胶胶碗高温硫化于铝合金制胶塞本体上而成。

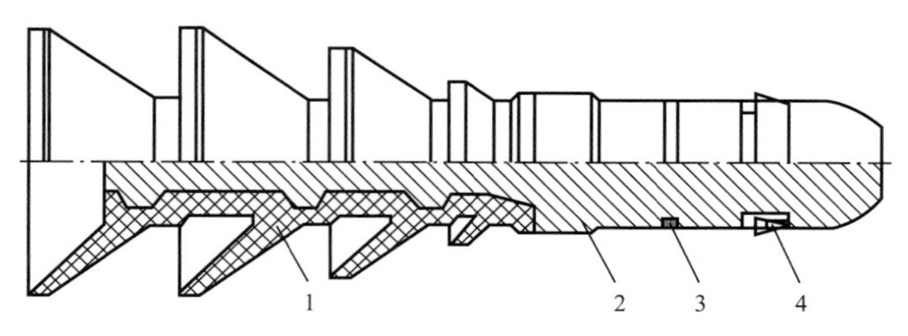

图 4–5–8　整体硫化关闭胶塞

1—橡胶皮碗；2—铝制杆；3—密封圈；4—防退卡簧

其技术特点有：

① 该整体硫化式关闭胶塞比传统钻杆胶塞结构更简单，仅由胶塞本体和整体硫化橡胶皮碗两部分组成。它彻底改变了传统“分体式”钻杆胶塞由“导向头 + 铝制杆 + 皮碗组合”等形式的结构方式，且不存在传统“分体式”钻杆胶塞导向头和铝制杆需螺纹连接固定的形式，较好地避免了两者的分离。整体性强，结构更牢靠。

② 该胶塞皮碗通过设计成“前小后大”的组合结构，更利于将水泥浆刮拭干净。同时，不同外径的皮碗可以将不同规程内径的钻具、配合接头和尾管悬挂器中心管等内壁刮拭干净。

③ 硫化胶塞胶腕组合的数量和大小可以根据现场实际送入钻具的结构进行调整，适应性强。

④ 优选性能优越的高分子橡胶件硫化而成的胶塞皮碗耐磨性、塑变性和卡靠性明显增强，其橡胶件与钢体间的摩擦系数较传统橡胶件与钢体间的摩擦系数减少 14.4%。

4. 现场试验

1）试验井概况

试验阶段，完成了郑试 59 平 2L、FZP22–15–2L 等 8 井次半程固井专用工具现场试验，成功率 100%。采用全液压剪钉式半程固井工具施工过程顺利，憋压正常，开孔和关闭压力稳定，芯筒均一次性捞出，有效验证了工具设计合理、性能稳定、质量可靠。以郑试 59 平 2L 井为例介绍现场试验情况。

郑试 59 平 2L 井位于山西省沁水县郑庄镇吕村庙腰东，属于沁水盆地南部晋城斜坡带郑庄区块北部，井身结构设计如图 4–5–9 所示。一开采用 ϕ311.2mm 钻头，ϕ244.5mm 套管，下入层位至上石盒子组，下深 59m，环空水泥浆返至地面。二开采用 ϕ215.9mm 钻头，ϕ139.7mm 套管，下入层位至山西组，下深 2323m，环空水泥浆由分级箍处返至地面。

固井质量要求见表 4–5–2。

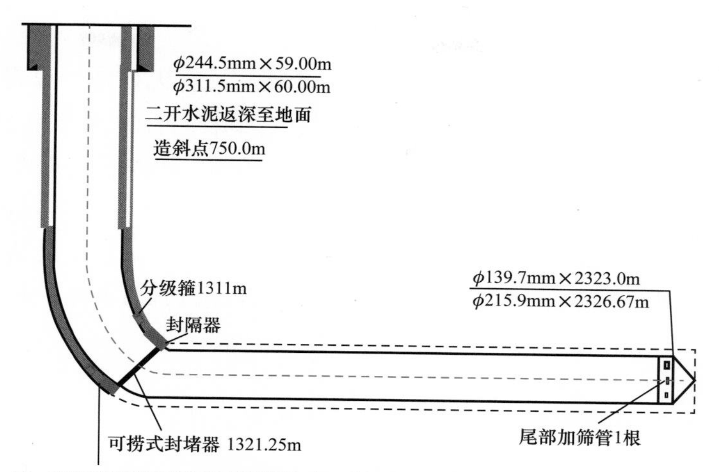

图 4-5-9 郑试 59 平 2L 井井身结构图

表 4-5-2 固井质量要求表

开钻次数	钻头尺寸 / mm	井段 / m	完井管串类型	管串尺寸 / mm	管串下深 / m	水泥封固井段 /m	人工井底深度 /m	测井项目
一开	ϕ311.2	0～60	套管	ϕ244.5	59	地面～60	50	—
二开	ϕ215.9	60～2326.67	套管	ϕ139.7	2323	地面～1311	分级箍位置处	CBL VDL

2）试验过程

（1）下钻。

下钻前，仔细检查打捞式免钻注水泥工具本体胶皮有无划伤和明显的变形，上、下端螺纹是否完好。将打捞式免钻注水泥工具吊上钻台，按顺序下入套管及附件，按标准扭矩上扣。打捞式免钻注水泥工具入井时要缓慢下放，防止井口设备对打捞式免钻注水泥工具碰撞和划伤。适当控制套管下放速度，严禁溜钻和顿钻。每下 20 根套管，管内灌满钻井液。

（2）胀封、注水泥。

地面管线试压 25MPa，循环，打破胶剂。一般操作流程为停泵，装水泥头，投球（ϕ45mm 胶木球），装挠性关闭塞。泵送球（排量 300L/min，压力 3.3MPa）。泵压上升到 5.8MPa，稳 5min，继续打压至 7.4MPa，稳 5min，继续打压至 8.5MPa，稳压 5min，确保胀封封隔器胶筒。继续打压至 12.8MPa，压力突降至 1MPa，表明打捞式免钻注水泥工具循环孔打开。钻井泵单阀缓慢开泵循环，压力正常后三阀循环。循环结束，井口安装套管水泥头，水泥头内装关闭胶塞。开始向管柱内注水泥，注水泥结束后，释放关闭胶塞。先用固井泵车顶替 2m^3 压塞液后换成钻井泵顶替，留 2m^3 余量再换成固井泵车碰压，碰压 20.4MPa，共替浆 14.5m^3，稳压 5min 泄压，放回水，无倒返，表明打捞式免钻注水泥工具循环孔关闭成功。

（3）打捞。

检查打捞矛尺寸是否合适（卡瓦外径91～92mm），有无损坏、异常，保证卡瓦牙、螺纹完好，循环通道是否畅通，卡瓦移动是否灵活、到位。注水泥结束5h后，将捞矛连接$2^7/_8$in钻杆下端，下井，打好备钳，防止下部钻具转动，控制下钻速度。捞矛到位，接方钻杆，悬重20tf。在捞矛距离打捞位置2～3m时，开泵循环冲洗20min。开泵循环、缓慢下放钻具，遇阻后加钻压20tf，将打捞矛一次性压到底。缓慢上提钻具，悬重由0上升至最高39tf，后突降至20tf，判断捞矛已捞住芯筒并提脱脱离本体，起钻。起出捞矛与芯筒，检查打捞出的工作心筒完整。

3）试验结果

采用免钻塞半程固井工艺，施工过程憋压无压降，开孔和关闭压力稳定，芯筒一次性捞出，证明了工具结构的稳定性和可靠性。

该项技术明显提高了固井效率与固井质量。固井时间缩短至2天，固井后套管内通径一致，为后续作业提供了良好的工作环境。半程固井技术成熟可靠稳定，具有很好的推广应用价值。

二、全程固井工艺技术

L型水平井采用二开井身结构，低渗储层实施套管完井。目前华北油田在沁水盆地南部主要采用煤层段不固井的半程固井工艺，完钻后在着陆点之上下入免钻塞等半程固井工具，实施煤层段以上固井，而煤层段不进行固井。但是随着开发实践深入，通过分析认为在储层改造过程中，由于套管与井眼之间存在环空，导致压裂能量不集中，造缝能力差，影响产气效果。此外由于水平段不固井，压裂过程中套管受到高压的冲击，局部受力集中及易发生套管变形。因此，开展了全程固井技术试验及优化，进一步提高产气量。

1. 技术难点

与常规油气层相比，由于煤层孔隙压力系数较小，加上不断变化的地层压力梯度，水平段固井主要存在以下六方面难题。

（1）套管的安全下入问题：套管能否顺利通过弯曲段进入水平井段，是钻井井眼轨迹设计的关键依据之一，因此下套管前必须以实际资料进行弯曲度和摩阻两方面的校核。

（2）替净问题：沿着环空下部，由于岩屑的沉淀堆积或固相颗粒浓度提高导致黏度增加，水泥浆很难驱替干净而充填。

（3）自由水问题：在大斜度或水平井段，因斜向或横向运移的路程短，自由水极易聚集在井壁上侧形成连续的水槽或水带，不能有效胶凝或形成足够的强度，最终成为油气窜流的通道，最大限度地减少水泥浆自由水以及阻止自由水运移，是提高封固质量的重要方面。

（4）套管居中问题：由于水平井钻井过程中直井段向水平段过渡的井斜角和方位角不断变化，使得井眼轨迹发生变化，再加上套管在自重作用下易靠近井壁下侧，不易居中。套管偏心影响着岩屑携带及注水泥替净效果。室内实验及现场经验表明，只有居中度大于 67%，注水泥质量才有保障。

（5）井眼条件问题：斜井中钻具受力状况导致井眼椭圆形状、浅层岩性疏松、钻井循环，造成井径扩大严重且不规则，使井眼椭圆度更加严重、孔隙度大、渗透率高、储层裸露段长，也使井下不稳定成为问题。

（6）固井过程中发生上部地层井漏和井塌、煤层渗漏现象突出。

2. 解决措施

针对煤层气水平井全程固井中存在的问题，通过攻关研究，形成了特色的煤层气水平井全程固井技术，保障煤层段固井试验成功。

（1）“岩屑床”清理技术：水平井眼中“岩屑床”的破坏仅靠循环钻井液无法完全清除，导致水泥浆很难驱替干净，因此采用机械的办法清除。在下套管前反复用钻具上下通井循环钻井液，使钻具破坏岩屑床。提出在套管柱的适当部位加装滤饼刷，反复地活动套管，将井壁下侧的岩屑清洗掉。

（2）套管居中技术：为改善套管的居中程度，使套管柱在弯曲井筒和水平井筒中尽可能地不贴井壁下侧，在套管柱上大量使用套管扶正器。在水平和弯曲井段至少要每 2～4 根套管上加一个扶正器，必须是刚性扶正器。

（3）水泥浆优化技术：水平井的水泥浆应有尽可能低的失水量和较高的黏度，在顶替的过程中可减少窜槽。优化水泥浆性能，水泥浆采用双密双凝早强、降失水水泥浆体系，确保水泥浆候凝期间，逐层压稳，防止油气窜入环空。

（4）双凝双密度注水泥技术：根据平衡压力固井原理，在水平井注水泥作业中应用双凝双密度技术，在水平井煤层段使用速凝浆，煤层段以上使用低密度浆，有效降低环空液柱压力，避免井漏、井塌发生，从而提高水平井全井封固质量。

3. 水泥浆体系技术优化

1）低密高强防漏水泥浆技术

（1）材料优选。为满足煤层气井全封固漏失的问题，上部水泥浆要求低失水、高早强体，浆体稳定性好，稠度适宜，同时对煤层的伤害小。经过大量室内化验和以往在煤层气固井的经验，我们采用低密高强防漏水泥浆体系。

优选的新型堵漏纤维材料，是一种惰性材料，呈单纤维丝形态，密度约 0.91g/cm^3，抗拉强度高（≥270MPa）、长度规格 5～19mm。具有分散性、高悬浮性、安全环保的优点。调配出的纤维堵漏水泥浆，可有效封堵 2mm 裂缝和 3mm 孔径漏失，提高地层承压能力。

纤维水泥抑制裂缝发生的能力比无纤维的水泥要高 90%～100%，水泥石的渗透系数可降低 33%～44%，变形能力增加 10%。纤维材料的增韧作用在于纤维材料能够阻止水泥石中微裂缝的发展，显著增强水泥石的抗裂抗渗能力；纤维水泥中的纤维能与水泥基体共同承受外力。

（2）水泥浆密度调整。根据井底地层压力，确定水泥浆密度 1.40～1.35g/cm^3。在水泥中加入减轻材料（漂珠和微硅），由于漂珠不吸水，只需少量水润湿表面，可以降低水灰比，减少水泥石形成时由于水泥浆的过量水而形成的毛细孔道，降低水泥石的渗透性，加入适量的增强剂，提高水泥石的强度，同时，适量微硅粉的加入，改善了漂珠与水泥颗粒的颗粒级配，增加水泥石的致密性和热稳定性。按照试验的最优化设计，考察外加剂的加量对水泥浆流动度、失水量、自由水含量、表观黏度和水泥石表观黏度和水泥石抗压强度的影响，并根据正交试验结果的极差分析和方差分析得到了低密度水泥浆的最优配方：G级高抗水泥＋微硅＋漂珠＋降失水剂密度：1.40g/cm^3；按照低密度水泥浆配方，并在配方中加入一定比例的纤维，配成低密高强纤维水泥浆，将该水泥浆在40℃下维护48h后测定其抗压强度为6.2MPa，由于纤维为惰性材料，在水泥水化过程中不会发生反应，并且加量较小，对水泥浆基本性能造成影响较小。

（3）水泥浆配方及性能：

配方：G级水泥＋减轻剂＋增强剂＋降失水剂＋分散剂＋纤维堵漏剂。

性能：密度1.40g/cm^3；流动度24cm；稠化时间：216min；失水量：75mL；抗压强度：8.4MPa/48h×40℃。

2）低温高强水泥浆技术

（1）降失水剂材料优选。针对煤层气井特点，优选了聚乙烯醇类降失水剂DRF-3S。降失水剂DRF-3S是一种固体降失水剂。配制出的水泥浆具有降滤失、防漏、防窜等多种功能，再配以配套的调凝剂，即可使水泥浆达到防窜固井施工要求的各项指标。

（2）低温早强材料优选。油井水泥促凝剂是用来缩短水泥浆的稠化时间，缓解由于加入其他外加剂比如降失水剂、分散剂等所引起的过缓凝作用或者用于加速水泥凝结及硬化。常用的促凝剂有氯化物（如KCl、$CaCl_2$、NaCl等）、无氯促凝剂（如三乙醇胺、石膏、碳酸钠、硅酸钠等）、促凝悬浮剂、复合促凝剂等。其中NaCl加量大于水泥质量18%时表现出缓凝作用，加量在10%～18%时既不起促凝作用也不起缓凝作用，加量小于10%时起促凝作用。

针对煤层气井井深较浅，温度低，对水泥石强度发育要求高等特点，开展了早强材料方面的研究，提出了促进水泥石早期强度途径，初步探明了水泥石机理，优选复合型促凝早强剂G204，并对其力学性能进行了评价。G204是一种适合浅井、低温条件下的复合型促凝早强剂，包含有机盐类早强剂和无机盐早强剂的共同优点，可有效提高低温条件下常规密度水泥石抗压强度。

（3）低温高强水泥浆体系分散剂选择。由基础配方水泥浆性能可见，水泥浆流动度偏低，浆体流动性较差，要改善水泥浆的流动性能，减少混配水的用量，就要加入分散剂（减阻剂）。分散剂对水泥浆有分散降黏作用，且能改变水泥石的微观结构，使大孔隙变为小孔隙，有利于水泥石强度发展及抗渗能力的提高。但加入过多分散剂，副作用是破坏水泥浆的稳定性，并有分层现象产生。

（4）配方：嘉华G级水泥＋降失水剂＋早强剂＋分散剂＋水。

（5）注水泥作业中双凝双密度技术。针对沁水盆地南部地层特点，结合国内外先进固井工艺，决定采用双凝双密度水泥浆体系进行固井，即使用常规水泥浆和低密度水泥浆分段封固的方式固井，尾浆先凝固，首浆后凝固，通过添加不同的外加剂来调节各段水泥浆的凝固时间，使水泥浆自下而上逐渐凝固，当尾浆速凝段凝固失水造成失重状态时，首浆缓凝段仍保持传递压力的能力，从而可以解决水泥浆凝固过程中的失重问题，同时也能解决低压地层漏失问题。

4. 现场应用

在沁水盆地南部郑庄区块已实施 3 口水平井，固井质量均合格。以郑 3 平 7–3L 为例进行详细说明。

1）固井参数设计

（1）扶正器设计。在着陆点之前 0～990m 的井段，使用规格为 ϕ139.7mm×215.9mm 的弹性扶正器，并且每 3 根套管加 1 只扶正器，井段内扶正器一共 30 只。在进入水平段以后 990～1900m 井段内，使用规格为 ϕ139.7mm×210mm 的刚性滚轮扶正器，并且加大了扶正器使用，每 2 根套管加 1 只扶正器，共下入扶正器 50 只，以确保套管居中度。

（2）水泥浆用量设计。固井前置液和后置液均使用清水，前置液使用量 6m^3，后置液使用量 2m^3。水泥用量设计参考表 4–5–3 和表 4–5–4。

表 4–5–3 水泥用量设计

开次	返深 /m	至井深 /m	井径 /cm	段长 /m	单位长度容量 /（L/m）	段容量 /L	累计容量 /L
一开	0	61.0	22.67	61	25.02	1526.22	1526.22
二开	61.0	1900.0	21.59	1839	21.27	39115.53	40641.75

表 4–5–4 水泥用量配比参数表

水泥封固段长 /m	1900	水泥塞体积 /L	144.35
裸眼环容附加系数	0.5	水泥浆附加量 /L	19558.6
水泥浆总量 /L	60346.6	水泥用量 /t	低密度 15，常规密度 57
实际水泥送井 /t	72	用水量 /L	62

2）施工工序

（1）井眼准备。完井电测结束后，必须进行通井作业，下钻通井到底后，调整钻井液性能，加液体润滑剂及塑料小球，充分进行循环，有效净化井眼，保证井眼畅通无阻。

（2）下套管。下套管过程中，严格控制下放速度，严禁猛刹猛放，以防压漏地层，套管下到底后，小排量顶通并观察泵压变化，待泵压正常后，采用钻进时排量循环两周，晒干净钻井液中塑料小球，调整钻井液性能，达到漏斗黏度 40～45s，失水≤5mL，pH=8～10，满足固井要求。

（3）固井施工。注水泥作业要保证连续性，水泥浆密度满足设计要求，及时测量水泥浆密度，确保入井水泥浆密度及时调整。

（4）候凝及试压。产层套管固井采用敞压方式候凝。候凝 48h 后检测固井质量。

第五章　L 型水平井完井及改造工艺

在煤层气的开发过程中，完井的主要目的是为井筒与煤层建立有效的连通渠道，有助于煤层中煤层气的解吸、扩散和渗流，同时最大限度地降低完井对煤层的伤害。煤层气主要赋存在强应力敏感性、低饱和、低渗或特低渗的煤层中，要开发这类煤层，主要的办法是提高煤层气向井筒流动的渗透率、增大煤层气的渗流面积、沟通煤层裂隙从而改善煤层气的解吸环境。根据开发需求，L 型水平井钻至煤层后，向靶点方向钻进一定进尺后完钻，完井方式一般采用筛管完井或套管完井，其中筛管又可分为金属筛管与非金属筛管。在低渗透率区，通常需要进行压裂改造。

第一节　完 井 工 艺

完井是衔接钻井与采气工程而又相对独立的工程，直接影响到煤层气产量能否达到预期指标。煤储层机械强度低、非均质性强、力学稳定性差，在完井过程中，煤储层极易受到伤害。合适的完井工艺技术可最大限度地保护煤储层，有效地封隔煤储层上部的含水层，防止含水层与煤储层窜通；防止井壁垮塌，保障采气作业及延长寿命。目前适用于沁水盆地郑庄—樊庄区块 L 型水平井开发的完井工艺主要有非金属筛管完井、金属筛管完井和套管完井工艺。

一、非金属筛管完井工艺

非金属筛管具有成本低、摩擦系数低和便于管柱下入作业等优点，且与钢制筛管相比，非金属筛管亦可在分支中下入，能起到支撑井眼、防止垮塌的作用，提高煤层气单井产量。在沁水盆地南部实际应用中，主要包括玻璃钢筛管完井和 PE 筛管完井两种完井方式。

1. 玻璃钢筛管完井技术

1）筛管悬挂器

研制了适用于直井、大斜度井、水平井玻璃钢筛管完井的筛管悬挂器，配合筛管、冲管及专用喷头，实现玻璃钢筛管和冲管的内外双层连接，在管柱下入过程中遇阻时，可实现开泵循环冲洗，保障筛管下至设计位置。其工具结构包括工具上体、球座、滑套、销钉、卡瓦、工具下体、变扣等（图 5-1-1），主要技术参数见表 5-1-1。

该工具主要有以下几方面功能：

（1）循环功能。该工具实现玻璃钢筛管和冲管的内外双层连接，在管柱下入过程中遇阻时可实现开泵循环冲洗，保障筛管下入至设计位置。

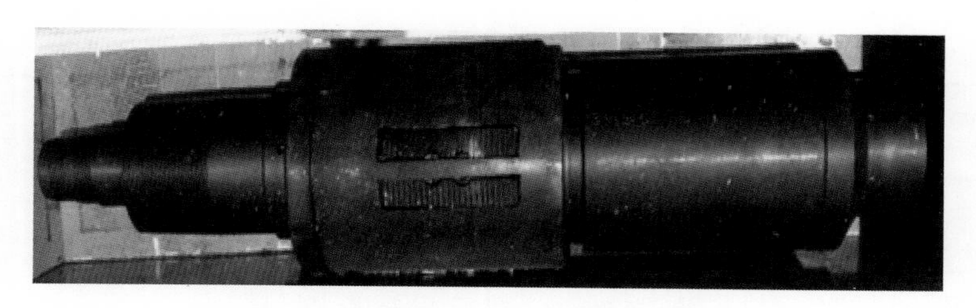
图 5-1-1 XGS-178×89 型筛管悬挂器

表 5-1-1 XGS-178×89 型筛管悬挂器技术参数

序号	技术参数	参数值
1	工具总长 /mm	870
2	外径最大值 /mm	150
3	球座内孔径 /mm	40.89
4	球座过流面积 /mm^2	1312
5	冲管接头内孔径 /mm	40.89
6	冲管过流面积 /mm^2	1312
7	坐封压力 /MPa	4～6
8	丢手压力 /MPa	12～16
9	丢手后最大通径 /mm	76

（2）悬挂功能。当筛管下至设计深度时，投球进行第一次打压，实现卡瓦坐封，将玻璃钢筛管悬挂并固定于生产套管内壁。

（3）丢手功能。完成卡瓦坐封后，继续进行第二次打压，剪断销钉，实现钻具与筛管本体的分离。

（4）喷射冲洗功能。完成丢手后，内部通道打开，配合冲管及专用喷头可实现水力喷射洗井，最终冲管及专用喷头随钻具上提起出。

（5）可回收功能。可使用专用对扣短节回收悬挂工具。

2）玻璃钢筛管规格参数

完井用玻璃钢筛管的规格参数见表 5-1-2。

表 5-1-2 玻璃钢筛管规格参数表

材质	环氧树脂	螺纹型号	$3^1/_2$in EU
抗拉强度 /kN	98	隔缝长 /mm	60～80
抗压强度 /kN	49	隔缝宽 /mm	6～8
抗外挤强度 /MPa	15	圆孔直径 /mm	6～8
外径 /mm	88.9±1	孔密度 /（个 /m）	20～25

续表

壁厚 /mm	6.55±0.5	隔缝密度 /（个 /m）	20～25
接箍外径 /mm	120～130	周向孔缝密度 /（个 / 周）	3，（一孔一缝交替）
筛眼分布方式	隔缝与圆孔混合	布孔方式	螺旋孔缝比大于 3%
筛管连接方式	螺纹连接	接箍倒角 /（°）	18

3）完井工具

完井作业所用完井工具见表 5-1-3。

表 5-1-3　玻璃钢筛管完井工具

序号	完井工具名称	规格	数量
1	玻璃钢筛管专用布带钳	BLGBDQ-89.9	1 套（共 2 把）
2	玻璃钢筛管专用吊卡	DK-89.9	2 个
3	悬挂器及配件	XGS-178×89	2 套
4	管钳（冲管）	GQ-50	2 把
5	冲管吊卡	TDK-50	2 个
6	抛光管	PGG-50	1 根
7	引鞋及密封筒	FJ-50	1 套
8	钢丝绳套	单根 8t	2 套
9	冲管	ϕ50mm	1200m

管柱结构：ϕ120mm 引鞋 + 玻璃钢盲管 +ϕ120mm 密封筒 + 玻璃钢筛管 + 保护短节 + 悬挂器 + 变扣接头 + 钻杆（图 5-1-2）。

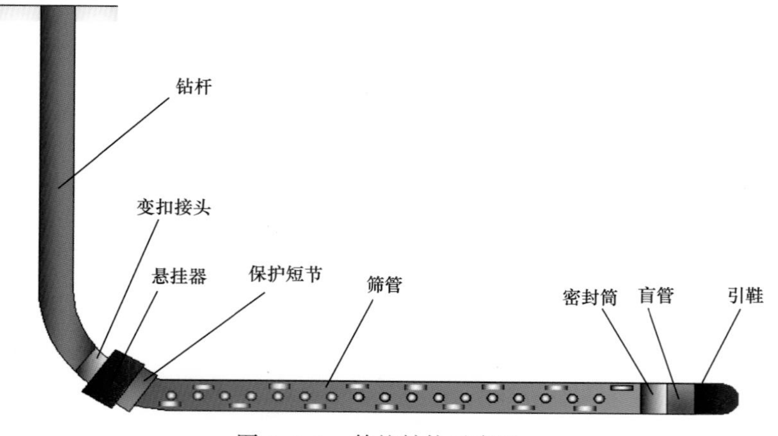

图 5-1-2　管柱结构示意图

4）性能检测

（1）轴向拉伸强度检测。通过利用万能试验机，将玻璃钢筛管放在试验机的夹具中，以 2mm/min 的速度开始试验，在均匀的时间间隔内记录载荷和相应的变形（表 5–1–4、图 5–1–3、图 5–1–4）。

表 5–1–4 玻璃钢筛管拉伸强度检测结果表

标本编号	内径 /mm	外径 /mm	壁厚 /mm	最大力 /kN	最大力下环向应变①	最大力下轴向应变①
1	75.6	89.4	6.9	144.7	1436	4332
2	75.6	89.4	6.9	231.25	1760	5718

① 应变代表形变量与原长度的比值。此表为微应变，为（$\Delta L/L$）$/10^{-6}$。

图 5–1–3 试验前玻璃钢筛管实物照片

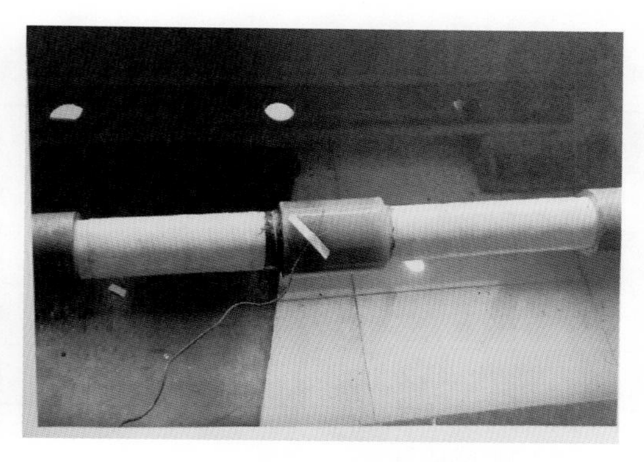

图 5–1–4 试验后玻璃钢筛管照片

检测结果表明玻璃钢筛管的轴向拉伸强度较高，符合筛管下入标准，在下入过程中不会因为拉张而发生脱落。

试验前后玻璃钢筛管外形基本一致，未发生明显损害，表明玻璃钢筛管的抗拉张强度较高，符合要求。

（2）轴向压缩性能检测。通过对试样施加均匀连续的载荷直到破坏，记录最大载荷（表 5–1–5）。轴向压缩玻璃钢筛管如图 5–1–5 所示。

表 5–1–5 玻璃钢筛管轴向压缩性能检测结果

内径 /mm	外径 /mm	壁厚 /mm	最大力 /kN	最大应力 /MPa
75.7	88.9	6.6	203	116.3

5）现场试验

（1）试验井基本参数。

井号：郑 3 平 –1N 井。

构造名称：沁水盆地郑庄区块。

地面海拔：850m。

构造位置：沁水盆地南部晋城斜坡带郑庄区块。

图 5–1–5 轴向压缩玻璃钢筛管

地理位置：山西省沁水县南大村。

钻井目的：利用水平井提高单井产气能力，试验侧支非金属管完井工艺。

设计井深：727m（着陆点）。

井别：开发井。

井型：L 型水平井。

目的层位：山西组 3# 煤。

完钻原则：主支钻至靶点 1，保证煤层进尺 750m 以上，分支钻至靶点 2，保证煤层进尺 400m 以上（表 5–1–6）。

完井方法：主支玻璃钢筛管完井，分支 PE 筛管完井，完井后充分洗井，解除钻井液污染。

表 5–1–6 主支主要控制点参数

目标	海拔 /m	垂深 /m
着陆点	123	727
侧钻点	124	726
靶点 1（主支末端）	146	704
靶点 2（分支末端）	136	714

（2）现场施工。

该井完井管串顶送至 1020m、1120m 遇阻，开泵上下活动，顺利通过。顶送至井深 1412m 处遇阻，处理无效。起钻通井，发现盲管断裂，合金引鞋及部分玻璃钢盲管落井，落鱼长 6.55m，下常规钻具处理落鱼至井底，并对异常井段进行处理。

第二次完井作业将玻璃钢筛管送至设计位置，上提悬重 24tf，下放悬重 17tf。然后投球，进行坐挂、丢手操作，打通压力 20MPa，上提悬重 22tf，下放悬重 18tf，摩阻明显减小，下放至坐挂位置，下压 2tf 检验，判断丢手成功，进行洗井作业。再次起钻，起出悬挂器芯轴及全部冲管。

郑 3 平 –1N 井井身结构如图 5–1–6 所示，筛管完井数据见表 5–1–7。

2. PE 筛管完井技术

PE 筛管主要成分是聚乙烯，具有优良的低温耐热性；化学稳定性好，能耐大多数酸碱的腐蚀，且常温下不溶于有机溶剂；其电绝缘性能优良；与钢制筛管相比，PE 筛管不易受到腐蚀，且柔度较高，能够适应井眼圆滑度较差的水平井。

但是由于密度较低，难以靠自重下至目的层段，需利用连续注入装置并由钻杆将筛管下入井底，在下入的过程中 PE 筛管会发生自锁等现象，影响筛管的下入。由于下入装置的下行力和下行过程中的阻力，PE 筛管首尾两端承受压力容易弯曲变形，当压力达到临界负荷之后，首先出现正弦屈曲，随着进一步受压将产生螺旋屈曲，严重时 PE 管将发生屈曲自锁，此时下行力越大，锁紧状态越严重，通过井口下入装置无法继续为筛管提供下行力。因此研发了筛管完井配套工具。筛管完井配套工具包括 PE 筛管地面连续下入装置、PE 筛管井下自动锚定机构和筛管连接螺纹等。

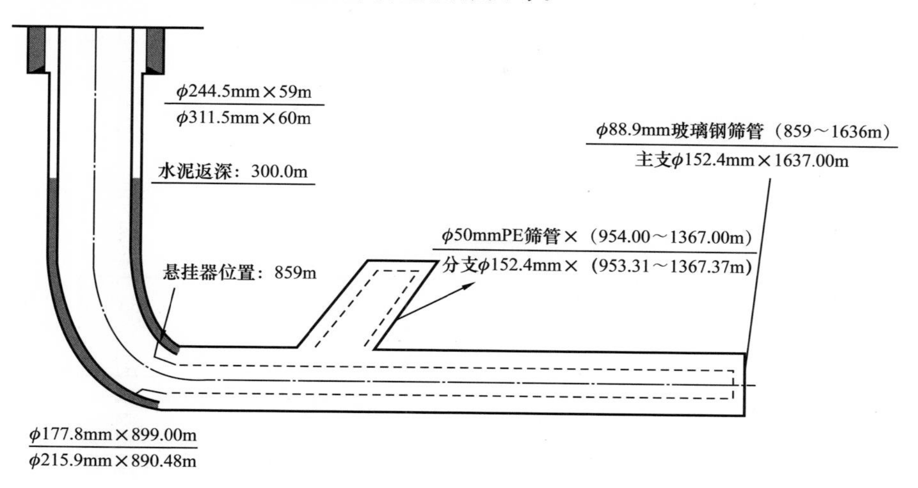

图 5–1–6　郑 3 平 –1N 井井身结构图

表 5–1–7　郑 3 平 –1N 井筛管完井数据表

井号	郑 3 平 –1N	井型	水平井	地理位置	山西省沁水县南大村
完钻井深 /m	1680	完井方式	筛管	技套下深 /m	927.2
悬挂器位置 /m	908.66～909.00（出井）	筛管下深 /m	1679.05	完井管串长度 /m	770.05
	909.00～909.38（留井）				

1）性能检测

PE 筛管在加工过程中由于配料、工艺、温度等不同会导致物理性质不同，而物理性质的差异会直接影响下入过程中是否能顺利完井以及完井后能否有效支撑井眼。因此有必要对 PE 筛管性能进行检测。

（1）密度检测分析。

从加工成型的 PE 筛管中剥离出试验样本，对其进行尺寸测量后利用精密电子秤进行质量检测，从而得到该筛管的密度（表 5–1–8），检测结果显示该 PE 筛管平均密度为 923.33kg/m^3，说明该筛管密度较小，在运输过程能节约运输成本，但是在筛管完井作业过程中由于密度过小，受钻井液浮力影响下入会有一定的困难，在现场作业中需调节筛管连续下入装置的下行动力，从而保证筛管能够顺利下入井底。

（2）弹性模量检测。

利用已有 PE 筛管剥离出三点弯曲检测标准试验片开展了弹性模量检测：将筛管两端支撑，在中间逐步施加压力，观察在不同压力加载速度下薄片的变形程度，进而确定其弹性模量（表 5–1–9）。

表 5-1-8 PE 筛管密度检测表

样本编号	长度 /mm	宽度 /mm	厚度 /mm	质量 /g	密度 /（kg/m^3）
样本 1	32.08	10.2	3.2	0.96	916.83
样本 2	32.14	10.2	3.2	0.96	915.11
样本 3	31.94	10.3	3.8	1.16	927.9
样本 4	32.18	10.2	3.2	0.98	933.02

表 5-1-9 PE 筛管弹性模量检测样本

样本编号	长度 /mm	跨度 /mm	宽度 /mm	高 /mm	加载速度 /（mm/s）	弹性模量 /MPa
样本 1	32.36	30	3.24	10.2	0.005	719.9
样本 2	31.92	30	3.24	10.2	0.008	875.6
样本 3	32.12	30	3.12	10.14	0.005	657.5
样本 4	32.16	30	3.18	10.2	0.008	740.8

在试验前期变形随载荷的增长呈线性关系，表明此阶段变形为弹性变形阶段，之后随着载荷的增大，变形成为非线性，表明此时变形进入了塑性变形阶段。在弹性变形阶段可以通过载荷与变形可以求取弹性模量，但是由于加载速度的波动，会导致单点选取存在一定的误差，因此通过对加载速度的拟合可以更为精确的求取弹性模量。

（3）抗冲击性能检测。

PE 筛管受到冲击时材料内部会发生微裂缝并扩展，在裂缝扩展阶段，PE 筛管由于有很强的塑性变形能力，能够借此消耗冲击能量。因此 PE 筛管有很强的抗冲击能力，实验室结果测试显示，PE 筛管的抗冲击能力最大为 5kJ/m，一般随着密度的增大，筛管的抗冲击能力会逐步增大。中到大分子级别的筛管抗冲击能力比较强。

2）现场试验。

在樊 67 平 2-1L 井开展 PE 筛管完井试验，位于沁水盆地樊庄区块，着陆点垂深 666m，主支采用普通钢制筛管，分支下入 PE 管，下入长度 515m（图 5-1-7）。

（1）下入过程注意事项：

① 根据钻井液性能参数，优选合适泵冲台阶面；在 PE 管前端连接好筛管锚定系统（组合式）。

② 在钻杆上安装连续注入装置，将注入装置的连接螺纹与钻杆上紧，不得出现松动现象。

③ 进行注入和上提模式的识别；识别完成后，将筛管引入到钻台注入装置，并通过旋紧加载轮将筛管压在传动皮带间；筛管的挤压要适度，注意观察筛管变形状况，不得出现严重变形现象，保证变形量小于 20%。

④ 筛管注入过程中要将筛管下入速度严格控制在 2～3m/min。

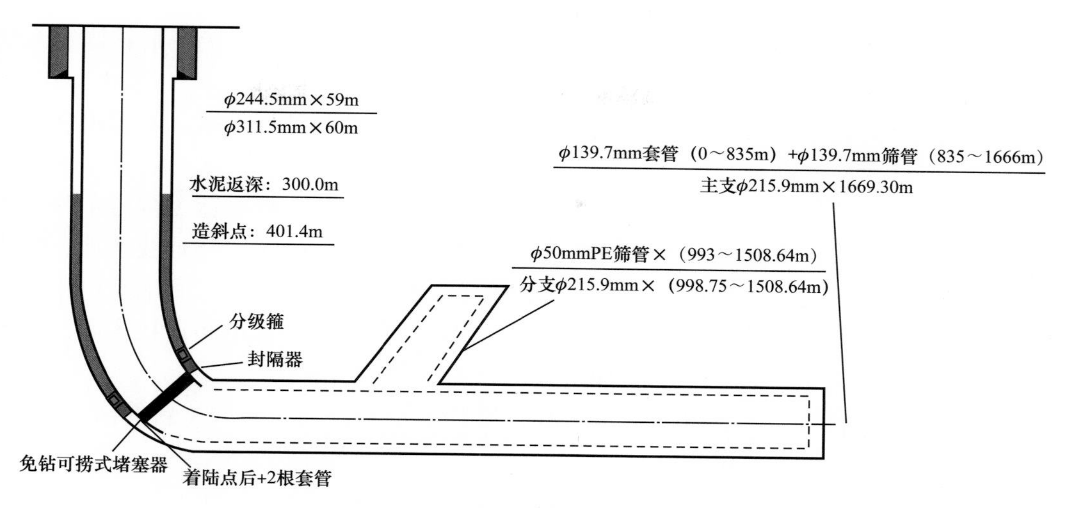

图 5-1-7 樊 67 平 2-1L 井井身结构图

⑤ 注入装置操作人员要密切监视筛管的注入状态，若出现筛管过度挤压变形、下入困难、损坏等非正常现象，则必须停止注入等停 3～5min 后再继续注入或视情况割断筛管。

⑥ PE 筛管连续注入到预定长度时，在井口将 PE 筛管切断，接好钻杆，准备用钻井泵将 PE 筛管泵送至井底。

⑦ 钻具接好后，开启钻井泵进行泵冲，泵冲排量维持不小于 15L/s。

⑧ 泵冲过程中，密切记录立管压力，若当立管压力逐渐由高值降低，且长时间稳定后，停泵结束泵冲；泵冲时间不小于一个循环周期。

⑨ 若泵压下降明显（降低 1～2MPa），表明筛管锚定系统已冲出钻具；若泵压仍在高值，则在钻杆内灌入高黏度段塞（5～10m），然后大排量进行顶替；若高黏段塞顶替无效，采用以下方法处理：移除注入装置，上提钻杆。假若筛管跟随钻杆一起上移，则可在取出一根钻杆时，割断一次筛管，依次进行，直到把钻杆内的筛管全部取出。

（2）PE 筛管施工作业过程。

① 下放钻具，替换钻井液：

a. 完成钻井进尺后，在裸眼段进行 1～2 次划眼，确保井眼光滑。

b. 起出井下钻具，下入 5in 光钻杆，钻具不串接其他工具，底部不接钻头（可连接一引鞋）。

c. 将 5in 钻柱下入到预定井深，保证钻具顶面方便注入装置安装。

d. 循环钻井液，保证钻杆内通道畅通；之后将钻杆内钻井液替换成清水钻井液（如果现场钻井液密度和黏度值合适，也可不进行调整），环空依然保持钻井液，记录当前泵压值 p_1、排量 Q_1。

② 安装完井装备：

a. 在起下钻同时，将装有 PE 筛管的滚筒放置在地面，确保筛管下入方向与滚筒轴垂直；在井口上方 3～5m 处放置一滑轮或环形部件，便于筛管的连续注入。

b. 根据钻井液性能参数，优选合适泵冲台阶面；在PE管前端连接好筛管锚定系统（组合式）。

c. 在钻杆上安装连续注入装置，将注入装置的连接螺纹与钻杆上紧，不得出现松动现象。

d. 连接液压泵源供电线路：该设备共计有4根线，其中红、绿、蓝（待定）为三相电接线，黑线为地线；将液压泵源三相电线与钻台供电箱进行连接，将地线接地；接线完成后供电，检查电动机正反转，若为反转，调整三相电线的次序，直到电动机正转为止；接线过程谨记不要混淆电线的定义，确保三相电均按要求与供电箱连接牢固，雨天地线必须接地，不得出现虚接、乱接的现象。

e. 连接液压泵源与注入装置的液压管线，原则上不分进线和出线（新的注入装置：P—红盖处接头，T—压力表处接头）。

f. 管线接好后调试线路密封性：缓慢启动液压控制开关（分为上和下两种模式），试压过程要求钻台无关操作人员远离管线，确保人员安全；严格检查液压管线，确保不漏、不渗。

g. 进行注入和上提模式的识别：识别完成后，将筛管引入到钻台注入装置，并通过旋紧加载轮将筛管压在传动皮带间；筛管的挤压要适度，注意观察筛管变形状况，不得出现严重变形现象，保证变形量小于20%。

③ 筛管连续注入：

a. 开动注入装置，缓慢将筛管通过钻杆进行注入。

b. 筛管注入过程中要将筛管下入速度严格控制在2～3m/min。

c. 注入装置操作人员要密切监视筛管的注入状态，若出现筛管过度挤压变形、下入困难、损坏等非正常现象，则必须停止注入，等停3～5min后再继续注入或视情况割断筛管。

d. 如果PE筛管未进行刻度标记，在连续注入过程中，每下入20～30m暂停注入，地面进行丈量和标记。

④ 泵冲PE筛管：

a. PE筛管连续注入到预定长度时，在井口将PE筛管切断，接好钻杆，准备用钻井泵将PE筛管泵送至井底。

b. 钻具接好后，开启钻井泵进行泵冲，泵冲排量维持 Q_1（不小于15L/s）。

c. 泵冲过程中，密切记录立管压力，若当立管压力逐渐由高值降低，且长时间稳定后，停泵结束泵冲；泵冲时间不小于一个循环周期。

d. 将钻具上提50～100m，开泵1min检验泵冲效果，开泵时间不能过长，水力作用下容易折断筛管。

e. 若泵压下降明显（降低1～2MPa），表明筛管锚定系统已冲出钻具；若泵压仍在高值，则在钻杆内灌入高黏度段塞（5～10m），然后大排量进行顶替；若高黏段塞顶替无效，采用以下方法处理；移除注入装置，上提钻杆。假若筛管跟随钻杆一起上移，则可在取出一根钻杆时，割断一次筛管，依次进行，直到把钻杆内的筛管全部取出。

f. 泵冲完成后，前 100m 钻具的上提速度控制在 1～2m/min，防止锚定系统在井眼内滑移。

g. 第一段筛管下完后，上提钻具至第二段筛管预计下入位置以上 100m，继续开泵检验泵冲效果；然后再下钻探第一段筛管的顶部，若连续下放至第一段筛管的理论遇阻点仍无遇阻现象发生，则上提钻具至预定井深。

h. 重复③、④过程，完成全井筛管下入作业。

⑤ 设备拆除：

a. 筛管全部泵冲完成后进行完井设备拆除作业。

b. 首先停止液压泵源的供电，将供电电缆整齐盘好，并妥善保存。

c. 拆除液压泵源与注入装置间的液压管线，并在管线接口处连接好护丝帽，然后将管线盘好放置在专用箱子内；拆卸过程中防止管线内垫片掉落及液压油洒落。

d. 与井队配合拆除地面注入装置，并安装好螺纹护丝。

e. 利用钻台绞车将液压泵源及注入装置缓慢吊至地面，并装车。

二、金属筛管完井

随着举升工艺的不断发展，在水平井段进行排水除灰成为现实，可以完全取代排采直井。在此基础上，采用筛管完井，定向水平井单独排采，实现井身结构简约化。由于无须再进行复杂的钻井“穿针对接”，可以减少钻井成本，同时水平段下入筛管，防止煤岩坍塌，保证气、水通道畅通，完钻后可进行洗井和措施改造，提高开采效率。

1. 优化设计技术

1）井身结构优化

根据不同的地质特点和煤层埋深，可以采用二开和三开井身结构。对于二开井，设计二开下入 ϕ139.7mm 筛管；对于三开井，二开 ϕ177.8mm 筛管下至煤层段 200m 后固井，三开采用 ϕ152.4mm 钻头钻进，悬挂 ϕ114.3mm 筛管完井。

2）井眼轨迹优化

考虑管柱安全下入和井眼轨迹控制的需要，水平井眼采用中曲率半径和“直—增—增—稳（水平段）”的连增复合型剖面。靶前位移控制 200m 以内，全角变化率控制在 8°/30m 以内。井眼轨迹应尽量保持在煤层上部 1～2m 内钻进，避免因钻遇底部粉煤导致垮塌埋钻；尽量采用几何导向，避免形成波浪形轨迹，保持井眼轨迹平滑，确保筛管安全下到井底，并为完井管串下入和排水出灰作铺垫。

3）钻井参数优化

由于煤层易垮、易漏且可钻性强，钻井参数确保“五低”，即低排量（13～18L/s）、低钻压（0～3tf）、低转速（螺杆转速 +20r/min）、低泵压（4～7MPa）、低密度（1.01～1.05g/cm^3），确保井眼清洁，实现井下安全钻进。

4）支撑筛管的优化

由于煤层易坍塌、煤屑易堵塞孔隙，要求筛管 / 套管具有一定的强度，支撑垮塌井壁！同时允许一定粒径的煤粉通过，阻挡大煤粒防止煤粒堆积卡死射流泵。通过对筛管 /

套管的材质和布孔方式、大小、数量进行优化，筛管管材选用N80钢级，筛眼形状呈梯形、宽度6～10mm、长度15～20mm、70孔/m，单螺旋布置。

2. 井壁稳定与储层保护技术

为实现主支的稳定畅通和管柱安全下入，必须要确保井眼稳定，同时完井后可以快速地通过洗井解除钻井液污染。优选绒囊钻井液与CR650钻井液体系，既能有效地保护井壁，确保安全钻井，又能减少对煤层伤害。

3. 顶部注水泥固井技术

由于筛管完井煤层段不用固井，需采用顶部注水泥固井工艺封固煤层上部斜直段。管柱组合：引鞋+筛管串+可钻盲板+封隔器+分级箍+套管串。

4. 洗井与改造工艺技术

完井后可以下入洗井管柱进行洗井作业，清洁井眼，同时破坏井壁及解除近井地带伤害，大幅度减少煤粉对裂缝的堵塞。

5. 现场应用

目前筛管完井水平井在华北油田已现场规模应用，与裸眼多分支水平井相比，主支下入管串支撑，可重入、可作业，大大提高了产气能力和采收效率。

樊64平1井是华北油田部署在沁水盆地南部晋城斜坡带樊庄区块的一口开发水平井，采用二开单支水平井结构。一开采用ϕ311.2mm钻头钻至70m，下入ϕ244.5mm表层套管至69m，注水泥全封固。二开采用ϕ215.9mm钻头钻至井底，其中直斜段采用聚合物钻井液，煤层段采用绒囊钻井液钻进，然后一趟管串下入ϕ139.7mm套管+筛管组合，进行顶部注水泥固井作业。固井后下入ϕ73mm钻杆钻胶皮塞、钻盲板至1504m。分2次共注入破胶液70m^3，静置48h后替清水100m^3，用清水循环洗井完井（图5-1-8）。该井投产后，日产气量达到4500m^3，而相邻的裸眼多分支水平井日产气量仅600m^3。

三、套管完井工艺

由于储层的低渗透性，大部分储层需要进行改造，引出了一种高效、工艺简单、井下工具少、成本低的套管完井工艺，套管完井后通过射孔压裂形成产能。郑庄—樊庄套管水平井钻井工艺为二开井身结构，一开采用ϕ311.1mm钻头，下入J55型号ϕ244.5mm×8.94mm表层套管；二开采用ϕ215.9mm钻头，下入钢级为P110或N80 ϕ139.7mm×7.72mm技术套管（图5-1-9）。

套管完井需要进行储层改造，较其他完井工艺会增加固井水泥浆对储层近井地带的渗透率伤害，但压裂规模与效果可控。

套管完井目前已广泛应用，实施井完井管串通径一致，内表面光滑通畅，为后续压裂下泵提供了良好的作业环境。水平井压裂产气效果较好，最高日产气量达到10000m^3/d，是相邻直井产气量的8～10倍，为下一步规模应用奠定了基础。

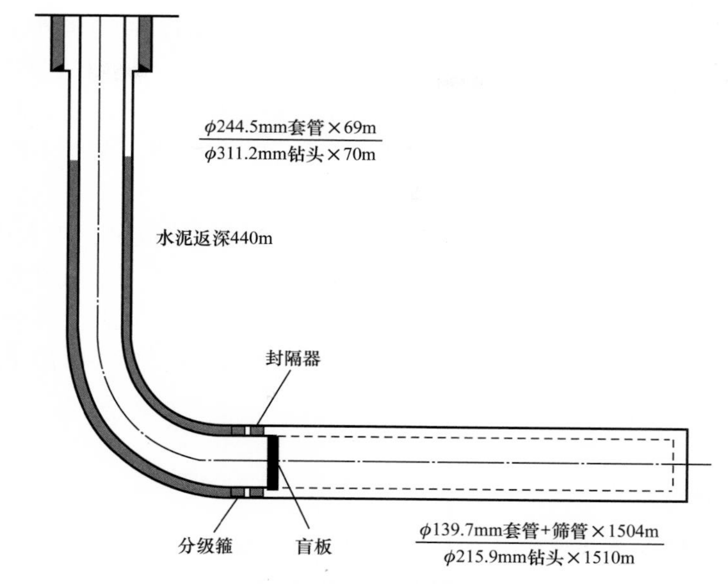

图 5-1-8 樊 64 平 1 井实钻井身结构图

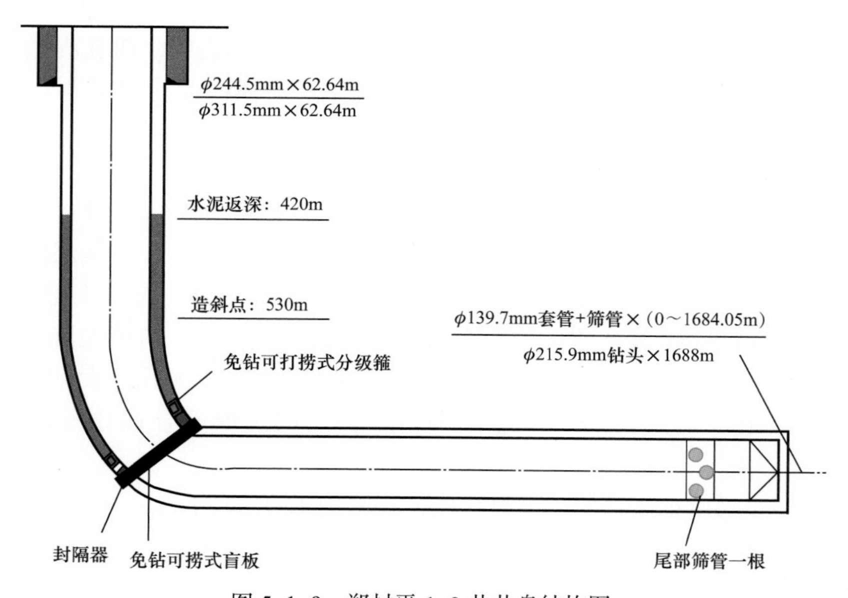

图 5-1-9 郑村平 1-3 井井身结构图

第二节 分段压裂改造技术

制约裸眼多分支水平井技术发展的关键瓶颈在于地质适应性差，尤其是在埋深比较大、渗透率较低区域，由于缺乏储层改造手段，低渗区裸眼完井后未建立有效的高渗通道，导致单井产量较低。

水平井的分段压裂工艺与水平井完井技术是密不可分的，目前国外主要施工工具有三套：套管限流压裂、封隔器分段压裂和水力喷射分段压裂。国内从20世纪90年代开展了水平井的压裂改造试验研究，目前有多口水平井进行了压裂改造，制约水平井分段压裂的关键技术初步得到突破，分段压裂优化设计、分段压裂工具基本配套完善，保证了水平井技术在低渗透储层的应用。

通过水力压裂改造技术措施，在水平井段井眼周围形成缝网，扩大单井改造体积，使煤层的天然裂缝系统能够有效与水平井段井眼连通，降低了煤层气在煤储层面、端割理中的渗流阻力，加速煤层气解吸扩散速度，提高单井产能。近几十年国内外大量的水平井开发案例充分证明了水平井分段压裂技术是提高煤层气单井产量的关键技术。

一、分段压裂参数优化

1. 射孔参数优化

射孔作业在煤储层改造方面是一把双刃剑。一方面能够穿透套管与地层之间的水泥层，在储层中形成一定形态、数目的裂缝，提高地层的导流能力；另一方面，又会对井筒附近地层造成一定的伤害。因此，合理的射孔作业，既能在煤储层中形成一定数量、一定长度的有效裂缝，又能对井筒附近地层造成尽可能小的伤害。射孔参数主要包括射孔数量、方位、层段等。射孔参数的选择直接影响储层流体的流动效率（李栋等，2018；胡秋嘉等，2017）。

1）射孔密度优化

射孔密度指的是单位长度上的射孔数量。一般情况下，在最短的时间内获取最大的气产量需要有较大的射孔密度，即在储层中形成的裂缝条数越多，煤层气在井筒中的运移通道就越多。但是，并不是说射孔密度越大，对煤储层的改造效果就越好。射孔密度增加到一定程度后，不仅产能增加的幅度会逐渐趋于零，甚至有可能降低；而且，容易造成套管的破损，对后期的储层改造造成一定的负面影响。射孔液大量进入地层，会对储层造成二次伤害，最终会有可能因为射孔密度的选取不合理导致储层改造效果变差。

直井射孔一般采用127弹102型射孔枪，孔密为16孔/m；水平井射孔采用89型射孔枪，孔密为12孔/m，采用螺旋射孔方式射孔。

2）射孔间距优化

以郑庄区块为例，地质条件复杂，储层物性较差，渗透率极低，平均渗透率仅为0.05mD。考虑到煤层气藏极低的渗透率，未压裂时自然产量很低，因此，在现场施工过程中，通常采用分段压裂的方法来增加水平井的产能，而裂缝参数又是决定压裂效果的主要因素之一，所以有必要对其进行深入研究。运用数值模拟软件，采用双孔模型，开展以水平井分段压裂为主体的数值模拟研究，对水平段的压裂段间距进行了优选。依据郑庄中北部实际地质特征及渗流参数，建立水平井改造机理模型，对水平井压裂段间距进行了优化，分别设计了段间距为80m、100m、120m、150m四个方案（图5-2-1）。

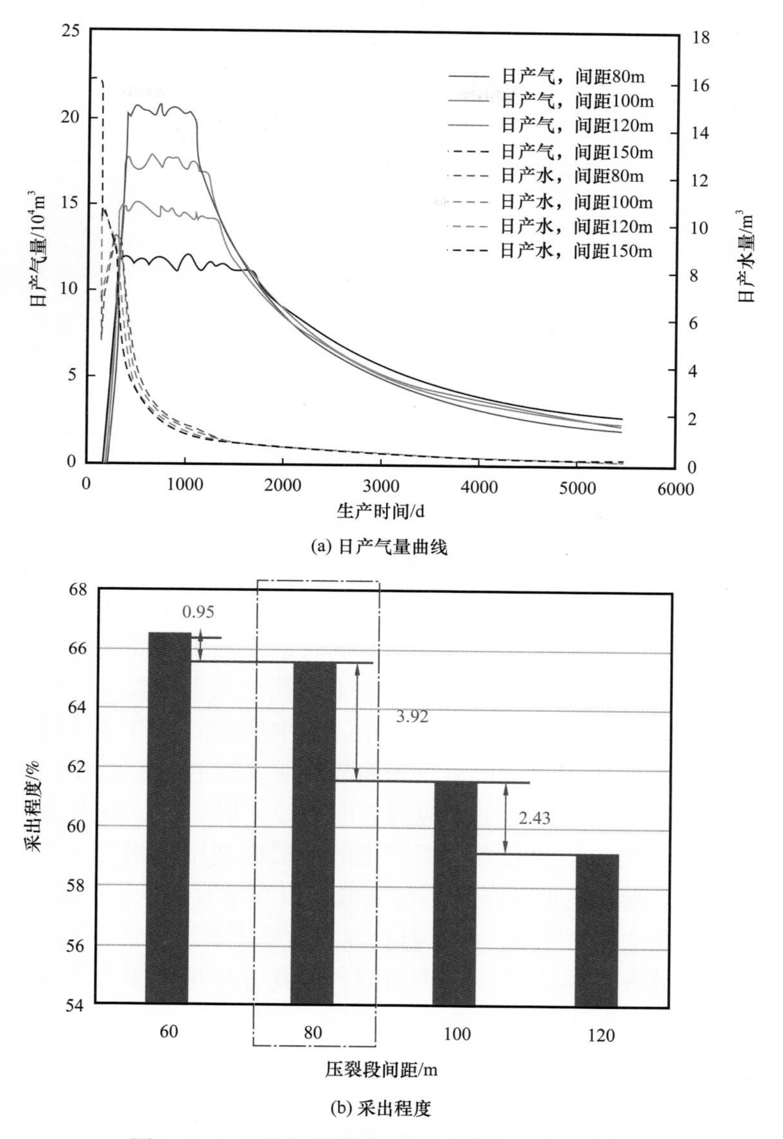

(a) 日产气量曲线

(b) 采出程度

图 5-2-1 不同压裂段间距日产曲线及采出程度

模拟结果显示，随着段间距的缩短，日产气量及采出程度均呈增加的趋势，当段间距由 100m 缩短至 80m 时，采出程度的增幅较大，同时结合经济评价，当压裂段间距为 80m 时，内部收益率最大，因此优选出最佳压裂段间距为 80m。

针对井组采用交互式射孔压裂设计：原生煤发育的储层适合改造增产，但由于部分区域煤层埋深较大、渗透性差，直井开发有效裂缝延伸段比较短，直井开发日产气仅 800m^3 左右，甚至更低，开发效益差。针对低渗储层，采用交互式压裂，实现区域整体的资源全覆盖、缝网的整体连接，促进耦合降压（图 5-2-2）。实施后平均单井日产气达到了 7000m^3 以上，最高单井日产气达到了 10000m^3 以上，是邻近直井日产量的 8～10 倍，提高了该类储层的开发效益，有效解决了低渗储层效益差问题。

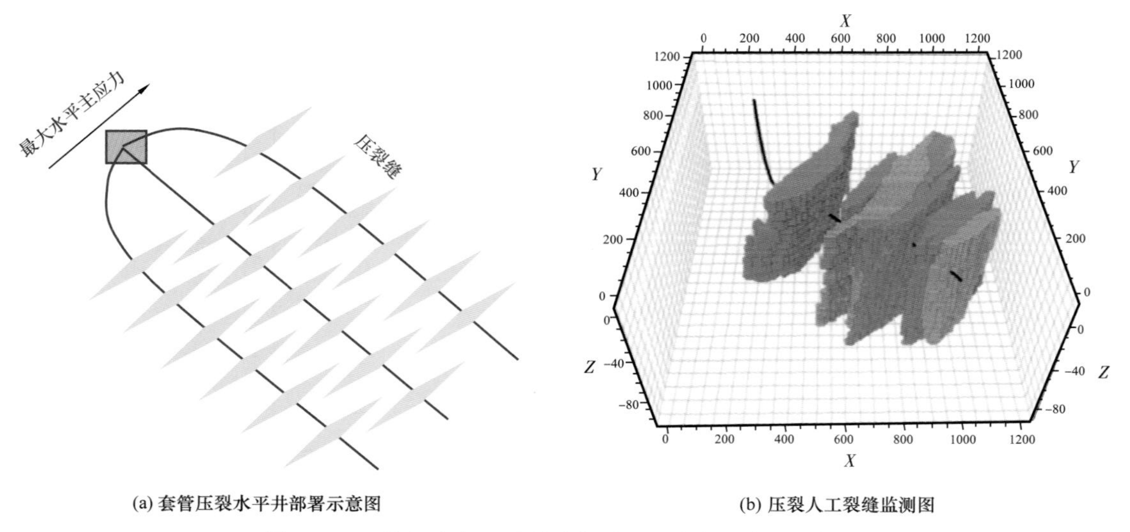

(a) 套管压裂水平井部署示意图　　(b) 压裂人工裂缝监测图

图 5-2-2　井组式交互压裂示意图和四维向量检测示意图

3）射孔方位优化

射孔方位主要取决于水平井水平段的方位以及最大最小主应力方位。一般规定，当孔眼方位角为 0°时，表示在垂直水平段底部向下射孔。当水平段方位与最大水平主应力方向一致时，无论射孔方位如何选取，在射孔过程中形成的裂缝最后都将与水平段方位一致，形成一定数量的曲折式裂缝，流线弯曲较严重，引起的能量损失越多，对产能提高越不利。当水平段方位与最小水平主应力方向一致，射孔方位角为 180°时，裂缝的延伸方向总是垂直于水平段，该射孔方位所产生的地层破裂压力相对较小，有利于裂缝的形成与延伸，则形成一定数量的长条状平行裂缝，流线呈直线状，引起的能量损失越小，对产能提高越有利。在这种情况下，180°射孔方位为最优射孔方位。当水平井水平段与最大水平主应力或最小水平主应力呈一定夹角时，射孔方位尽可能选择与最大水平主应力方向夹角较小的角度进行布孔（黄中伟等，2022）。

4）射孔层段优化

射孔层段的优选依据产能预测和间距比确定。裂缝的半长与裂缝之间的距离之比为间距比。产能预测根据射孔参数确定。间距比越大，单位长度上所形成的裂缝条数相对越密集，裂缝之间的扰动作用就越明显。虽然累计产量有所增加，但是单条裂缝的产量有所降低，累计产量增幅降低。因此，在进行射孔层段优化时，段与段之间的间距不能过小，损失了一定的泄流半径，并造成了缝与缝之间的扰动，反而影响了产能，同时造成射孔资源的浪费；间距也不能过大，容易在缝与缝之间形成一定的空白带，达不到良好的产气效果。

钻井密闭取心取出的煤岩形状主要有柱状、块状、粒状、粉末状，分别与原生煤、碎裂煤、碎粒煤及糜棱煤 4 种煤体结构相对应。结合区域地质特征及井下煤矿描述，发现煤体结构纵向变化大，主要有 4 种类型：一是原生结构煤整体发育；二是中上部发育原生结构煤，中下部以碎煤为主；三是碎裂结构煤整体发育，局部中下层还发育有碎粒煤；四是碎粒—糜棱煤整体发育，机械强度低，取心难度大，多呈粒状—粉末状。本区煤体结构的纵向差异性导致了煤岩裂缝、机械强度等参数非均质性强，必将对压裂效果造成影响。通过测井也表明，本区 3# 煤纵向分层发育特征明显，煤层中上部煤质较好，煤体结构以原生为主，*GR* 一般 20～60API。

煤体结构对压裂裂缝扩展具有显著影响，通过直井压裂裂缝监测结果证实构造煤所占比例越大，压裂形成的人工主裂缝长度越短。构造煤发育的煤层其压裂裂缝几何形态更复杂，且较易发生裂缝弯曲。

为此，根据水平井自然伽马测井数据判断井眼轨迹所处煤层位置，建立优质煤层纵向地质模型，优选煤质较好的层段进行压裂射孔。一般优选测井 *GR*＜40API 的煤质较好的层段射孔，使压力更加集中，从而达到造长缝的目的。

2. 压裂工艺参数优化

1）泵注排量优化

施工排量（即地面高压泵组的总注入量）在很大程度上取决于一个地区的经验值。它与这个地区压裂层的物理性质、加砂量和砂比、压裂液的流变性、施工设备状况的好坏及井下管柱结构都有直接的关系。虽然在理论上对施工排量有一些计算方法，但最终还是以施工成功为依据确定。对于煤层气压裂，它的裂缝扩展比较复杂，多条裂缝的发育和割理（潜在裂隙）的存在，裂缝延展宽度有限，必须靠增加排量才能造宽缝，才能使高浓度的携砂液顺利进入。对于山西沁水盆地南部的无烟煤，其排量一般在 5～8m^3/min，清水压裂可以高一些，冻胶液压裂可以降低一些。如果利用压裂前进行小型压裂测试，在找出裂缝延伸压力对应的排量时，可以利用这个排量值乘以 1.5 作为正式施工压裂的排量才能保证正常施工。在普通砂岩水力压裂时，我们往往强调施工中排量要稳定，而在煤层压裂中这种观念要改变。在山西沁水盆地无烟煤的压裂实施中往往看到前置液开始时有一较短时间的压力升高，然后下降，其下降幅度一般为 4～6MPa，而通常是此时的排量不变。一般情况下当压力下降时适当增加排量有助于提高改造效果（刘国强等，2019）。

2）加砂量及砂比优化

国内的煤层渗透率通过注入 / 压降试井求得的数值，一般为 0.01～5mD，属于特低渗。根据油气田水力压裂增产理论，渗透率越低，要求的支撑缝长度越长。因此，加大加砂量，提高煤层加砂强度是取得压裂效果的关键。在沁水盆地南部的煤层气井单层压裂最高加砂量可达 54m^3。煤层加砂强度为 7～8.5m^3/m。这些井压裂后通过排采均获得工业性气流。根据现场经验，在井场、施工设备允许的条件下，尽量加大支撑剂的用量。

携砂液担负着造缝和携带支撑剂进入裂缝的双重作用。对于非牛顿液体来讲，要求它有较好黏度和抗剪切能力，以利于支撑剂的顺利加入。携砂液的多少由施工加砂量、砂比共同确定。一般来说，清水（活性水）压裂液平均携砂比 10%～20%；0.3% 稠化剂的冻胶压裂液平均砂比 25%～35%。如枣园井组清水压裂平均砂比为 17.4%，携砂液量一般在 209m^3；冻胶压裂平均砂比为 27.5%，携砂液量一般为 146m^3。这些施工参数均保证了压裂施工的正常进行。

3）压裂液配方优化

煤层气压裂的对象是煤层，由于其具有质软性脆易破碎、煤层天然裂隙发育、物理和化学变化敏感、吸附性强、低压低渗等特点，因此，压裂液对煤层的伤害较砂岩要严重得多和复杂得多。煤层气水力压裂目前常用的压裂液主要有活性水压裂液、清洁压裂液、瓜尔胶压裂液以及氮气泡沫伴注压裂液等。其中活性水压裂液以其清洁无污染、成本低而应用广泛。清洁压裂液具有较好的携砂能力，但是对储层造成一定程度的伤害。瓜尔胶压裂液携砂能力高，但是目前存在破胶难问题，主要是处于研究试验阶段。氮气伴注压裂液具有较好的携砂能力，对于低压、低渗储层具有较好的应用前景。为了降低压裂液与储层接触对储层造成的伤害以及增加储层能量，压裂液采用低摩阻、低伤害、低稠化剂浓度的滑溜水作为压裂液，并进行氮气伴注，同时根据需要在压裂液中加入防膨剂、降阻剂等，尽量减少压裂液对储层造成的伤害。目前在沁水盆地仍然以活性水压裂液为主。

4）分段压裂支撑剂优选

煤层气储层改造目前常用的支撑剂主要有脆性支撑剂以及韧性支撑剂，其中脆性支撑剂主要有陶粒、石英砂等，韧性支撑剂主要是有核桃壳以及树脂包层砂等。脆性支撑剂硬度较大，受压过程中不易发生变形。韧性支撑剂在受压过程中容易发生变形，但是不发生破碎，仍然具有一定的支撑能力。

陶粒支撑剂抗压强度较大，在较高地层压力下，可以使裂缝具有较高的导流能力。并且随着应力和承压时间的增加，渗透性衰减速度远远小于石英砂支撑剂。但是，陶粒支撑剂密度较大，泵送困难，而且制作工艺复杂，成本较高，主要适用于埋深较深、地应力较大区域的支撑。

核桃壳支撑剂密度低、易于泵送，但是其强度低，导流能力差。煤层气压裂在选择支撑剂时，主要考虑密度、强度和粒径。首先需要有足够的强度来支撑裂缝，不至于让已形成的支撑裂缝在停泵后完全闭合。支撑剂密度不能太大，否则在流速没有足够高时，支撑剂容易沉降，造成砂堵，

石英砂支撑剂抗压强度中等，即使发生破碎以后仍然具有较好的支撑能力。密度相对较低易于泵送，并且其以价格低廉、来源广而得到了广泛应用。目前储层改造过程中以石英砂支撑剂应用最为广泛。

因此选择价格低廉的石英砂作为支撑剂。此外，选择大粒径支撑剂，在裂缝宽度较窄时，容易堵在近井筒地带。综合考虑，选用20/40目的石英砂作为主要支撑，施工末尾使用16/30目粗砂填充裂缝根部，达到最优压裂效果，前置少量40/70目石英砂。另外在不影响施工安全的前提下，为了物料组织方便，射孔砂也选用20/40目的石英砂。

5）组合参数优化

一是变排量—组合加砂：变排量主要是通过低排量控制缝高，然后加大排量，利用煤层多裂缝特征，形成有效缝网。组合加砂设计为初期细砂支撑微裂缝，中期加入中砂，尾追粗砂增加近井筒导流能力。通过对单一粒径和组合粒径下导流能力的模拟可以看出，

不同粒径下，受闭合压力影响，导流能力不同。单一粒径、相同闭合压力下，粒径越粗，导流能力越好；同一粒径下，闭合压力越小，导流能力越好。通过对粒径的组合优化，优化后相同闭合压力下组合粒径的导流能力明显提高（图 5-2-3）。

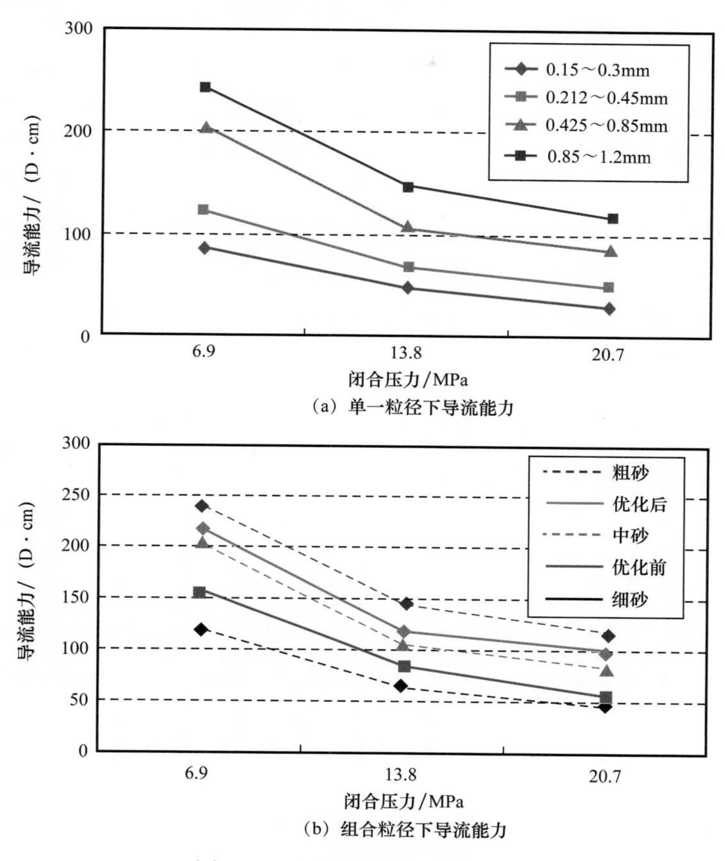

（a）单一粒径下导流能力

（b）组合粒径下导流能力

图 5-2-3　不同粒径的导流能力

二是低前置比—快速返排：通过合理减少前置液用量可降低对储层渗透率的伤害。研究表明，当煤层渗透率低于 0.1mD，压裂前置液比例降低至 20% 时，可有效降低高压流体对煤岩渗透率的影响。压裂后及时返排“卸压”，最大限度减少滞留在煤层的水量，降低水对煤层的伤害。基于支撑剂返吐理论模型，得到最优的液体返排参数，形成压裂液快速返排制度，实现了压后快速返排。

二、分段压裂改造工艺技术

1. 底封拖动改造技术

1）技术简介

常规油管分段压裂技术成本较高，改造效果存在一定局限性。对此研发了水平井底封拖动分段改造工艺，实现了及时快速返排，减少了固液污染，降低了施工费用。该工艺采用油管底封拖动井下工具，逐段依次完成“喷砂射孔—封堵—加砂压裂”等全部工序，具有成本低，改造效果好的优势。

在沁水盆地南部，针对低渗储层，为了加强L型水平井储层改造，提高煤层渗透能力，提出了“分段喷砂压裂”的储层改造措施。针对套管完井单支水平井，在连续油管底封拖动分段改造技术的基础上，为了增强喷射作用，扩大改造效果，降低施工费用，通过优化工艺参数和施工程序，研究了普通油管底封拖动分段压裂技术。该技术采用普通油管拖动一套组合工具，逐级对目标层段进行压裂改造。

水力喷射造穴技术是结合了水力射孔和水力造穴的一种增产工艺（图5–2–4），该技术原理基于伯努利守恒方程。利用动能和压能的转换原理，采用喷射原理形成喷孔和洞穴。安装在施工管柱上的水力喷射工具，产生高速射流切割筛管和煤层，在煤层内形成多个孔洞，而后通过反复憋压、放压诱导煤层坍塌，再通过反复喷砂冲刷，使坍塌的煤岩被高速的喷砂射流破碎，完成造穴，造穴期间产生的煤粉返出地面。

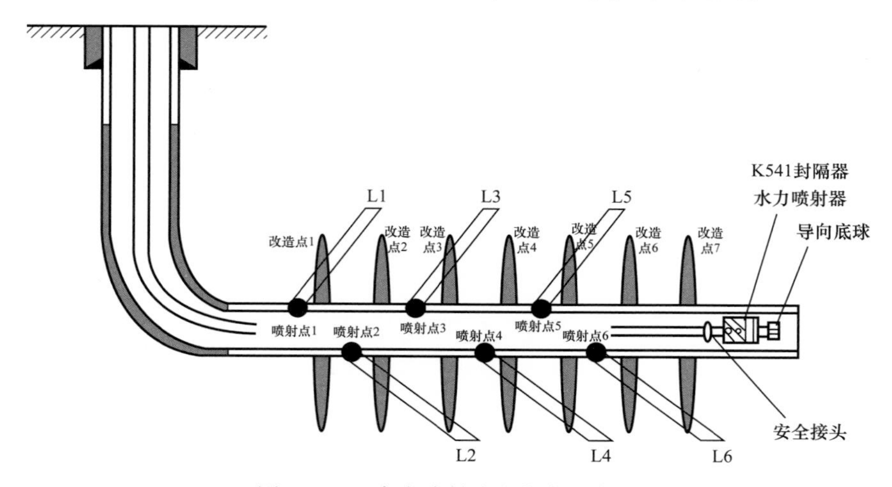

图5–2–4 水力喷射造穴技术示意图

水力喷射压裂机理是通过喷射工具喷射高速射流冲击套管或岩石，形成一定直径和深度的射孔孔眼，并在孔眼顶端产生微裂缝，降低了地层的起裂压力。射流继续作用形成增压，和环空压力叠加超过破裂压力瞬间将孔眼顶端处岩层压开。利用水力喷射，采用油管拖动的方式完成煤层气水平井分段加砂压裂，扩大压裂改造的控制面积，形成多个煤岩应力释放区，增大煤层渗透性，成本远远低于常规的连续油管分段压裂，适用于煤层气低成本开发。

管柱结构为导向底球＋水力锚＋封隔器＋水力喷射器＋ϕ73mm平式油管（或无接箍油管）＋安全接头＋ϕ73mm平式油管（或无接箍油管）至井口（图5–2–5）。

2）压裂设计优化

针对优质煤层段集中射孔，采用交错式压裂设计，提高优质煤层段改造体积，实现耦合降压，提高开发效果。

（1）优质煤层段选择，自然伽马要求低于40API，在煤层中部射孔压裂，目的是在煤质较好的层段造长缝，沟通天然裂隙割理。

（2）合理优化段间距，根据数值模拟结果，压裂段间最优距离为 80～100m，利于形成大范围有效沟通的人工缝网，交互式压裂，形成体积降压。

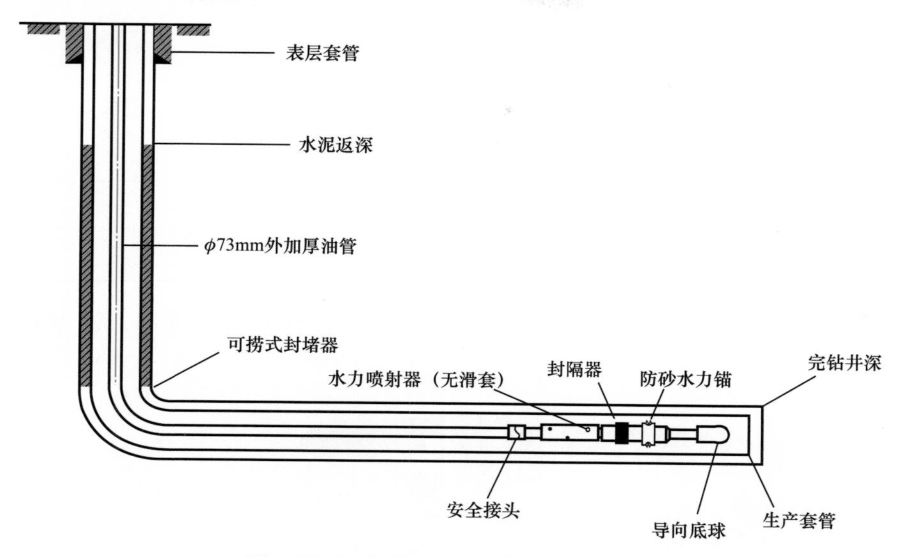

图 5-2-5　水平井分段压裂施工管柱图

（3）压裂砂优化粒径组合，细砂—中砂—粗砂不同粒径支撑剂组合，有效支撑各级割理裂缝，保证裂缝畅通。

（4）快速返排，压后放喷，下泵后快速降压至原始地层压力，降低压裂液用量和扩压范围，引导高压液体和煤体快速排出，保持裂缝清洁。

3）压裂设备及工具

（1）SLPQ-94ZX 水力喷射器。

采用高强度耐磨合金作为喷嘴，解决了喷嘴的耐磨问题；在该工具缩径处和滑套密封处采用高强度耐磨喷涂材料，增强了工具的耐磨性，达到安全施工的可靠性（图 5-2-6，表 5-2-1）。

图 5-2-6　水力喷射器实物图

工作原理：油管内泵注 2.5m³/min 排量并通过少量携砂形成出口流速 220m/s 以上的高压水流，射穿套管从而建立套管与地层之间的连通通道。针对低渗储层，为了加强 L 型水平井储层改造，提高煤层渗透能力，提出了“分段喷砂压裂”的储层改造措施。该技术主要采用油管底封拖动井下工具，逐段依次完成“喷砂射孔—封堵—加砂压裂”等全部工序。具有成本低的优点，能够实现低渗储层改造。

（2）K541-115 扩张式锚定封隔器。

K541-115 扩张式锚定封隔器适用于油（气）井压裂、酸化施工，适用于各种型号的套管。通常与安全接头、水力锚、喷砂器等配套使用。

表 5-2-1 SLPS-94ZX 水力喷射器规格

最大外径 /mm	94
长度 /mm	1260
内通径 /mm	42
最大施工排量 / (m^3/min)	1.2～3.8
施工压力 /MPa	70
ϕ5.5mm 喷嘴数量	6

主要由上接头、扩张体、中心管、阀体总成、转换接头、胶筒座、活塞和下接头等部分组成（图 5-2-7），规格参数见表 5-2-2。

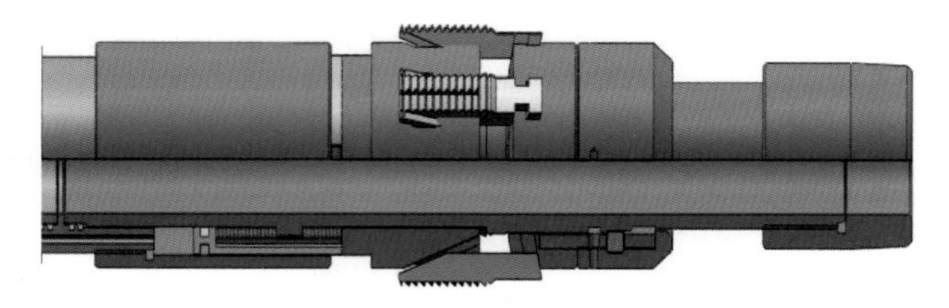

图 5-2-7 扩张式锚定封隔器实物图

表 5-2-2 MDK541-115 扩张式锚定封隔器规格参数

扩张压力 / MPa	工作压差 / MPa	耐温 / ℃	最大外径 / mm	最小内径 / mm	两端连接方式	适应套管 /in
0.7～1.2	60	120	115	36	$2^7/_8$EUE	$5^1/_2$

坐封：封隔器下至井内预定位置，替液后提高泵注排量，依靠节流压差使封隔器扩张体扩张变形密封于套管内壁。此时，油气层实现有效隔离，压裂液通过喷砂器的喷砂孔进入油气层，经过试挤、压裂加砂，替挤等工艺后，完成压裂工序。

解封：待压裂施工完成后，上提管柱，油管带动上接头、中心管、下接头、阀体等部位上移，阀体内的阀芯在上提力的作用下撞击活塞，泄压通道打开，待油套平衡后，封隔器解封。胶筒自行回缩，封隔器解封。

封隔器解封后，上提管柱遇阻时，需进行反循环洗井操作，同时通井机上提管柱，操作员时刻注意指重表指针数值，如果数值上升 5tf，立即停提管柱，下放一根油管，并反洗井直至出液口无砂粒，然后再提管柱。如果再次发生管柱遇卡现象，继续下放一根油管，反洗井直至出液口无砂粒，这样反复的提、反复的洗，直至提出管柱。

当上提管柱时砂卡遇阻且通过反洗井也无法提出时，开启反扣式安全接头，通过油管正旋转直至销钉被剪断（剪钉剪断力 1000～1200N），上、下接头分离。此时上提油管提出安全接头以上部分，再进行丢掉管柱的打捞处理。

2. 定向喷射分段压裂技术

1）技术背景

定向喷射分段压裂是一种集定向喷砂射孔、水力压裂、水力封隔三种技术于一体的增产改造技术。可实现定点定向起裂、一趟管柱多段多簇体积造缝的效果，为我国煤层气资源的高效开发提供了一种新的途径。水力喷砂定向射孔是水力喷射定向压裂的关键环节，为后续压裂裂缝的起裂提供了“制导方向”。而人工裂缝受区域地应力的影响，通常沿着最大主应力方向延伸，因此采用定向喷砂射孔对于沟通地质甜点，形成立体复杂缝网尤为重要。

煤层气水平井进行水力压裂后，在排水—降压—采气过程中，易于将压裂过程中泵入地层中的支撑剂（石英砂）和煤粉携带进入井筒，进而严重磨损设备，增加成本投入，影响排水采气效率。此外，在顶板压裂和底板压裂中，也需要考虑压裂方位的问题，采用定向喷射压裂可以提高压裂效率。因而采用定向喷砂射孔，对于煤层气水平井实施水力喷射压裂改造后的防砂、减少煤粉返排、构建有效裂缝具有重要的理论和实践意义。

2）定向喷砂射孔的原理

水力喷砂射孔技术是利用专门的喷射工具，将含砂的水以高压输送至井底喷嘴处。依据伯努利方程，高压流体将势能转化为动能，在喷嘴处形成横向高速射流流体射穿套管以及近井地带地层，形成具有一定深度和宽度的射孔孔眼。水力喷砂射孔之后，在高速射流的水力诱导应力下，在射孔孔眼尖端形成微裂缝，改变了射孔孔眼周围的应力场（图 5-2-8）。水力喷砂定向射孔是在常规水力喷砂射孔的基础之上，根据施工设计，在喷枪本体不同的方向安装喷嘴，引导压裂孔产生的裂隙向定向孔扩展，增强压裂增透效果。

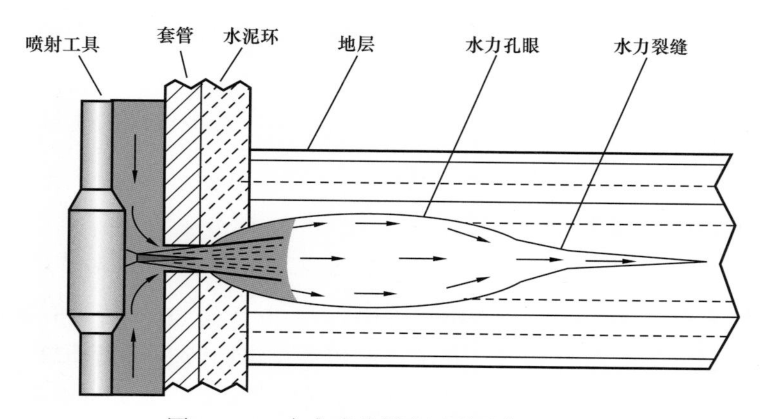

图 5-2-8 水力喷砂射孔压裂联作示意图

定向工具是水力喷射定向多簇压力的关键部分。主要包括：扶正套、活接头和偏心式定向器。定向器在偏心块的重力作用下，带动活接头以下管柱旋转，直到平衡位置完成定向。工具下到指定位置后，反复多次上提下放管柱，确保定向完成，打压锁死活接头。定向工具配合喷嘴布置方案设计，可实现水力喷射定向压裂。

3）压裂工艺优化

（1）压裂方式优选。

煤层气水平井定向喷射分段压裂方式主要有两种，分别为不动管柱定向喷射压裂和拖动管柱定向喷射压裂。其中不动管柱定向喷射压裂一般采用油管喷砂射孔，油管加砂压裂，采用投球打滑套的方法，简单易操作。拖动管柱喷射压裂一般用于压裂段数较多的井，采用油管喷砂射孔，油管或套管加砂压裂。单井压裂段数达到10段时，如果采用不动管柱压裂，由于每段相隔的间距较长，需要在每段都下入1个定向工具和2个活接头，一次性共需下入10个定向工具、20个活接头和10个喷枪，这对工具的可靠性有很高的要求，同时成本过高。通过对比，选择带底封拖动管柱定向压裂，通过油管喷砂射孔，套管加砂压裂，理论上单井只需下入1个定向器、1个活接头和1个喷枪就可以满足10段压裂。

（2）喷射方位优选。

为了在喷枪本体有限的空间内尽可能多布置了喷嘴，提高水力喷射压裂作业效率。同时考虑煤层气水平井排水—降压—采气过程中的防砂、减少煤粉反排需求，选用了4点和8点方向向下喷射压裂。

（3）工具串结构优化。

在定向喷射压裂中需要连接定向工具，使喷枪能朝着预定方位喷射，因此需要合理设计底部工具串结构。为了保证定向器可以带动喷枪转动，在底部工具串上加装了三个扶正套，通过三点支撑，保证定向器和喷枪居中，同时工具所用的扶正套也可以绕管柱轴向转动。最终设计出的拖动管柱定向喷射压裂的工具串结构为：导向器＋扶正器＋偏心定向器＋阀座＋防砂水力锚＋封隔器＋定向喷枪＋活接头＋扶正器＋ϕ73mm外加厚油管短节＋扶正器＋安全接头＋ϕ73mm外加厚油管至井口。

4）主要优势

（1）定向喷射工具可以满足煤层气井定向喷射压裂的要求，对任意特定方位进行喷射压裂。

（2）煤层气水平井采用带底封拖动的定向喷射压裂技术可提高压裂效率，降低施工成本。

3. 可溶桥塞定向多簇射孔改造技术

1）技术背景

桥塞分层技术起源于20世纪60年代，国内在20世纪80年代末开始引进，经过不断研制开发与配套完善，在耐高温、高压、多用途、可回收与可靠性等方面得到了一系列的进步，使得桥塞分层技术在直井分层压裂方面趋于完善。在水平井分段压裂施工中，常规桥塞分层压裂工艺遇到挑战，为解决桥塞下入、坐封以及解封回收等方面存在的技术难题，通过水力泵入方式、射孔与桥塞联作以及可钻桥塞等工艺、工具的配套，形成了水平井水力泵入式可钻桥塞分段压裂技术。

随着非常规油气规模效益开发及体积压裂技术的发展，对泵送桥塞与分簇射孔作业时效、作业能力及作业效果提出了更高的要求。2020年起，华北油田山西煤层气分公司着手打造定向分簇射孔技术，大力提升定向分簇射孔技术的机械化、信息化、标准化和专业化水平，攻关形成了模块化射孔器、高效输送工艺等，有力保障了非常规油气藏高效完井的需求。

2）可溶桥塞

使用 TPP（美国）科技有限公司可溶金属材料，通过材料配比可实现低温（20～30℃）在水中完全溶解。按照不同溶解速率的可溶金属，依照榫卯结构，结合在一起使用，不同基底的可溶金属依照反应物不同，可互为催化反应，提高溶解效率。使用单卡瓦分体设计，较传统可溶桥塞结构更为紧凑，分体式设计，在坐封后，桥塞在井底液体作用下会分散开为几个部分，更有效溶解。产品采用了最新的环保纳米涂层技术，可有效保护低温金属材料，避免提前溶解，实现长水平段、复杂井况的安全作业。根据产品部件结构特点，不同的部件不同位置均采用三维喷涂技术，相较传统喷涂工艺，可实现曲面保护层，有效保护涂层，避免在入井过程中因碰撞而破裂脱落的风险。壳体上有 24 个陶瓷耐磨块，降低井筒内泵送时的磨损。

3）定向分簇射孔

电缆一次下井，率先完成桥塞分段，目的是将后续压裂能量集中在“段”上，实现重点突破；然后完成射孔分簇，目的是建立压裂液体系进入地层的通道及油气进入井筒的通道，所以分簇射孔将直接影响压裂改造效果和油气产出效果（图 5–2–9）。

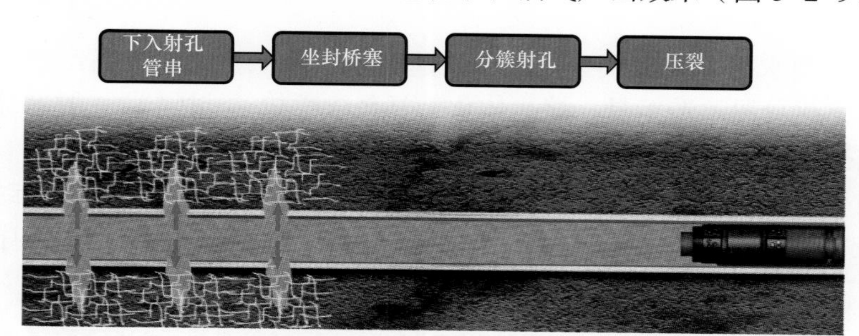

图 5–2–9　定向分簇射孔示意图

通过优化桥塞及射孔技术形成可溶桥塞定向射孔技术：通过材料配比可实现低温（20～30℃）在水中完全溶解。可溶桥塞的应用，减少了后期的磨塞作业，大大缩短了作业周期，提高了作业时效。定向枪利用配重块和枪架轴承保证射孔的方向，利用触点接触代替接线连接保证射孔枪串转动时枪架的连线不会因打结而扭断。定向枪技术的应用保证了射孔的孔眼方向向着煤层延伸的方向，有利于压裂能量更好地集中到煤层中，提高了压裂的效率和效果。

该技术全程带压施工、井内无管柱，与普通油管底封拖动分段改造技术相比具有施工效率高、改造范围大、安全风险低的特点。施工工艺示意图如图 5–2–10 所示。

4）主要优势

泵送和射孔过程中可以最大限度地保持压裂后的井筒压力与地层压力，有利于压裂砂在裂缝中的稳定，有效地防止返砂。相较于水力喷砂工艺和油管传输工艺，在施工效率上有很大的提高，而且水平段越长优势越明显。

分簇射孔工艺比水力喷砂工艺和油管传输工艺适应性更广、时效更优，往往可以解决大位移井摩阻大管串不能到底问题。低温可溶桥塞的应用，减少了后期磨塞工序，大大缩短了施工周期，提高了作业时效，达到了煤层气水平井压裂提速的目的。

图 5-2-10 水平井“可溶桥塞”分段压裂示意图

4. 喷封一体化分段改造技术

1）技术简介

为了全面实现水平井大规模分段改造快速高效、降低费用、提高产量的目标，研究了射孔压裂一体化分段改造工具，该一体化工具包含喷枪 + 封隔器 + 脱节器三部分，合为一体，通过投球打压一次联动。

根据分段数将全部工具下入井内，逐段投球打开喷射滑套，坐封本段封隔器及脱手下部管柱，依次完成喷砂射孔、造穴、段间管外封堵、加砂压裂等全部工序。具有功能多、速度快、工具管柱可全部起出等优势（图 5-2-11）。

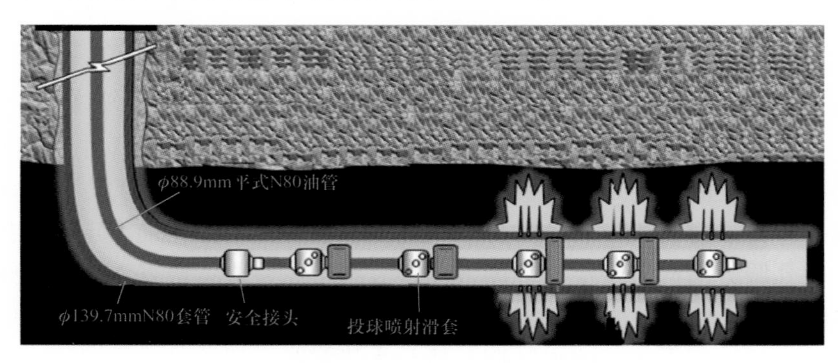

图 5-2-11 水平井射孔压裂一体化分段改造管柱结构示意图

管柱结构包括导向底球 + 扩径式水力喷射器（无滑套）+ 一体化分段改造工具 1+ϕ88.9mm 平式油管 + 一体化分段改造工具 2+ϕ88.9mm 平式油管 + 一体化分段改造工具 3+ 安全接头 1+……+ 一体化分段改造工具 5+ 安全接头 2+ϕ88.9mm 平式油管至井口（图 5-2-12）。

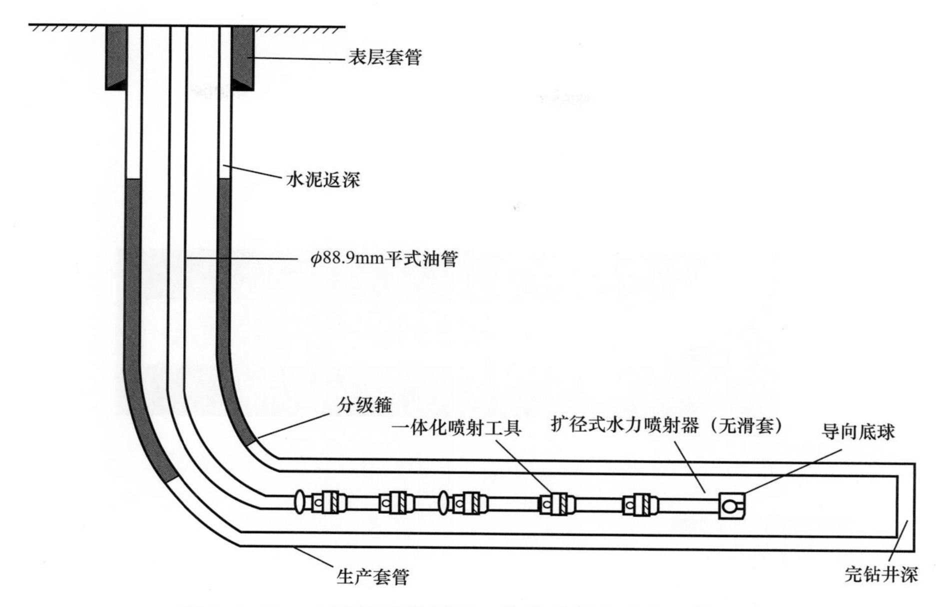

图 5-2-12 水平井射孔压裂一体化分段改造施工管柱图

2）现场应用情况

2020 年完成水平井喷封一体化分段改造技术 5 井次，施工成功率 100%。马平 32-3-1U 井采用喷封一体化 + 扩径喷枪的方式进行 10 段压裂施工，每段总液量 920～1200m^3，加砂量 60m^3，最高排量 6.03m^3/min，最高施工压力 35～48MPa。

3）效果评价

该压裂技术可实现油套混注增大施工排量；可实现不动管柱逐层喷砂射孔、逐层聚能喷射压裂联作，大排量、大规模、多层或多段，提高时效，施工时间较普通油管底封拖动压裂工艺缩短 50% 以上。

5. 筛管井分段压裂技术

1）技术简介

针对筛管完井水平井，采用一次下入多级滑套扩径喷枪，不动管柱射孔压裂技术。施工过程中，逐级打开扩径式滑套喷射器，通过定点水力喷射压裂方式对煤层进行改造（图 5-2-13）。

管柱结构为导向底球 + 扩径式水力喷射器（无滑套）+ϕ88.9mm 平式油管（或无接箍油管）若干 + 扩径式水力喷射器 1（带滑套）+ϕ88.9mm 平式油管（或无接箍油管）若干 + 扩径式水力喷射器 2（带滑套）+ϕ88.9mm 平式油管（或无接箍油管）若干 + 扩径式水力喷射器 3（带滑套）+ϕ88.9mm 平式油管（或无接箍油管）+ 安全接头 +ϕ88.9mm 平式油管（或无接箍油管）至井口。各级滑套球级依次增加（图 5-2-14）。

2）现场应用情况

马平 1-3-8 井采用不动管柱多级扩径喷枪的方式进行 6 段压裂施工，每段总液量 700～804.52m^3，加砂量 50m^3，最高排量 6.0m^3/min，最高施工压力 41～50MPa。

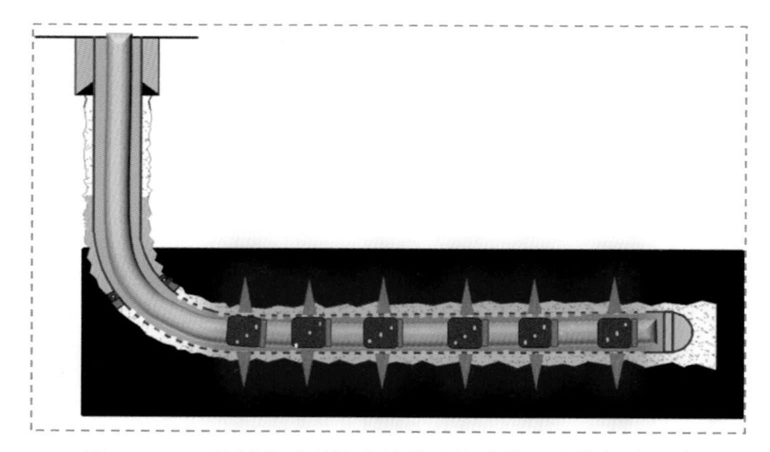

图 5-2-13　筛管井多级滑套扩径喷枪分段改造技术示意图

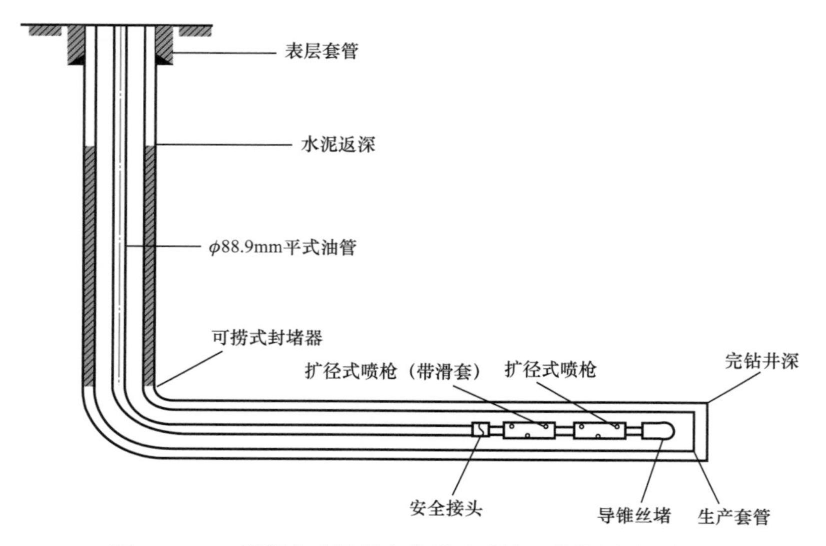

图 5-2-14　筛管井多级滑套分段改造施工管柱图（两级）

3）效果评价

喷枪喷孔扩大后可有效提升排量，增强喷射改造效果，同时施工时无须拖动管柱，只需按顺序逐级投入由小到大阀球，操作简单、施工周期短、造缝位置准确，避免了机械封隔器分段压裂时可能带来的封隔器卡阻问题。

第六章　L型水平井产能分析和增产技术

本章基于煤层气L型水平井的开发实践，主要针对产能分析、增产措施等方面进行了分析总结。通过产能确定与主控因素分析，明确不同区块单井合理产能；通过增产措施探索，形成了以“氮气洗井 / 扩孔”为主导的L型水平井增产方法，有效释放了产能。

第一节　水平井产能确定与产量分布

产能是指气井在一定射孔程度、一定生产压差以及一定时间范围内的生产能力。煤层气产能评价是煤层气开发方案设计的基础，由于煤层气的储集、渗透方式等特殊性，增加了产能评价的难度。煤层气井的产能可以用来衡量该井的产气能力，产能的高低直接影响煤层气项目的效益。在煤层气经济评价中，煤层气井产能是项目经济评价中最重要的评价因素，产能高的煤层气井在一定程度上决定了煤层气项目的成功。

一、产能确定方法

气井的产能预测与合理配产是气田开发的重要环节。适用于不同情况下的气井产能确定方法主要有经验法、采气指示曲线法、物质平衡法、节点分析法、临界携液流量法以及数值模拟法（路爽等，2017；唐放等，2021；孙庆慧等，2021；于广明等，2021；邓勇等，2022；刘俊华等，2021）。

1. 经验法

在进行气藏开发时，能够根据传统经验法，选择绝对无阻流量的1/5～1/6为合理产量。在确定具体的比例时，必须结合气藏地质特征以及试气试采确定的动态特征进行考虑，或者是通过数值模拟来确定该比例（杨洋等，2021；强小龙等，2022；洪舒娜等，2022）。

2. 采气指数曲线法

这种方法主要考虑了气井的非达西流效应。通过分析产能方程（6–1–1）可知，气井生产压差是地层压力与气井产量的函数。大量计算显示，在气井产量相对较小时，气井生产压差和产量间有着直线关系，随着产量的逐渐增大，生产压差的增加不再沿直线增加，而是呈高于直线的增加，在这种情况下，气井会表现出明显的非达西效应。

$$p_e^2 - p_{wf}^2 = Aq_g + Bq_g^2 \tag{6–1–1}$$

经过整理得到：

$$p_{\mathrm{e}} - p_{\mathrm{wf}} = \frac{Aq_{\mathrm{g}} + Bq_{\mathrm{g}}^2}{p_{\mathrm{e}} + \sqrt{p_{\mathrm{e}}^2 - Aq_{\mathrm{g}} - Bq_{\mathrm{g}}^2}} \tag{6-1-2}$$

式中 p_{e}——平均地层压力，Pa；

p_{wf}——井底流压，Pa；

q_{g}——标准状态下产气量，$10^4\mathrm{m}^3/\mathrm{d}$；

A、B——系数。

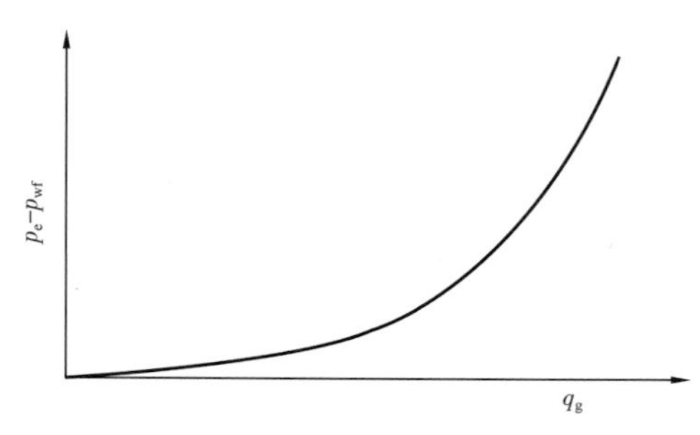

图 6–1–1 气井生产压差与产量之间的关系

气井生产压差表示能量的消耗，可分为两个部分：一部分是能量消耗表示气体克服沿程的黏滞阻力；另一部分是能量消耗在克服沿程的惯性阻力。在气井产量比较小的情况下，影响气体流动的核心因素是黏滞阻力，具体表现是线性流。当气井产量提升到某一水平时，核心因素变为惯性阻力。在气井采气曲线中，利用直线段前、后期曲线进行拟合，曲线前期直线段的峰值代表的是合理配产（图 6–1–1）。

3. 物质平衡法

该方法主要被用来进行井控动态储量的计算，不过在气藏储量确定的情况下，该方法也能够预测气藏动态或计算气井配产。当气井、气藏经过一定时间的开发，并且采出程度超过 10%时，可以采用该方法。物质平衡方法的原理在于利用气井累积产量和视地层压力之间的关联，在气井废弃地层压力环境确定的情况下，对其可采储量进行预测，对其控制储量进行计算。另外，如果日后某一时间的累积产量是确定的，该方法还能用于气井地层压力的预测，这一过程是可逆的。从气藏的角度来看，产能方程计算的是平均产能，而累积产量是气藏所有产量之和，地层压力一定是平均值。气井产能实际上是地层压力、井底流压以及日产量的函数。所以把产能方程和物质平衡方程以及日产和累产关系联立在一起，就能够对不同时间点的井底流压进行预测，通过垂直管流计算确定不同时间点的井口压力。另外，还能够对稳产年限、稳产期末采出程度等进行科学的预测（贾慧敏等，2017；贾慧敏等，2020；胡秋嘉等，2021；胡秋嘉等，2022）。

4. 节点分析法

在应用该方法时，把气体流入井筒当作整体，针对整个系统的压力损耗展开全面的分析。随便选择某一节点，建立构成系统不同部分的压力损失的关系式，对其中任何一个部分的压力损失展开评价，或者是对流入节点的供气能力以及流出节点的输气能力存在关联的因素展开全面的分析，最终实现优化生产的目的，使系统的潜能得到充分的发挥。在进行协调产量敏感性研究时，通常都会选择井底为节点，基于垂直管流方程以及产能方程，得到流入、流出动态曲线，通过计算确定协调工作点，针对产量和油管内径、井口压力之间的关联展开研究。

运用节点分析法确定气井合理产量时，需要做出气井生产的流入动态曲线和流出动态曲线，之后将这两条曲线综合在一张图上，曲线相交之处即为气井合理生产的产量。

5. 临界携液流量法

出于避免井底地层水聚集现象出现、提高井底回压、降低产量等方面的考虑，学者们以气带液为对象展开研究，在此基础上建立液滴模型，确定了能够实现气携液目的的最低气体流速公式。他们基于气体施加给液滴的力和后者重力相等这一前提进行计算，从而确定液滴在井筒内部流动的必要条件。在 Weber 数位于 20～30 之间时，液滴会破裂，当其等于 30 时，此时对应的液滴流速是液滴速度的下限值，最后计算出日产量。

6. 数值模拟法

为一口或多口井创建地质模型，通过数模软件，在定产或定压方式下进行生产，基于开发方案设计需求，维持在稳产期或无水采气期，从而提高开发效率（乔磊等，2021；魏千盛等，2021；冯震等，2021）。

目前进行产能预测的常用方法是储层模拟技术，数值模拟以动力学模型为基础，其数学模型的核心是依据煤层气在基质体中扩散所遵循的费克定律及在割理系统中渗流遵循的达西定律所建立的气、水、油等流体物质连续偏微分方程或方程组。

1）数值模拟技术的进展与现状

从 20 世纪 80 年代至今，煤层气井产能数值模拟（煤储层数值模拟）技术的发展已经历了三个阶段，考虑的因素逐渐全面，模拟结果逐渐接近于实际情况。

最早的数值模拟技术来源于常规天然气储层数值模拟，如 STARS、ECLIPSE、GCOMP 等模型或软件，只考虑了单孔隙结构、两相或多气体成分达西流、瞬时气流等因素，对吸附性的描述采用的是 K 值平衡模型，假设煤微孔隙壁上吸附气体与孔隙中游离气体的压力处于连续平衡状态。这类模型忽略了煤层气解吸过程，不能反映客观存在的解吸时间，没有真实反映煤层甲烷赋存、运移的特征，造成预测的煤层甲烷产量高于实际产量，显然不符合煤储层的特点。

20 世纪 80 年代末期至 90 年代，建立了非平衡吸附动力学模型，先后发展出以 COALGAS、COMET2、SIMEDII 等为代表的煤层气产能数值模拟专用技术。在这些技术的动力学模型中，考虑了煤储层双重孔隙介质、费克扩散定律、朗缪尔等温吸附的特性，但对达西流的描述仍只有几种有限的气体成分。由于这类模型考虑了煤层气吸附特性及由微孔隙到裂隙的扩散过程，较好地反映了煤层气赋存及运移机理，比平衡吸附模型前进了一大步，使得模拟结果的可靠性大为增强，模拟技术得到广泛应用。

COMET2 等模型尽管得到普遍关注，但仍未能考虑煤储层某些重要性质对产能的影响。例如：由于孔隙度和渗透率对应力的敏感性，造成孔隙体积压缩；煤层基质收缩或膨胀，导致渗透率发生变化；气体的再吸附、重力作用、溶解气的影响等。为此，研究人员近年来进一步注意到煤储层的三重孔隙结构、双扩散（两步扩散）特性、煤基质收缩膨胀效应等特点，建立了一系列新的动力学模型。在此基础上，研发出COMET3数值模拟专用软件，兼顾了排采诱导渗透率变化等客观现象，模拟结果的精度进一步提高。

COMET3是目前比较有名的储层模拟软件，但是它们不是针对中国煤储层特点的储层模拟软件，而且只有程序没有源代码没有办法进行修改，所以在一定程度上并不适合中国的煤层气井的数值模拟。由于我国煤盆地变形演化历史复杂，盆地原形及构造样式多变，普遍具有"三低"特点，存在着独特的煤层气产出规律，研究适合我国国情的煤层气赋存、运移的动力学模型就显得极为重要。目前，我国在煤层气生产规律及确定产能的研究方面还不完善，国内迫切需要对煤层气的渗流机理及产能评价方面进行深入研究，获取更为客观的煤层气储层参数，预测井的长期生产动态和产量，为井网布置、完井方案、井的生产工作制度和气藏动态管理的优化，以及为最经济、最有效的煤层气项目开发方案的决策提供科学依据。

2）产能数值模拟主要原理

煤层气产能数值模拟及预测不同于常规的气藏气井，它特有的双孔隙结构使得煤层气在运移产出的过程中不同于普通的气藏气，所以不能将常规气藏的产能数值模拟、预测方法直接拿来使用，可以在一定程度上进行借鉴，重新建立计算模型。

目前对于煤层气进行产能预测主要从两个方面：一方面是根据煤层气赋存和运移理论建立起来的数学模型，然后根据煤层气井的储层参数和水文地质数据，计算出煤层气井的产水量和产气量，并与实际的生产曲线相比较，进行拟合校正，建立合理的预测模型，用于煤层气井未来的产水量和产气量的预测。另一方面利用智能计算方法建立输入与输出数据之间的非线性函数关系，以建立煤层气产能预测的数学模型。

煤层气解吸—扩散—渗流的过程是一个极其复杂的动态过程，难于用一个精确的数学模型对其描述。现在有些学者将煤层气产能预测的研究角度从动态的生产过程转移到智能计算方法上，目前利用智能计算方法进行预测还只是起步阶段，且不仅仅局限于煤层气领域，石油、天然气等领域也已使用该方法并进行了应用。杨永国等（2001）基于现代数理统计理论，把灰色系统和时间序列分析方法引进煤层气产能预测，建立了煤层气产能预测的随机动态模型。应用实例表明，随机动态模型在煤层气产能预测方面是有效的，从而为煤层气产能预测提供了一种全新的思路和方法。蒋裕强等（2009）综合了模糊综合评判和BP神经网络的优点，采用前者构造神经网络的输入矩阵，并利用BP神经网络实现预测气井的产能。叶双江等（2009）利用灰色关联分析方法以及BP神经网络技术，实现了对油田水平井中多因素非线性的产能进行预测。吕玉民等（2011）基于现代人工智能理论和数理统计理论，建立了煤层气井动态产能拟合和预测的时间序列BP神经网络模型和月产/累产比值模型，并通过实例分别验证其在煤层气井产能拟合和预测中的有效性。应用实例表明，这两类模型均能很好地拟合煤层气井的生产历史，并能进行准确定量预测，但有差别。神经网络模型对数据点具有极高的拟合程度，且短期预测精度高，但中长期预测精度较差，该模型适合对产气不稳定的气井进行短期产能预测；月产 / 累产比值模型对月产 / 累产比值的整体变化趋势具有较高的拟合程度，且中长期预测精度高，但模型的有效性取决于气井产能的稳定性，该模型适用于预测产气稳定的气井产能。童凯军等（2008）等在气井产能预测的基本模型中引入了支持向量回归机技术，对没有动态资料的气井进行产能预测，且效果较好，杜严飞等（2012）基于时间序列预测思想构建了适合于煤层气井产能预测的 BP 神经网络模型。以潘庄 CM1 井为预测实例，结果表明：该模型能够较为准确地预测出煤层气井未来 30 天的产能变化，从而可为煤层气并排采制度的调整提供依据。吕玉民等（2011）利用人工智能相关知识建立了煤层气井差能的动态拟合模型。张艳玉等（2012）根据煤层气井产能预测的方法中不同程度存在适用范围较窄，所需地质、岩石流体数据量大等问题。利用沁水煤层气田某区块实际生产资料，基于多元逐步回归方法，建立了煤层气井产能预测模型，并通过通径分析定量研究套压、动液面深度和井底压力等排采参数对煤层气产能的直接及间接影响规律。研究结果表明，使用上述方法建立的产能预测模型预测结果接近实际，适用范围较广，并可较准确地分析不同排采阶段各因素对产气量的影响规律及影响程度，在现场实际应用中取得了较好的效果。邱先强等（2012）通过对敏感参数的分析，根据煤层流体的渗流规律建立了产能方程。孙艳芳（2013）应用相空间重构理论，研究了煤层产气量时间序列的混沌特性，把混沌时间序列和 RBF 神经网络结合起来，对煤层气产能进行预测，通过实例验证，该方法具有较高的精度，也为煤层气产能预测研究提供了一个新的思路不仅是在煤层气的产能预测方面，各种数学方法以及智能计算方法还应用于煤层气的其他领域。杨永国等利用蒙特卡罗法对煤层气资源进行评价。陈玉华等（2014）通过蒙特卡罗法对煤层气经济评价的不确定性进行了分析。

3）数值计算方法概述

由于煤层气运移基本方程的非线性，煤层非均质性和初始、边界条件的复杂性，用解析方法求解一般条件下的煤层气运移问题几乎是不可能的。为了研究较为复杂条件下的煤层气运移问题，当前最有效的办法是采用数值计算方法。数值计算方法只能求解所研究区域内的有限个离散点的未知函数值。

选择一定数量的离散点，这个过程称为离散化。离散化的方法就是将研究区域划分为较小的单元，这些单元的集合体代表了煤层气运移区域。研究一维煤层气运移问题时，单元即是线段。对于二维煤层气运移问题，单元可划分为三角形或多边形。单元的形状和大小可以相同，也可以不同，但常用的是相等的矩形单元。单元的顶点或几何中心可作为计算节点，相邻两节点的间距称为距离步长。对于非稳态条件下的煤层气运移问题还应进行时间变量的离散化，即把时间划分为若干时段，每个时段的时间称为时间步长，时间步长可以相等也可以变化。采用数值计算方法，即在每一时段内对每一个离散点（节点）建立求解该节点未知函数值的方程，由此组成代数方程组（通常是阶数很高的大型方程组），解之可得该时段内每一空间节点上的未知函数值。一个时段接一个时段地计算，便可得出未知量在空间的分布和随时间变化的过程。

数值计算所求得的解是近似的。但是，只要空间步长和时间步长取得恰当，所得解仍能满足计算的精度要求，因而很好地逼近实际情况。

4）数值模拟计算步骤和方法

（1）参数准备。

参数准备是数值模拟工作的重要环节，没有足够的可靠数据，就不会有理想的模拟结果。常用的模拟参数包括四方面：与煤分布和性质有关的参数，包括厚度、埋深、地层倾角、隔离间距等；与含气性和孔渗性能有关的参数，包括含气量、吸附时间、临界解吸压力、扩散系数、孔隙度、绝对渗透率、方向渗透率、基质收缩率等；流体参数，包括气体地层体积系数、水的地层体积系数、气体黏度、水的黏度、气体密度、水的密度等；产量及其他参数，包括产水量、产气量、井底压力、储层温度、原始地层压力、表皮系数等。

在这些参数中，对储层模拟最敏感，也是最重要的数据包括：① 决定气体采收牢的煤储层裂隙绝对渗透率；② 用以确定排采过程中某一时间原位含气量和采收情况的初始含气量；③ 决定产气率变化特征及最终采收率的吸附等温线；④ 决定水产率的裂隙孔隙率。

上述关键参数决定着煤层气开采的经济效益。其中，渗透率可以用压力瞬变测试测定；含气量和吸附等温线可以通过实验室直接测试煤样来确定；裂隙孔隙度难以测定，应通过精确地比较气—水产量动态及压力数据进行估算。

（2）建立地质模型。

煤层气地质模型是对煤层气藏的内部结构、几何形态、储层物性和气水特征的高度概括，其实质是通过各种地质和工程手段，获取各种评价参数，对气藏进行精确描述。

建立煤层气地质模型的基本步骤：首先收集各种地质和工程资料；然后对各种资料进行分析和判断，从中总结出煤层气藏的各种特征，构成初步的地质模型；最后再根据实际生产数据，通过历史拟合对模型进行完善。其工作流程如图6-1-2所示。

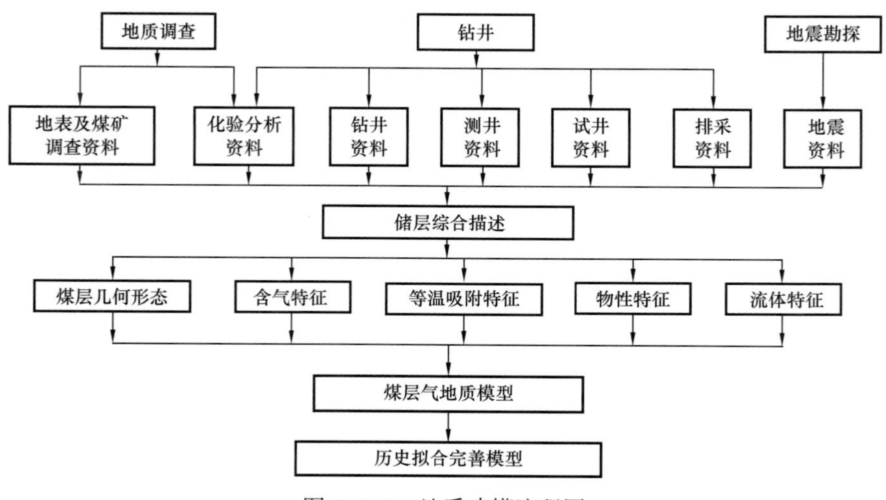

图6-1-2 地质建模流程图

（3）产能预测。

采用储层模拟软件，根据钻井、试井、电测、分析化验等手段所获得的资料，对煤层气井或井组进行产量预测，从而指导煤层气井的设计和生产优化管理。

对于地质评价选区来说，产量预测的主要目的是要在获得实际产量以前，运用数值模拟手段，在现有资料情况下，对一个矿区的煤层气生产潜力进行预测，达到指导地质评价选区的目的。产量预测能为地质评价提供直观的定量评价标准，因此是煤层气地质评价选区的重要内容。

由于资料的限制，地质评价选区阶段的产量预测只能求出产量的可能变化范围或假定经济产能下限。只有到了地质评价后期，如开发试验阶段，由于已拥有较多的地质、工程、分析化验和排采资料，才有可能得出可靠的预测产量。

5）实例应用

在实际应用过程中，还应对区块内正常排采井的生产能力进行综合评估、结合区块实际开发生产情况确定产能。下面以郑庄区块为例，简要介绍。

（1）经验法。

郑庄区块因埋深较大、渗透率低，以往直井平均日产量 500m^3，开发效果较差。为此开展了 L 型水平井试验，通过套管压裂达到增产目的，前期投产了 4 口井，统计 4 口水平井的排采数据，其稳产气量在 5000～9000m^3/d 之间，平均产气量为 7050m^3/d，见表 6–1–1。通过统计分析，在相同的地质条件下，套管压裂水平井与直井取得了完全不同的开发效果，也表明了在该区块内，套管压裂水平井具备 5000～10000m^3/d 的较高的产能。

表 6–1–1 郑庄区块套管压裂水平井排采数据统计表

井号	排水期 /d	最高日产气量 /m^3	稳定日产气量 /m^3	稳产时间 / 月
ZS34P3	58	7395	7000	5
ZS34P4	14	5235	5200	4
ZS34P6	90	7000	7000	4
ZS34P7	90	9000	9000	1
平均	63	7157	7050	

（2）数值模拟法。

基于郑庄区块煤储层实际物性参数建立了数值模拟模型（表 6–1–2、图 6–1–3），对套管压裂水平井进行了产能预测。数值模拟结果表明，套管压裂水平井的稳产期为 4 年，稳产期日产气量在 7000m^3 左右，投产 15 年后累产气量为 2280×10^4m^3，开发 15 年末采出程度为 47.2%，如图 6–1–4 所示。

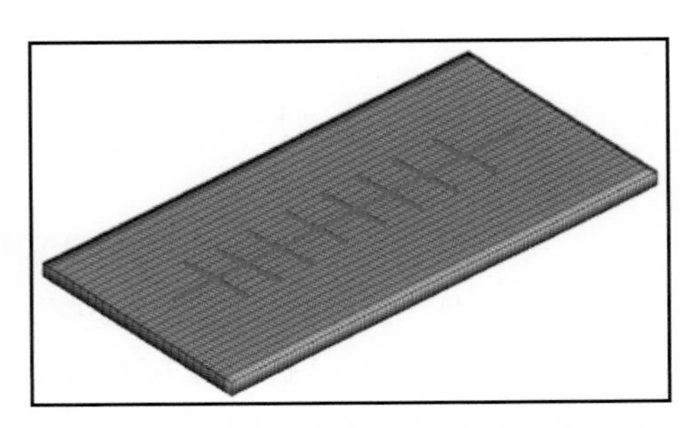

图 6–1–3 套管压裂水平井模型示意图

表 6-1-2 郑庄区块煤储层数值模拟参数表

名称		数值	名称	数值
煤层有效厚度 /m	3#	5	水的黏度 /（mPa·s）	1.01
	15#	2	水的压缩系数 /（$10^{-4}MPa^{-1}$）	4.35
含气量 /（cm^3/g）	3#	20	煤岩压缩系数 /（$10^{-2}MPa^{-1}$）	4.39
	15#	23	扩散系数 /（$m^2·d^{-1}$）	0.003
气体密度 /（kg/m^3）		0.7	气藏温度 /℃	28
地层水密度 /（kg/m^3）		1000		

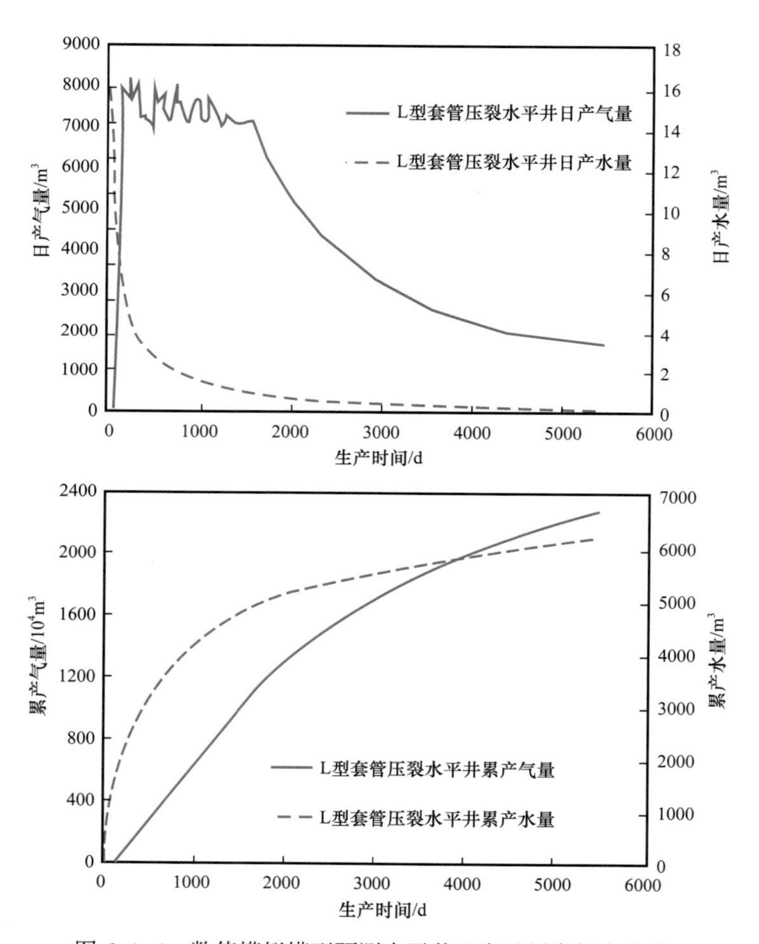

图 6-1-4 数值模拟模型预测水平井日产及累产气水曲线

综合考虑，确定郑庄区块 3# 煤套管压裂水平井单井产能为 $7000m^3/d$。

根据郑庄区块 3# 煤的实际储层物性参数，建立了井距为 300m，渗透率为 0.01mD、0.05mD、0.1mD、0.15mD 的地质模型，模拟结果表明，随着渗透率的增加，单井产气量呈增加趋势，两口井实现耦合降压所需时间呈下降趋势。

郑庄区块 3# 煤的平均渗透率为 0.05mD，在不考虑非均质性的情况下，两口井实现耦合降压所需的时间大概为 6 年（图 6-1-5）。

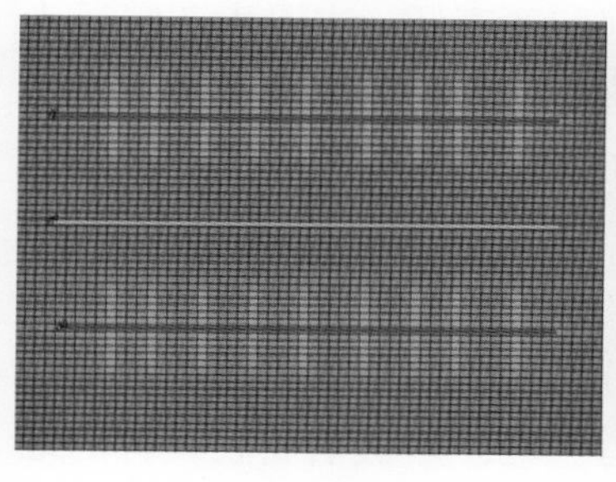

(a) 投产初期

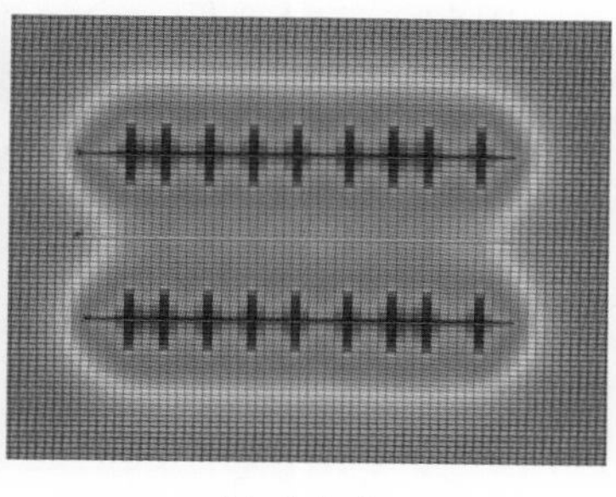

(b) 生产6年

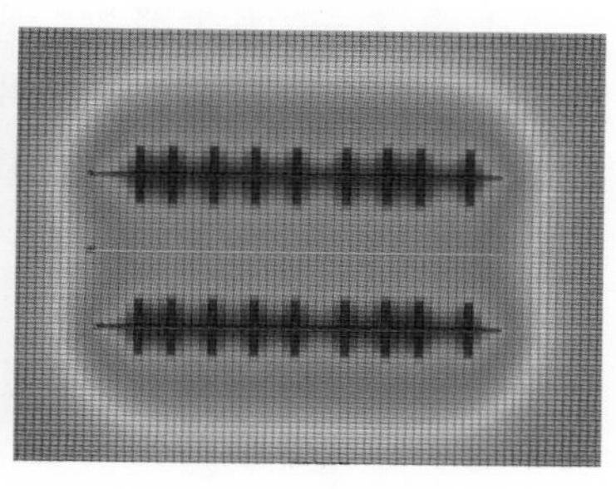

(c) 生产10年

图 6-1-5 郑庄区块 3# 煤水平井不同生产时间压降分布

二、产能影响因素分析

煤层气 L 型水平井在沁水盆地南部规模应用以来，实现了产量整体提升。但仍然呈现出一定的差异性，主要表现在两方面：一是不同井区产量有差异。例如对于筛管完井水平井，在樊庄区块南部平均单井产量 6000m^3/d，郑庄区块平均单井产量 4000m^3/d，开发效果来看，樊庄区块开发效果明显好于郑庄区块。二是相同井区内产量也有差异，对于樊庄区块虽然整体较高，但局部呈现一定的差异性。套管压裂水平井在樊庄南部平均产量 6000m^3/d，樊庄北部平均产量 10000m^3/d；对于郑庄区块，在相同井区内，6 口套管压裂水平井产量从 5000m^3/d～17000m^3/d 均有分布。为进一步提高单井产量，有必要对已开发井影响产能的因素进行分析，为下步持续上产提供支撑。以往认识到，煤层气井产能大小是资源条件、储层特征、钻完井工艺、压裂改造工艺、排采因素等多因素综合影响的结果（徐平，2021；胡秋嘉等，2015）。

1. 地质因素

1）构造部位

通过分析区内水平井的所属的构造部位，发现不同构造部位的 L 型水平井开发效果不同，具体由好到差的顺序为背斜高部位、构造翼部、构造低部位。构造高部位井呈现出排水期短、见气时间早、产气量高、稳产期长、产水量小的特征；构造低部位井很难通过自然产能获得高产，必须通过压裂改造才能获得较高的产量，往往呈现产气量一般、产水量较高、排水期长的特征。分析认为构造高部位为拉张应力环境，构造曲率大，储层节理发育、渗透性好，通过部署 L 型筛管水平井，可以很好地串接天然裂隙，达到高产。例如在樊庄北部背斜高部位部署的 L 型筛管水平井，日产气量可达到 15000m^3，日产水仅 0.2m^3。而构造低部位因局部压性应力环境，煤储层内裂隙不发育或者处于挤压闭合状态，渗透性很差，必须通过水平井分段压裂改造，才能获得高产。

2）断层与陷落柱

陷落柱和断层等对煤储层储集和保存煤层气的能力有很大影响。陷落柱由于地层交错破碎及地下水的交换，断层的存在使上下地层沟通，二者均会导致煤储层保持条件差，所吸附的煤层气发生释放、逸散，因此含气量变低、含气饱和度变低。主要生产特征为产气量低，产水量高。该类井主要在前期对部署去构造不落实的情况下出现，目前通过精细解释构造解释与建模，基本掌握了断层与陷落柱的分布情况，避免了后期L型水平井钻遇断层与陷落柱的情况。

3）局部微幅褶曲

煤层微伏褶曲较发育，也会对水平井产量造成影响。分析认为其主要影响机理是通过影响水平井井眼的光滑度，进而影响气水顺畅产出的通道。对于微伏褶曲较发育的地层，在井眼的低洼处易发生煤粉沉降，并且不易被排出的情况，最终导致井眼堵塞，产量下降。此外，对于微伏褶曲发育的地层，钻井过程中容易出层，需要多次找层、侧钻，导致煤层钻遇率降低，也会影响煤层气井产量。例如樊庄区块南部樊67井组内，部署2口井，其中樊67–1井水平段褶曲比较发育，钻井过程中，出层3次，侧钻3次，煤层钻遇率91%，井眼平滑程度较低，日产气量4000m^3（图6–1–6）；樊67–2井水平段构造平缓，钻井过程中出层1次、侧钻1次，煤层钻遇率100%，且井眼平滑，日产气量达到8000m^3（图6–1–7）。

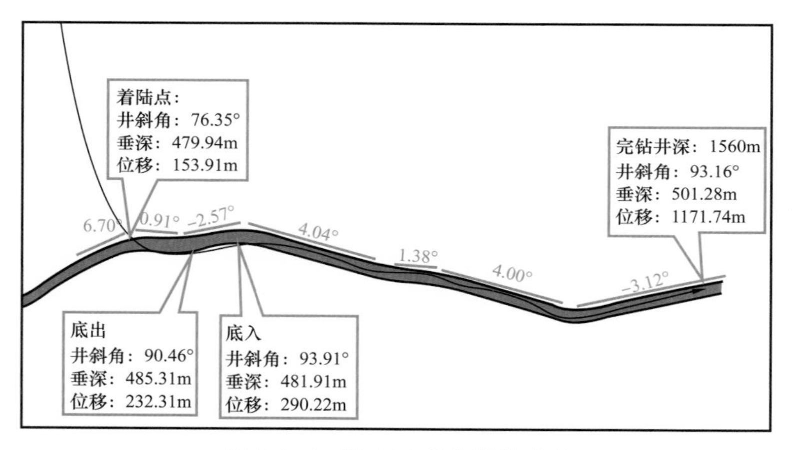

图6–1–6 樊67–1井井眼轨迹图

4）煤体结构

煤体结构指煤储层受到构造应力作用下产生变形，而表现出的特征，煤岩学上一般划分为原生结构、碎裂结构、碎粒结构、糜棱结构四大类，其中碎裂结构、碎粒结构和糜棱结构统称为构造煤。原生结构和碎裂结构煤的孔隙和裂隙较发育，连通性也较好，渗透率较高；而碎粒结构和糜棱结构煤的孔隙裂隙则多被破坏，连通性很差，渗透率低。因此，一般原生结构煤有助于取得高产，碎裂结构次之，碎粒煤与糜棱煤一般表现为低产。通过取心表明，区块内主要以原生结构煤为主，但在局部发育构造煤。开发实践表明，井眼轨迹钻遇原生煤比例越高，产量也越高，二者呈较好的正相关性（图6–1–8）。

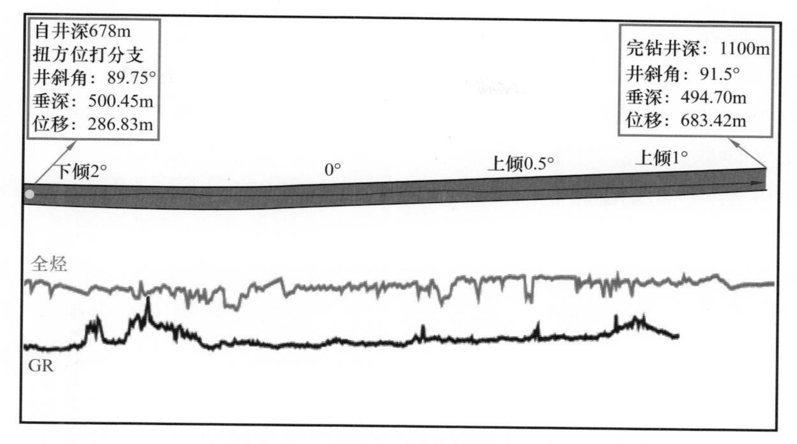

图 6–1–7　樊 67–2 井井眼轨迹图

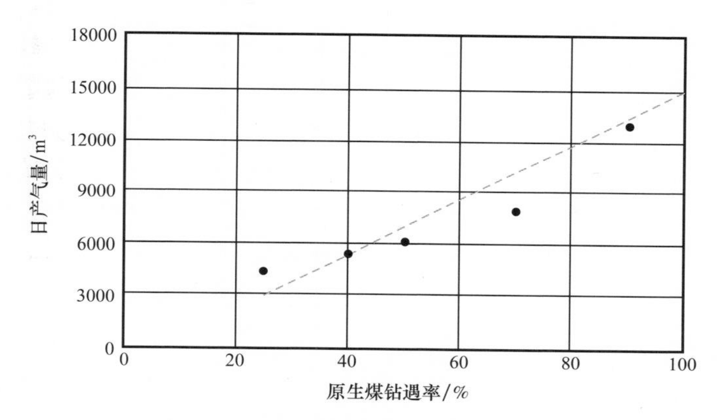

图 6–1–8　原生煤钻遇率与产气量关系

以郑庄北部郑试 34 井区为例，井区内投产 6 口 L 型水平井，水平段长度一致，均为套管压裂水平井，且采用相同的压裂工艺，但产量表现出明显的差异性，6 口井产量由高到低分别为 17000m^3/d、13000m^3/d、8000m^3/d、6200m^3/d、5500m^3/d、4500m^3/d。分析认为，煤体结构是造成井区内产量差异的主要因素。产量与水平段钻遇原生煤比例呈较好的相关性（图 6–1–9 和图 6–1–10）。例如郑 1 平 –3L 水平井段均为原生煤，日产气量达到 13000m^3；郑试 34 平 4 井钻遇原生煤比例只有 25%，日产气量仅 4500m^3。

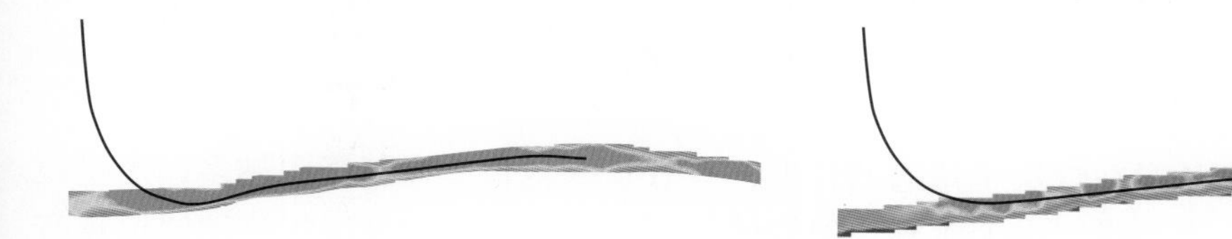

图 6–1–9　郑 1 平 –3L 井钻遇煤层剖面

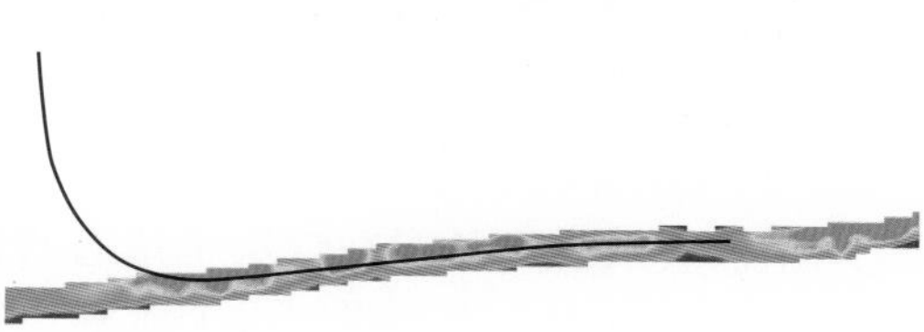

图 6–1–10　郑试 34 平 4 井钻遇煤层剖面

2. 工程因素

工程因素主要包括水平井在煤层中钻遇率、水平段长度、水平段产状、压裂改造规模等因素（魏迎春等，2014）。

1）煤层钻遇率

煤层钻遇率是影响单井产量的重要因素，只有在煤层中充分钻进，通过对煤层释放应力，才能充分释放产能。因此，钻遇率与产量一般称正相关关系。通过统计同一井区内煤层钻进长度基本一致情况下，虽然整体钻遇率在90%以上，但随着钻遇率的提高，日产气量呈快速上升趋势，可以看出，钻遇率对产量影响十分明显（图6–1–11）。目前通过钻井技术创新，在区块内的L型水平井煤层钻遇率指标不断上升，基本达到95%以上，对于厚且稳定的煤层，达到100%。通过优化技术，可将该影响因素影响至最小。

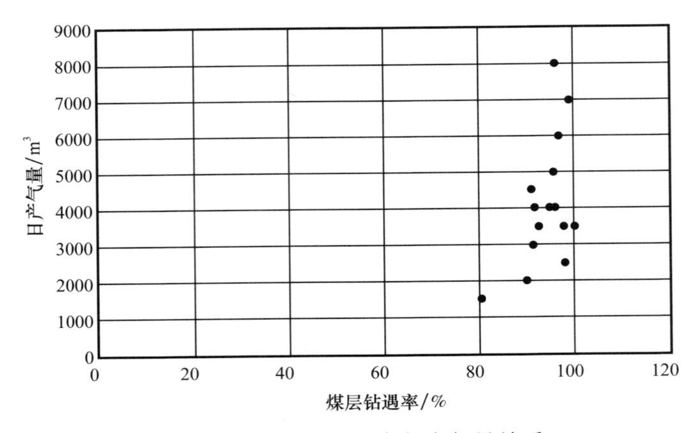

图6–1–11 煤层钻遇率与产气量关系

2）井眼轨迹产状

水平井井眼轨迹产状主要分为上倾、平缓、下倾三种。当井眼轨迹产状沿煤层上倾时，井眼内的水容易流向生产井并被排出，井筒内可以充分降压；当分支下倾时，生产井筒液面即使降低至煤层，但是下倾的井眼内仍然充满液体，井筒内达不到充分降压的目的，导致部分产能难于释放。通过统计L型水平井分支产状与产气量的关系，可以看出，上倾水平井更容易获得高产。

例如樊67平3井组，投产3口L型水平井，其中樊67–3井井眼轨迹下倾近60m，导致在排采过程中，虽然井筒压力下降至0.03MPa，但井眼下倾部位由于井筒液面影响，流压0.6MPa，导致不能充分降压，最终产量仅3000m³/d（图6–1–12）。而相邻的樊67–2井井眼轨迹平缓，在井筒压力降至0.03MPa后，水平井眼内能够充分降压，整个水平段均能最大程度释放产能，该井产气量达到6000m³/d（图6–1–13）。

3）水平段有效长度

水平段有效长度是指在煤层中钻遇的长度，有效长度越长，控制资源越多，产量也就越高。另一方面，沟通煤层中天然割理裂缝的范围越大，形成的煤层气流动通道越有利于压降传播和气体解吸，从而提高煤层气井的产量。对比分析显示区内水平井有效长度与产气、产水相关性较强，峰值产气量大于7000m³/d的L型水平井，其水平段有效长度均大于900m。总体上，随着有效长度增加，产量随之上升，但并非线性上升，上升幅度在逐渐减小（图6–1–14）。

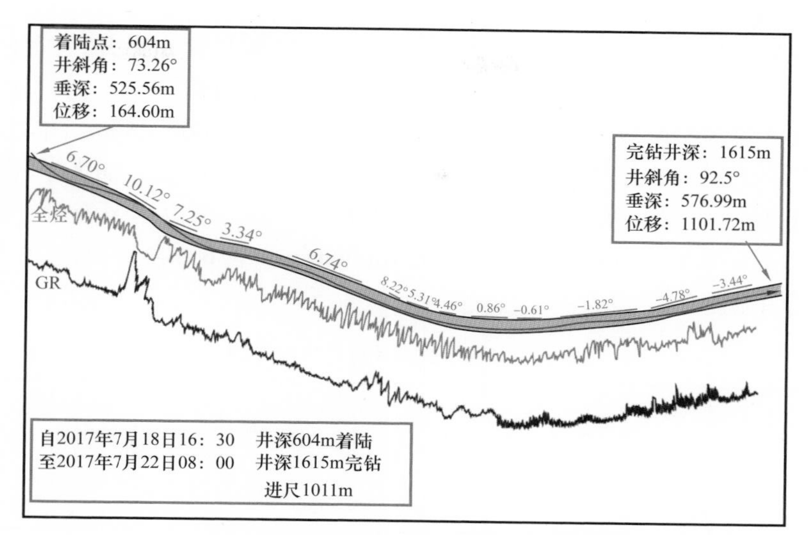

图 6-1-12 樊 67 平 -3 井导向轨迹图

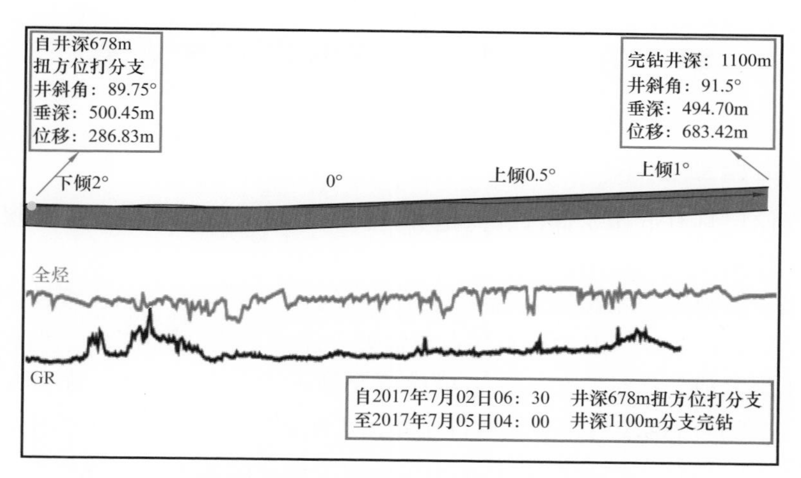

图 6-1-13 樊 67 平 -2 井导向轨迹图

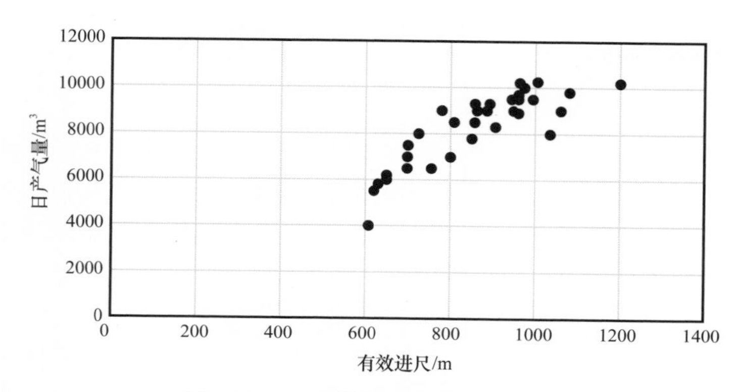

图 6-1-14 有效进尺与产气量关系

4）压裂规模

压裂规模包括压裂段数、压裂液量、砂量。对于套管压裂水平井，压裂规模与产量存在较好的相关性。在 L 型水平井开发早期，由于对压裂规模认识不清，整体压裂规模较小，单口水平井压裂段数一般为 5～8 段，压裂段间距为 200～250m，单段压裂液量为 500m^3，砂量为 40m^3，单井产量 5000～7000m^3/d。通过技术改进，加大了压裂规模，压裂段数增加至 10～13 段，压裂段间距缩短至 100～150m，单段压裂液量提高至 750m^3，砂量增加至 50m^3。单井产气量增加至 8000～10000m^3/d（表 6–1–3）。通过加大压裂规模，单井产量得到明显提升。

表 6–1–3　压裂规模对产气量影响

时间	压裂段数	段间距 /m	压裂液量 /m^3	砂量 /m^3	单井产量 /m^3
2017 年	5～8	200～250	500	40	5000～7000
2018—2020 年	10～13	100～150	750	50	8000～10000

第二节　产能维护作业及增产技术

一、带压作业技术

高煤阶煤储层具有低压、低渗、低饱和特征，且应力敏感性强，因此煤层气井需要精细化排采，排采不连续会对产量造成不可逆的影响。然而，在排采过程中，会不可避免地发生排采设备故障、泵况变差等井筒方面的问题，影响排采的连续性。对于这种情况，往往需要检泵作业。一般的检泵作业就需要“压井”或“放空”，这两种方式均会对储层造成“压敏”或“速敏”效应，造成储层受到不同程度的伤害，尤其是针对煤层气 L 型水平井，一般产气量较高，必须通过压井，才能达到作业检泵需要的条件。因此，针对煤层“脆弱”的特征，创新提出了煤层气井带压作业的技术（胡尊敬等，2020；聂伟等，2021；隋光宗，2021）。

1. 常规作业对产量的影响

1）压井作业

煤层气井压井作业，一般是在作业前，向井筒内注入压井液来控制井口压力，使井底压力快速上升，使已解吸煤层气重新吸附进入煤层，造成储层原始动力丧失，煤层气井产量快速下降至不产气，在现场作业中，常采用清水压井。压井作业过程中，由于压敏效应，造成储层通道堵塞，严重影响后续产能释放。

2）放空作业

煤层气井放空作业时，由于煤层气井井底压力迅速变化，储层液体和气体流速迅速增加，同样会造成产气通道堵塞甚至坍塌，同时由于煤层易碎，压力变化容易产生煤粉堵塞产气通道，造成储层破坏，产气量降低，难以恢复。

2. 带压作业理念

煤层气井带压作业，就是在保证煤储层压力不变的情况，进行快速作业技术，能够保证煤层气井在作业过程中，气量不受损失，最大程度地减小作业修井对储层的伤害以及对产量的影响（刘吉明等，2017；李俊厚等，2019；王建等，2019；侯凤刚，2020；胡旭光，2020）。

3. 带压作业主要优势

（1）避免压井过程伤害地层，降低储层渗透率。

压井作业不可避免的会对地层造成伤害。煤层气井压井液主要为清水。由于煤层物性的差异，清水会使地层中的黏土矿物发生水化膨胀、分散、运移，还会发生水锁，堵塞煤层渗流通道；特别是低渗透储层，孔喉直径较小且连通性差，在压井过程中，容易受到伤害，而且一旦受到伤害，恢复十分困难，导致煤层气井长期低产。采用带压作业可以最大程度地保护地层免受伤害。

（2）避免施工前放压，造成气量损失。

常规煤层气井修井作业中，产量低于 5000m^3/d 的井不需要压井，但要提前放压，造成作业期间气量的损失，随着钻井、压裂、排采工艺的不断进步，高产井将越来越多，目前煤层气以水平井开发为主，日产气量一般为（1～2）×10^{4}m^3，带压作业可以避免检泵期间气量损失，间接节约生产成本，提高经济效益。

（3）避免气体排放，消除安全隐患。

对油水井的溢流主要是油，颜色为黑色，有强烈的刺激性气味，风险是显性的。而对于煤层气井的溢流主要是气，肉眼不可见，尤其对于高含硫的井，风险较大。带压作业气量不外排，一定程度上可以消除安全隐患。

（4）利于保护环境，创建绿色矿山。

在煤层气井修井作业过程中压井作业现场使用和返排的压井液存在污染环境的风险。带压作业无须压井液，返排液收集更彻底，利于保护环境，实现污水不落地。

与传统的维修检泵作业相比，该工艺技术具有减少气量损失、减少储层伤害、避免井喷着火事故发生、减少环境污染等优点，实现安全生产，是一项保护储层和保护环境的新技术、新工艺，在煤层气生产领域应用前景广阔。

4. 带压作业装置

带压作业装置是通过球形防喷器和环形防喷器交替使用实现起下管柱时油套环空动态密封，利用油管堵塞器和管柱尾部配套工具完成油管内密封，达到环保功效。它是通过加压动力系统的固定和游动卡瓦交替工作，利用双向液压缸的举升和下压，实现安全起下管柱目的。带压作业装置由举升设备、工作防喷系统、平衡 / 泄压系统、安全防喷器组、液压控制装置、辅助安全装置等组成，该装置需与修井车配合使用（卢云霄等，2019a ；卢云霄等，2019b ；徐桃园，2020；邹伟明，2020）。

（1）举升设备。独立式带压修井机桅杆和辅助式带压修井机配套修井机井架高度应满足起下管柱及工具要求；举升设备应满足最大加压载荷及起下管柱、压力计电缆施工速度需求；卡瓦系统包括游动卡瓦（组）和固定卡瓦（组），应具备承重和防顶功能，承载载荷应满足最大施工载荷需求；卡瓦牙规范应与井内管柱相匹配，若井内为组合管柱应准备相应规范的卡瓦牙。

（2）工作防喷系统。工作防喷器组包含但不限于环形防喷器、上闸板防喷器和下闸板防喷器；工作防喷器组应满足带压修井施工时井筒压力控制及起下管柱、压力计操作需求；半封闸板防喷器闸板规范应与井内管柱、压力计相匹配，若井内为组合管柱时应配套相应规范的防喷器、变径闸板防喷器或相应闸板。

（3）平衡 / 泄压系统。平衡 / 泄压系统包括平衡泄压四通、平衡阀、泄压阀、平衡管线、泄压管线及配套节流装置；平衡 / 泄压系统压力等级与工作防喷器匹配。

（4）安全防喷器组。安全防喷器组包含但不限于全封闸板、半封闸板和剪切闸板；安全防喷器应具有远程控制功能，控制阀应加装防误操作装置；半封闸板防喷器应用井内管柱和压力计规范相匹配，若井内管柱为组合管柱宜增加配备相应闸板防喷器；安全防喷器组下方宜安装试压四通；安全防喷器组和试压四通通径应满足悬挂器和井下工具通过要求；安全防喷器组压力等级不低于预计最大关井压力。

（5）液压控制装置。液压控制装置应符合 SY/T 5053.2 的要求；卡瓦、防喷器控制压力与加压液缸控制压力应采用不同压力系统；液压控制管线及其所有部件耐火应符合 SY/T 5053.2 的要求；液压控制装置宜预留备用控制对象不少于 2 个。

（6）辅助安全装置。卡瓦、防喷器、液压缸等控制组件应配备锁定装置，上、下卡瓦应配备联锁装置；液压控制装置应配备压力警报装置；操作平台应配备安全可靠的地面逃生设施。逃生系统可选择逃生杆、逃生滑道、逃生带、载人吊车等应急设施。

5. 带压作业实施流程

（1）管柱内压力控制工具准备，包括但不限于堵塞器、充气密封装置、桥塞等。

（2）起下抽油杆作业。起抽油杆期间若油管有溢出气体发生，则从油管灌水，边灌水边起抽油杆；若气体较大影响施工或有爆炸着火的危险，则安装抽油杆防喷器后再带压起下抽油杆。

（3）管柱封堵。根据管柱规范、内通径和管柱内压力控制工具规范、外径选择合适通径规对管柱进行通井，通井深度不小于设计封堵深度。

（4）拆卸井口。管柱封堵合格，确定管柱内无溢流，拆除井口大四通上法兰以上部分，安装配套相应井口设施，满足带压修井设备安装要求。

（5）带压修井设备安装。安装带压修井作业井口装置各部件，利用外部升降装置将一外部油管向下穿过煤层气带压修井装置后下放到井口处，将该外部油管与井内油管上端连接的油管挂连接，然后利用煤层气带压修井装置的对开式防喷器将该外部油管密封；装置与井口大四通对中，螺栓安装齐全，对角均匀紧固；安装、连接各液控管线。

（6）起、下管柱作业。通过球形防喷器和环形防喷器交替使用实现起下管柱时油套环空动态密封，利用油管堵塞器和管柱尾部配套工具完成油管内密封。

带压捞砂原理：起下捞砂管柱时，关闭井控装备中的环形防喷器密封油套环空，冲砂阀处于关闭状态密封油管，利用游动卡瓦和固定卡瓦起下管柱。捞砂时，当管柱下行，井底砂子进入泵筒，捞砂阀打开，砂子进入油管；当管柱上行，阀球堵住进砂通道，捞砂阀也处于关闭状态，防止气体窜进油管，如此上下活动捞砂管柱实现清理井筒的过程。

6. 带压作业施工效果

通过煤层气带压作业的工艺优化，可以看出带压作业效率得到了很大的提高，带压作业技术的应用也取得显著成效。

2018—2020 年现场施工 19 井次，从施工情况看，煤层气井带压作业装备及技术能力大大增强，施工流程日趋完善。近两年施工的煤层气井当中，最大施工气量达到了 $19000m^3/d$，最大井口压力达到了 2MPa；施工周期由 20 天缩短到 10 天，施工安全性也大幅提高。尤其是 2019 年对带压作业装置集中改造后，其控制压力、作业速度、适应范围等方面表现尤为突出，说明升级改造是有指导性的，是可推广的。在安全与环保备受关注的今天，带压作业对保护煤储层、避免地层伤害、稳步上产等方面起到了显著的作用。

二、氮气洗井及扩孔增渗技术

煤层气井在钻井和排采过程中，都会产生大量煤粉。随着煤层气井排采时间的增加，水平井会出现近井堵塞和井筒堵塞，严重影响单井产量。此外钻井过程处置不当时，钻井液进入煤岩以后，钻井液中的固相颗粒沿裂隙流动，残留在孔隙中无法清除互换，从而造成煤层伤害。基于以上问题开展煤层气水平井氮气洗井及扩孔增渗技术研究，形成了煤层气 L 型水平井氮气洗井及扩孔增渗技术（李宗源等，2017；赵武鹏等，2018；刘长雄等，2018）。

1. 氮气及氮气泡沫特点

（1）氮气具有较好的膨胀性，膨胀时能起到很好的扩孔和解堵作用。

（2）氮气安全性高。作为一种惰性气体，氮气几乎不会与地层中流体及其他物质发生反应。此外氮气在水中溶解度极低，不会因为在水中大量溶解而造成能量损失。

（3）氮气携砂能力强。氮气泡沫能将携带的砂砾及时带入新造的裂缝中，裂缝延伸到哪里，支撑剂随之被运送到哪里，实现造缝—携砂—沉降支撑的时空统一，从而形成长缝大面积稳定支撑，造缝远且宽，最大限度提高裂缝的导流能力和煤层渗透率。氮气泡沫液悬煤粉性能好、携煤粉能力强，能够将扩孔中产生的煤粉或者长时间排采堆积的煤粉携带出来，保障了扩孔后通道不会堵塞（强海亮，2017；史玉胜等，2017；胡秋嘉等，2015）。

（4）氮气具有良好的暂堵分流效应。泡沫流体在地层中的渗流具有选择性，对高渗区有适当的封堵作用，对低渗区有增大波及面积的效果，特别适用于非均质储层。煤层渗透率具有天然的各向异性和较强的非均质性，氮气泡沫流体首先进入高渗区。由于氮气泡沫具有剪切稀释特征，高渗区对泡沫的剪切速率较小，泡沫表面黏度较高，渗流阻力因子较大，迫使部分氮气泡沫向煤层中的低渗区流动，从而提高低渗区渗透性，扩大压裂和影响范围。

（5）氮气能改善煤储层性能并增加产气。部分氮气被煤体吸附后，煤储层气体压力得以增高，煤层气的临界解吸压力提高，并与煤层气产生竞争吸附，降低煤层气吸附分压，在一定程度上增加了煤层气解吸速率和解吸量，有利于提高采收率。

（6）具有可调节性，通过调节氮气泡沫液密度，可有效控制液柱压力，防止漏失。

（7）氮气成本低且易获得，使得该项技术能够在煤层气水平井中推广应用。

2. 氮气泡沫洗井技术

该技术是利用低密度混氮气泡沫洗井液，在煤层气水平井射孔段产生负压，诱使地层返吐。同时混气泡沫洗井液对井筒的清洗性能比用纯水洗井液更好。因此泡沫洗井和纯水力洗井两者相比较，在清洗井筒的同时，还能更好地解除地层伤害。泡沫冲洗介质具有黏度高、密度小、携带性能好的特点，将泡沫流体作为携带液或压井液，从冲洗管柱中打入井内，利用泡沫流体携带煤灰及煤屑等从套管返出，达到洗井、冲洗的目的。泡沫冲洗、洗井应用于低压煤层，能有效解决低压、负压井冲灰携砂洗井的难题，对提高洗井效果具有重要意义。

（1）氮气泡沫密度低且可调控，液柱压力低，无固相杂质，对煤层伤害小。常压下氮气泡沫最低密度可达 0.03～0.04g/cm^3，在井眼中平均密度一般为 0.5～0.8g/cm^3。低密度使得泡沫流体具有漏失量少、对储层伤害小的优点。同时氮气泡沫流体中无固相，使其对储层的伤害减小到最低，适合用于欠压煤层气井进行作业。此外氮气为惰性气体，与常见的物质很难发生化学反应，安全系数高。

（2）泡沫流体视黏度高，携砂能力较强。泡沫流体具有很强携砂能力；倾角小于75°情况下，泡沫流体的携砂性能远大于水的携砂性能，泡沫携砂具有显著优势；倾角75°～90°范围内，泡沫流体与水的携砂性能接近；泡沫流体将更易将井筒杂质携带至地面，有利于水平井冲砂。

（3）泡沫流体携带固体颗粒的粒径范围更广。颗粒的沉降速度随着颗粒的直径或密度的增大而增大，而随着液体密度或黏度的增大而减小。泡沫流体相对于清水，具有黏度高、密度小的优点，在相同的沉降速度下，其可携带的颗粒粒径范围更广。通过调节泡沫液的泡沫质量，甚至可以使部分粒径范围内的固体颗粒悬浮于泡沫液中。现场实践和室内试验证明，无论是粒径为 0.001mm 的煤粉，还是直径 20mm 的煤块，均可以通过氮气泡沫流体有效携带至地面，实现井筒高效清理。

单井实施时从油套环空或者油管向煤层气井内注入氮气泡沫液，将井筒内的煤粉、煤屑、石英砂等杂质冲洗至地面，并冲洗至人工井底或方案要求的位置；注入方式为油管或油套环空注入。泡沫液由清水、起泡剂和稳泡剂等组成，且注入液体不能对煤层气井储层造成二次伤害。现场施工时利用泡沫发生器混合氮气和泡沫液，进行反循环冲洗，制氮设备上调至最大排量，泵车排量由小到大逐步提升至满足循环需要，泡沫密度控制在 0.1～0.5g/cm^3，记录进出口返液情况及施工压力和排量，若能正常返出气液混合物，则续接单根继续下冲至人工井底；下放冲砂管柱井斜角大于 60°后，每下入 5 根，用氮气泡沫液洗井一周，若中途遇阻，则接换单根进行连续冲砂作业至人工井底。

3. 扩孔增渗技术

该技术主要是通过特有的工具注入氮气洗井，洗出井筒中煤粉，起到解堵的作用。之后反复憋压放喷，使筛管外壁的煤岩在压力激动下产生微破裂并形成裂缝，沟通远端的裂隙，起到扩孔的作用，提高储层的渗透率，最后再向井内注入高压液氮泡沫混合液，冲开堵塞的井眼，然后利用氮气泡沫液高返排性能，将井筒内煤粉及颗粒携带至地面。分析认为扩孔增渗原理主要有以下几方面：

（1）多次的加压、泄压过程使得井眼附近的煤层受到扰动作用而振荡，进而产生了微裂隙。这种压力激动能够有效地解除近井地带煤粉堵塞，起到了扩孔的作用。

（2）在憋压放喷过程中，憋压有利于氮气向煤层深部扩散，能够改善井筒远处的渗透率。同时还能为地层补充能量，促进甲烷的解吸产出。

（3）通过向井内注入高压液氮泡沫混合液，增加井眼内能量，扰动滞留通道内的煤粉及颗粒物，将其冲开，疏通渗流通道。

现场施工时下入活导锥 +ϕ73mm 油管，打开注入阀门，采用氮气正注，逐步增大排量方式测试地层破裂压力；施工过程中逐步提高排量，待施工压力略小于地层破裂压力后稳压 10min 左右，快速放压，反复激动 4～5 次。流程如下：

（1）按照设计要求准备好液氮车、液氮泵车、压裂井口与放喷池，连接井口及管线，对流程、地面管线、井口进行试压，井口套管阀处安装压力监测装置。

（2）打开注入阀门，开始以 80～700m^3/min 排量注入氮气，逐步提高排量，测试地层破裂压力。施工过程中逐步提高排量，待压力达到略小于地层破裂压力后稳压 10min，快速放压，放喷至气体不携带大量煤粉后停止放喷，继续注入氮气，如此反复激动 4～5 次。

（3）注入完毕后，依次关闭井口、增压泵入口和液氮罐阀门。依次缓慢打开增压泵、地面流程和液氮罐放空阀门泄压至 0MPa。

（4）立即从油管敞开放喷。现场放置一敞口罐进行放喷，用硬管线连接放喷管线，放喷出口固定牢固，每隔 5m 用地锚进行固定。放喷过程中，记录好返液量及煤粉变化数据。

4. 现场试验

在沁水盆地南部晋城斜坡带郑试 76 平 1–7 井、郑村平 1–1 井等井实施了氮气洗井及扩孔试验，现场试验效果较好，放喷后能将煤粉等物质携带出来。其中郑村平 1–1 日增气 4100m^3，郑试 76 平 1–7 日增气 1500m^3，证明了该项氮气扩孔试验达到了扩孔增渗的效果。

1）郑村平 1-1 井扩孔现场试验

郑村平 1-1 井位于樊庄区块南部构造平缓区，煤层厚度 5.0m，通过邻井对比分析认为该井煤层含气量高，埋深适中，厚度较大，煤体结构稳定，地质条件好，适合进行扩孔试验，提高单井产气量。现场施工分为试压、憋压放喷及泡沫洗井阶段。

（1）试压。开始注入氮气，逐步提高排量，测试地层破裂压力。

（2）憋压放喷。施工过程中逐步提高排量，待压力达到略小于地层破裂压力后稳压 10min，快速放压，放喷至气体不携带大量煤粉后停止放喷，继续注入氮气，如此反复激动 4 次。

该井作业过程中粒径逐渐变粗，煤屑逐渐清洁，表明扩孔有效，大量煤块颗粒被氮气泡沫携带出来（图 6-2-1）。

图 6-2-1 郑村平 1-1 井返排煤屑图

（3）泡沫洗井。施工后进行氮气泡沫洗井，将煤粉携带出地面。

（4）效果评价。该井实施后其水质与邻井未进行氮气扩孔的水样相比明显改善，气量较扩孔前提高 4100m^3/d（图 6-2-2）。该项试验的成功，证明氮气扩孔技术是一项有效的水平井增产措施，为煤层气水平井开发提供了全新的思路。

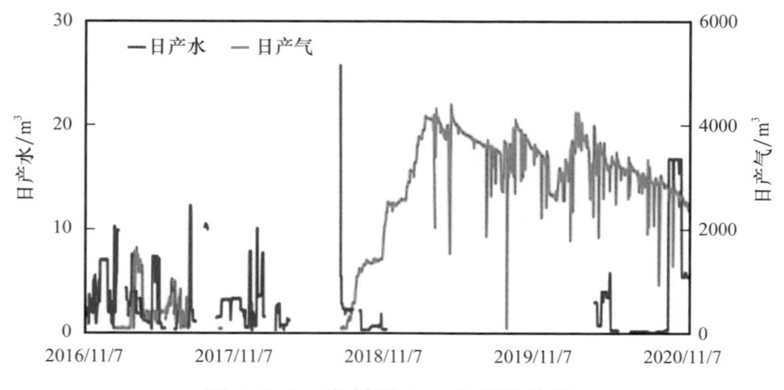

图 6-2-2 郑村平 1-1 井排采曲线

2）郑试 76 平 1-7 井扩孔现场试验

郑试 76 平 1-7 井位于郑庄区块，采用筛管完井，2017 年 1 月投产，投产后最高日产气达到 500m^3。分析认为该区埋深较大，渗透率较低，筛管完井无法有效解决低渗问题，因此在 9 月份开展了扩孔现场试验，通过扩孔改善渗透率从而提高单井产量。

郑试 76 平 1–7 井注入液氮量 52.15m^3，泡沫液 18.98m^3。施工过程中破裂压力不明显，施工压力随注入氮气量增加而升高，控制压力维持在 15MPa，施工中进行了三次放喷作业，顺利完成施工。放喷压力为 13.85MPa，返排液量为 4.30m^3，返排率为 22.66%，放喷出煤粉 0.20m^3。

该井扩孔作业后，日产气显著上升，由早期日产气不到 500m^3 上升到日产气 1500m^3。该井的成功证实了水平井扩孔能改善储层渗透率，是扩孔增渗的有效手段。

第七章　L型水平井开发实践及成效

2017年至今，华北油田一直沿用了煤层气二开全通径可控L型水平井井型设计，取消了洞穴井，采用单支设计、二开井身结构、筛管或套管完井。由于井身结构简单、井眼稳定，大幅提高了水平井开发的技术适应性，在以往直井、多分支水平井开发的低效区均取得了较大的产量突破，包括郑庄北部的深部煤层，通过套管压裂完井，井均取得日产10000m^3，最高日产18000m^{3}的开发效果；樊庄东部低含气区，通过套管压裂L型水平井，充分提高单井控制储量，单井日产气量突破8000m^3，有效盘活了煤层气资源，为后续的高效开发奠定了坚实的基础。并且L型水平井实现了后期可改造可作业，有效解决了煤层堵塞等煤层气生产的疑难问题。因此，煤层气L型水平井在沁水盆地南部实现了大规模应用。

第一节　L型水平井开发实践

在煤层气开发领域，华北油田自2017年开始规模推广L型水平井技术，取得了较好的效果。较好地解决了煤储层非均质性强的问题，通过套管压裂技术，解决了低渗煤层开发难度大的问题；解决了老井网内局部剩余资源难动用的问题等。通过L型水平井规模化应用，有效支撑了区块产量的持续上升。

一、浅层裂隙发育区开发实践

浅层裂隙较发育区，煤层渗透率高，采用筛管水平井串接区域缝网，可实现高效开发。樊庄南部煤层埋深浅，储层渗透率较高，整体采用筛管完井方式进行开发，并建立了针对直井井网、水平井井网、空白区三种设计方式。直井井网内，主支下筛管，分支与直井压裂缝串接，形成缝网耦合；多分支井网内，主支下入筛管支撑，井眼轨迹最大限度沟通原多分支井眼；水平井垂直裂隙方向，平行井组部署；间距100～150m，井间实现耦合。

1. 地质特征

樊庄区块南部整体构造平缓，断层不发育；埋深较浅，3$^\#$煤平均埋深600m，裂隙较发育，储层原始渗透率较好；含气量20m^3/t以上，具备较好的开发潜力。

2. 开发情况

樊庄区块南部于2006年投入开发，早期主要为直井与多分支水平井开发井型，开发层位为3$^\#$煤，直井平均单井产量1200m^3/d，多分支水平井最高日产气量可达3×10^{4}m^3，但由于井眼易垮塌，导致后期产量稳不住，快速下降，并且受限于多分支水平井投资较大，后期未能规模推广应用。

3. 部署方案

（1）部署目的：通过筛管完井，沟通天然裂缝，达到气水高效产出的目的。

（2）部署原则：

① 构造平缓区，煤层厚度大于 4m，煤体结构以原生煤为主；

② 水平段长度 800～1000m，水平井方位垂直于最大水平主应力方向，井距 250～300m；

③ 压裂采用交互式压裂设计，压裂段间距 50～70m，单段液量 750m^3，砂量 55m^3。

（3）方案设计：

在井区设计 L 型水平井 30 口，主体方向为北西方向（图 7–1–1），采用筛管完井技术，平均单井控制地质储量 $0.6\times10^8m^3$，共动用地质储量 $18.0\times10^8m^3$。

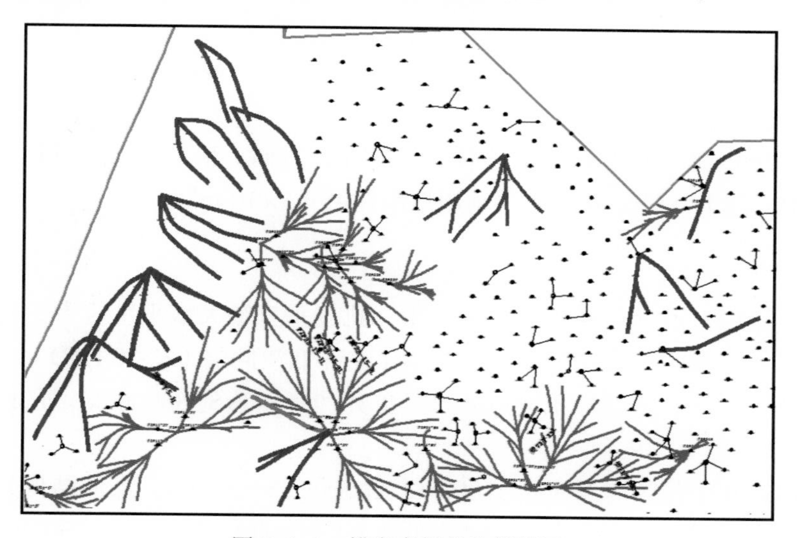

图 7–1–1 樊庄南部井位部署图

4. 开发效果

在樊庄南部埋深 700m 以浅的高渗区块共实施 22 口筛管水平井，取得了较好效果。筛管水平井单井最高产气量突破 10000m^3/d，单井平均产气量突破 6000m^3/d，与区内直井对比，产气量提高 5 倍以上。

二、深部低渗区的开发实践

针对深部储层裂隙不发育区，储层渗透率低，需建立人工缝网，促进耦合降压，从而实现深部煤层气的高效开发。郑庄北部煤层埋深 800～1200m，煤层埋深大，应力高，裂隙不发育，在老井网内可利用套管压裂水平井眼串接多个未动用资源区，压裂点与直井压裂区交错，沟通原有人工裂隙，实现耦合降压；在富集空白区内沿垂直裂缝方向、平行状水平井组设计；井眼最大限度串接天然裂缝，交错式压裂，通过改造形成区域缝网，实现耦合降压（胡秋嘉等，2019）。

1. 地质及开发特征

郑庄区块北部埋深大，资源整体较为富集，含气量一般大于 25m^3/t，但由于渗透率小于 0.01mD，直井通过压裂改造，基本不产气，即使通过多轮次的增产改造试验，也未取得明显成效，开发效果差。

2. 部署方案

（1）部署目的：通过套管压裂完井，增大渗透性，扩大单井控制面积，提高产气量。

（2）部署原则：

① 构造平缓区，煤层厚度大于 4m，煤体结构以原生煤为主；

② 水平段长度 800～1000m，水平井方位垂直于最大水平主应力方向，井距 250～300m；

③ 压裂采用交互式压裂设计，压裂段间距 50～70m，单段液量 750m^3，砂量 55m^3。

（3）方案设计：

在井区设计 L 型水平井 10 口，主体方向为北西方向，采用套管压裂管完井技术，平均单井控制地质储量 0.65×10^8m^3，共动用地质储量 6.5×10^8m^3。

3. 开发效果

针对该类储层，设计套管压裂水平井组，轨迹垂直最大水平主应力、交叉压裂，实现整体耦合降压，从而提高井组产量。在郑庄北部低渗储层（$K<0.1$mD），实施 10 口套管压裂水平井，采用高效的体积改造技术，单井产气量达到 8000m^3/d，是相邻直井平均产量的 10 倍以上。

例如，郑 2-002 井区埋深 900～1000m，含气量 25～30m^3/t，煤体结构为原生—碎裂结构，资源富集，但由于埋深大、渗透率低（<0.01mD），早期部分直井开发效果较差，产气量不足 1000m^3/d，总体采出程度低、剩余资源较多。2018 年在该井区设计钻进了 2 口 L 型水平井，其目的是利用套管压裂水平井提高本区产气能力，盘活剩余资源。其中郑试 34 平 7 井完钻井深 2238m（图 7-1-2），煤层进尺 1003m，套管完井，分 13 段压裂，累计注入液量 9152m^3，注入砂量 677m^3。投产后解吸压力 3.4MPa，产气量达到 13000m^3/d，取得了较好的开发效果（图 7-1-3）。该井的成功实施，为深部煤层开发、低效井区盘活提供了良好的样本。

三、3$^{\#}$ 煤开发调整实践

樊庄—郑庄区块主体开发煤层为山西组 3$^{\#}$ 煤，自 2006 年规模开发以来，经历多轮次建产与开发调整。郑 1 井区初期采用直井井网开发，地质适应性差，井组采出程度低，通过部署水平井可有效提高采气速度，有效动用井网内剩余资源。

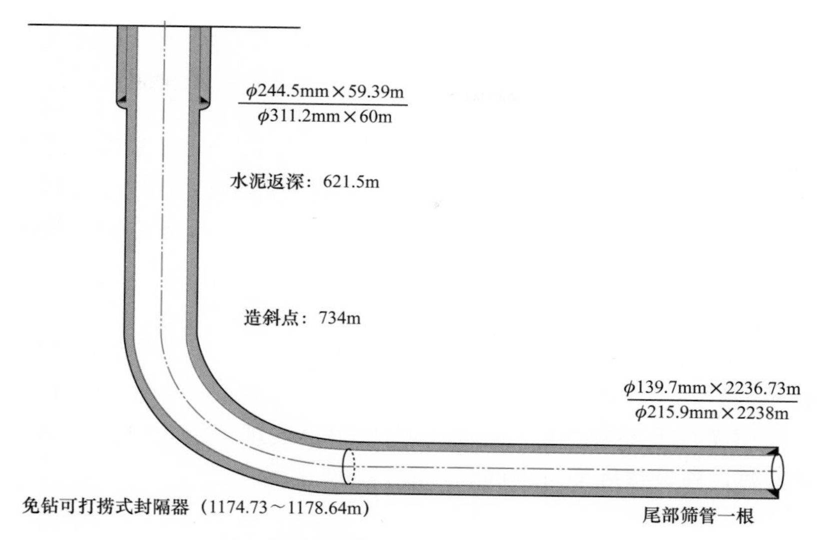

图 7–1–2 郑试 34 平 7 井井身结构图

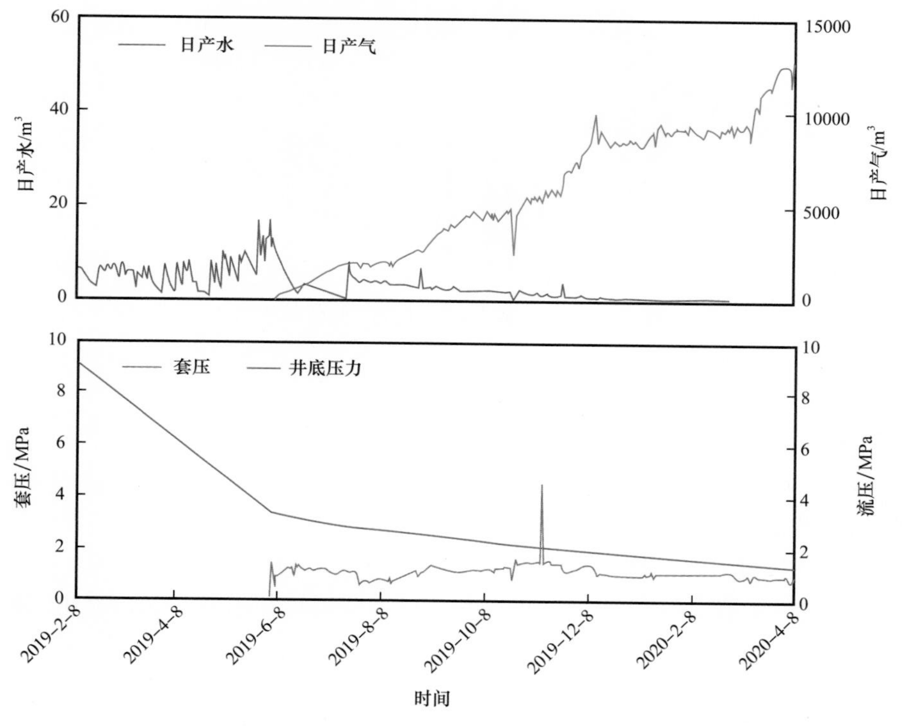

图 7–1–3 郑试 34 平 7 井生产曲线图

1. 地质特征

井区内整体构造平缓，断层不发育；埋深较大，3# 煤平均埋深 700m，渗透率低；含气量 20m³/t 以上，煤层厚度 5m，具备较好的资源基础。

2. 开发情况

1）产量情况

井区于2012年投入开发，早期主要为直井开发，开发层位为3#煤，平均井距300m，由于渗透性较差，埋深大，应力集中等诸多不利影响，直井平均单井产量仅500m³/d，井区采出程度达到10%，井区内最高年采气速度1.5%，呈逐年下降趋势，预测最终采收率仅能达到20%。

2）问题剖析

由于早期对井网认识的不足，导致井距过大，井间存在大量剩余资源未能充分动用。早期主要采取"单一井型、整体部署、成片推进"的部署思路（图7-1-4），然而煤层非均质性较强，储层条件及裂缝网络局部差异大，很难实现多级裂缝的联动、疏通，使部分区域降压效果差，导致整体采收率低。

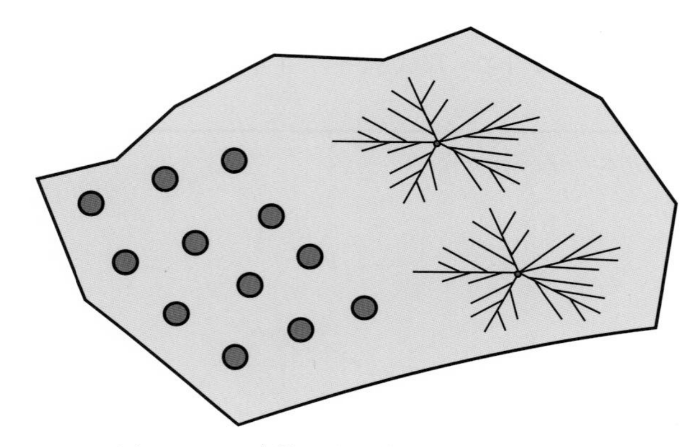

图7-1-4　3#煤开发早期井位部署示意图

3. 部署方案

（1）部署目的：通过实施开发调整，充分动用井间剩余资源。

（2）部署原则：

① 采出程度低于10%，井间存在剩余资源的区域；

② 地质条件较好，煤层厚度大于4m，煤体结构以原生煤为主。

（3）方案设计：在井区设计L型水平井2口，井口均利用老井场，采用水平井技术，水平段长度800～1000m，平均单井控制地质储量（0.5～0.6）$\times10^8$m³。

4. 开发效果

针对低效老井区，资源动用程度总体较低，采用鱼骨刺井型设计。如郑试34井区，开发效果整体较差，单井平均产气量500m³/d，设计采用鱼骨刺井型，在动用剩余资源的同时，与老井形成耦合降压效应，鱼骨刺水平井高产的同时，老井产量有所上升。

郑1井区煤层埋深700～750m，含气量23～28m³/t，煤体结构为原生结构，资源富集，早期直井、裸眼多分支水平井均表现出解吸压力高，但产气量低的特点，直井平均产气量不足 800m³/d，水平井产气量 2000m³/d，总体开发效果较差。2016 年在该井区设计钻了 2 口鱼骨刺水平井，目的是高效动用剩余资源的同时，与邻井形成井间干扰，促进老井产量上升。其中郑试 34 平 1 井总进尺 3696m，煤层进尺 2823m，主支完钻井深 1880m，采用筛管完井，分支裸眼完井。投产后解吸压力 3.4MPa，产气量达到 7000m³/d，取得了较好的开发效果。

邻近直井、水平井产量上升或递减趋势下降。其中郑 1–329 井，2012 年投产，在郑试 34 平 1 井投产前，产气量 450m³/d 左右，且稳产困难，呈现下降趋势。郑试 34 平 1 投产后，与该井形成了耦合降压效应，产气量逐步上升至 800m³/d。裸眼多分支水平井郑 1 平 –2V，2012 年投产，在郑试 34 平 1 投产前产气量保持 2000m³/d 且呈下降趋势，郑试 34 平 1 投产后，产气量逐步上升至 3000m³/d。剩余资源动用、老井盘活见到明显效果。

四、15# 煤开发实践

15# 煤是继 3# 煤实现高效规模开发后的另一主力煤层，对下一步资源接替具有重要意义。以往 15# 煤开发井型以直井为主，由于厚度小、非均质性强，开发效果差异较大。通过在樊庄—郑庄有利区部署套管压裂水平井，不论在浅部有利储层或中深部低渗储层 15# 煤均取得了较好的开发效果。

1. 地质特征

15# 煤位于 3# 煤以下 90～100m，与 3# 煤具有相似的构造特征，但局部小断层、小褶曲更为发育，厚度明显减薄，一般 2～4m，平均 3m，为钻井带来较大难度。顶板为稳定的 K2 灰岩，厚度 10m，发育稳定，局部富水。15# 煤整体呈现非均质性强的特点。

2. 开发情况

15# 煤仅在局部开展试验，未作为主力煤层进行开发。以往开发井型主要为直井，直井压裂过程中易沟通顶板灰岩，导致单井产水量大，难于排水降压。受较强的非均质性影响，开发差异较大。

3. 部署方案

（1）优先考虑动用埋深浅、含气量高区，提高资源利用程度；

（2）水平段长度 800～1000m，水平井方位垂直于最大水平主应力方向，井距 250～300m；

（3）采用套管分段压裂完井技术，压裂采用交互式压裂设计，压裂段间距 50～70m，单段液量 750m³，砂量 55m³；

（4）优选射孔层段，优选 GR＜60API 井段，且要避开局部顶板富水区。

4. 开发效果

L 型水平井在郑庄区块、樊庄区块 15# 煤均取得较好的开发效果，克服了 15# 煤非均质性强的难题，降低了低产风险。目前已投产 30 口井，在郑庄区块南部，单井产量突破 $10000m^3/d$，在樊庄区块单井产量突破 $8000m^3/d$。在 3# 煤资源整体动用程度高的情况下，15# 煤成为下步主要接替资源，L 型水平井在 15# 煤开发的成功，为下步 15# 煤高效开发奠定了基础，目前正在规模建产中。

第二节　L 型水平井开发成效

一、提高了非均质储层的开发效果

煤储层具有强烈的非均质性，由沉积特征控制的煤层本身以及由构造特征控制的小规模构造，是造成煤层气储层非均质性的两个主要因素。由于成煤植物的多样性及后期的变质作用，导致煤层具有与砂岩层、泥岩层差异巨大的割理裂隙系统、孔隙系统，且异常复杂。加之由于多期构造运动导致的煤层裂隙系统进一步复杂化，对储层改造十分不利。直井的开发实践表明，即使在同一个井区内，单井产量的差异也是十分明显的，造成了直井开发呈现产量差异大，低产井比例高的特点。

L 型水平井通过长距离的储层钻进，可以串接不同类型的储层，即可以将近距离的甜点区和非甜点区串接起来，其产量即可类似于该段内部署直井产量之和。例如，当直井部署在小断层、陷落柱、碎软煤等不利区域，往往不产气，是直井低产井比例整体偏高的主要原因。水平井可以将不利区域与有利区域进行串接，有利区较高的产量可以抵消不利区对单井的影响，进而降低低产井比例，充分动用资源（图 7-2-1）。

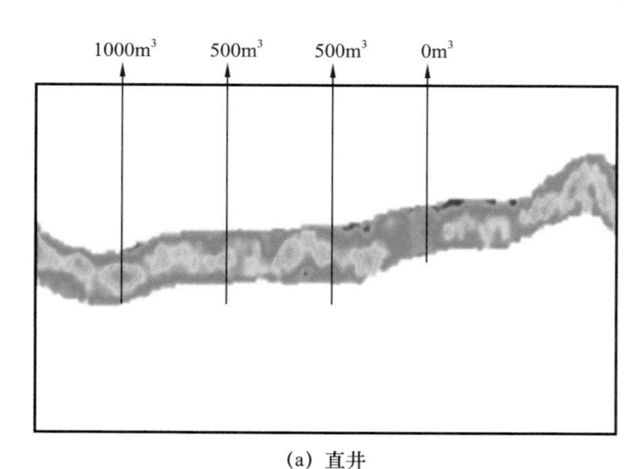

(a) 直井

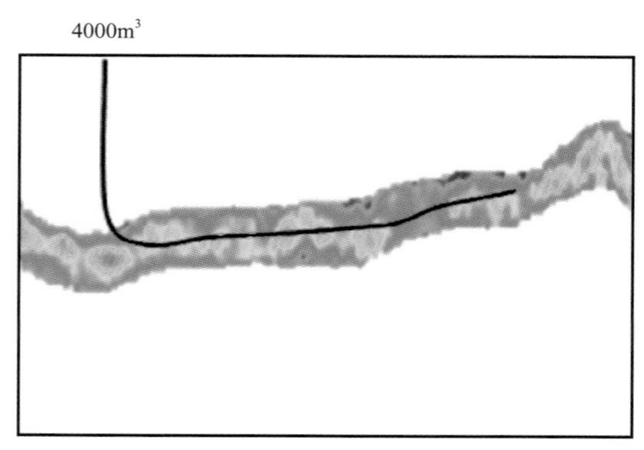

(b) L型水平井

图 7-2-1　同一区域直井与 L 型水平井开发产量对比

从开发效果来看，目前投产的 L 型水平井，无不产气井，且高产井比例达到 70% 以上，低产井比例小于 5%。相同区块的直井低产井比例达到 40%，即使在全国煤层气开发较好的樊庄区块，低产井比例也达到 35%，而埋深较大的郑庄区块低产井比例达到 69%。可以看出，针对非均质性较强的煤储层，直井开发明显不适应，L 型水平井则较好地解决了该问题。

二、解决了煤层易垮塌的开发难题

煤岩与砂岩、泥岩相比具有抗拉强度低、抗压强度低、高泊松比、低弹性模量的特点，导致了煤层难造缝、支撑差。统计数据显示，煤岩抗拉强度一般在 0.4～2.5MPa 之间，抗压强度一般在 10～16MPa 之间，弹性模量在 2.5～5GPa 之间，泊松比在 0.19～0.32 之间，与常规砂岩、泥岩差别较大，煤岩极为酥脆（图 7-2-2），也极易垮塌。煤体结构复杂，可改造性和井眼支撑能力下降。从煤矿取样及钻井取芯情况来看，裂隙间普遍存在煤粉、纵向煤体结构往往伴随着原生结构、碎裂结构、碎粒结构相间发育的情况。

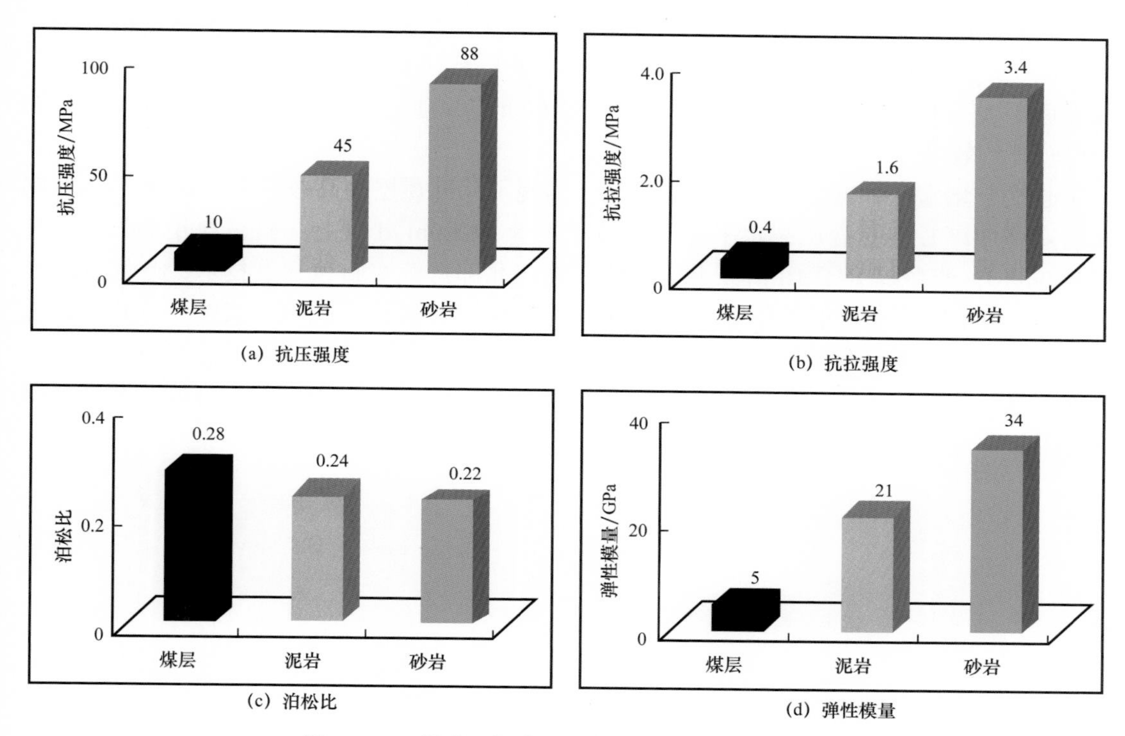

图 7-2-2 煤岩、泥岩、砂岩力学性质对比柱状图

针对煤层气裸眼水平井，煤层垮塌主要有四方面原因：一是工程因素，由于煤层多为低压甚至是干煤层，在煤层实际钻进过程中钻井液液柱压差很大，会造成钻井液侵入煤层；二是煤岩的特殊性，由于煤岩表面的亲水性、微裂缝（割理）发育以及应力敏感性，会造成对水（钻井液）的“自吸”现象，水（钻井液）一旦进入煤岩，势必会与煤岩中的各种矿物发生作用；三是煤岩脆性，煤岩被清水侵入后会引起其内部黏土矿物膨胀，虽然这种膨胀性不强但足以引起煤岩强度大幅度下降，最终造成煤岩破坏形成碎块；四是当煤岩一旦因黏土矿物膨胀造成破裂后，这一过程会持续不断有新的微裂缝产生，当这些缝隙互相贯通时，煤岩因发生“水力切割”效应而与井筒中的钻井液处于相同的压力系统，此时煤岩会因钻井液流动而发生掉块从而导致井壁垮塌。

通过L型水平井筛管支撑，能够有效支撑井壁，防止井眼垮塌。现场应用效果较好，且能够进行增产改造措施。例如针对裸眼多分支水平井，由于分支垮塌、堵塞导致低产的，通过实施分支侧钻，下入筛管支撑井壁，可以达到增产效果。

以郑4平9V井为例：煤层进尺4500m，共钻遇1主支，6分支，井控面积0.4km^2。在排采过程中，受设备故障、频繁停井影响，排采不连续，产气量由6000m^3/d突降至不产气，经多次作业维护产气量仅恢复至800m^3/d。分析认为该井分支侧钻点处井眼垮塌、堵塞。因此，对该井实施分支侧钻，下入筛管支撑，措施后产气量4000m^3/d。

三、提高了深部煤层的开发效果

低渗是困扰我国高阶煤煤层气单井产量提升的主要瓶颈问题。在沁水盆地南部埋深大的区块内往往产量较低。例如在郑庄北部埋深大于1000m，直井开发产气量低；樊庄北部埋深大于800m，直井开发平均单井产量600m^3/d。即使通过各种增产措施，也未能取得较好的效果。

通过L型水平井套管压裂的开发工艺，实现了深部煤层的高效开发。2018年在樊庄北部实施3口L型套管压裂水平井，井均产气量10000m^3/d以上，相邻直井单井产气量仅800m^3/d，产量提升了10倍以上，后续在樊庄北部持续实施该开发技术，产气量均突破了10000m^3/d。2019年在郑庄北部1000m以深区，开展技术试验，实施3口井，通过增大压裂规模，对储层充分改造，单井产气量突破8000m^3/d。通过该工艺技术，实现了对深部煤层的高效开发。突破了以往划分的800m以深的煤层气商业开发界限，并将此深度界限加深至1200m以深。

参考文献

包贵全，2007. 煤层气钻井工程中几个重点技术问题的探讨［J］. 探矿工程（岩土钻掘工程），（12）：4–8.

陈欢庆，丁超，杜宜静，等，2015. 储层评价研究进展［J］. 地质科技情报，34（5）：66–74.

陈龙伟，汪关妹，冯小英，等，2020. 沁水盆地 LB 区块煤系地层渗透率预测［J］. 石油地球物理勘探，55（S1）：85–91.

陈玉华，杨永国，罗金辉，等，2014. 煤层气工程中的数学地质及地学信息技术问题［C］//《第十三届全国数学地质与地学信息学术研讨会》编委会 . 第十三届全国数学地质与地学信息学术研讨会论文集 . 北京：中国地质学会数学地质与地学信息专业委员会 .

蔡记华，谷穗，乌效鸣，等，2011. 松软煤层钻进用可降解钻井液的试验研究［M］.//《2011 年煤层气学术研讨会论文集》编委会 . 2011 年煤层气学术研讨会论文集 . 北京：地质出版社 .

崔树清，倪元勇，孟振期，等，2015. 沁水盆地煤层气单支水平井钻完井技术探讨与实践［J］. 中国煤层气，12（6）：3–6.

邓勇，马成，孙宝，等，2022. 基于生产数据分析的气井产能动态评价方法［J］. 油气井测试，31（2）：74–78.

杜严飞，吴财芳，杨庆龙，等，2012. 基于人工神经网络的煤层气井产能预测研究［J］. 中国煤炭，38（12）：9–13.

冯明洁，2021. 含天然裂缝页岩水力压裂缝网的形貌演化及神经网络预测模型研究［D］. 重庆：重庆大学 .

冯树仁，张聪，张建国，等，2021. 沁水盆地南部郑庄区块高煤阶煤层气成藏模式［J］. 天然气地球科学，32（1）：136–144.

冯云飞，李哲远，2018. 中国煤层气开采现状分析［J］. 能源与节能，（5）：26–27.

冯震，任宗孝，徐建平，等，2021. 基于大数据的非常规油气藏产能预测模型研究［J］. 石油化工应用，40（7）：35–38.

傅雪海，康俊强，梁顺，等，2018. 阜康西区急倾斜煤储层排采过程中物性及井型优化［J］. 煤炭科学技术，46（6）：9–16.

傅雪海，彭金宁，2007. 铁法长焰煤储层煤层气三级渗流数值模拟［J］. 煤炭学报，32（5）：495–498.

傅雪海，秦勇，李贵中，2001. 储层渗透率研究的新进展［J］. 辽宁工程技术大学学报（自然科学版），20（6）：739–743.

郭宝林，李琪，张兴龙，等，2018. 地质导向技术在 L 型煤层气水平井 T–P05 井中的应用［J］. 探矿工程（岩土钻掘工程），45（1）：9–13.

郭剑，2021. 沁水盆地南部某煤层气井钻井堵漏经验浅谈［J］. 中国石油和化工标准与质量，41（12）：75–76.

洪舒娜，羊新州，秦峰，等，2022. 南海东部气田气井全生命周期产能评价方法［J］. 当代化工，51（1）：129–133.

侯凤刚，2020. 带压作业技术的应用［J］. 化学工程与装备，（9）：120–121.

胡驰，2021. HSD 地区延安组煤层气储层测井评价及三维地质建模研究［D］. 西安：西安科技大学 .

胡秋嘉，贾慧敏，张聪，等，2022. 高阶煤煤层气井稳产时间预测方法及应用 – 以沁水盆地南部樊庄 – 郑庄为例［J］. 煤田地质与勘探，50（9）：137–144.

胡秋嘉，李梦溪，贾慧敏，等，2019. 沁水盆地南部高煤阶煤层气水平井地质适应性探讨［J］. 煤炭学报，44（4）：1178–1187.

胡秋嘉，李梦溪，乔茂坡，等，2017. 沁水盆地南部高阶煤煤层气井压裂效果关键地质因素分析［J］. 煤炭学报，42（6）：1506–1516.

胡秋嘉，毛崇昊，樊彬，等，2021. 高煤阶煤层气井储层压降扩展规律及其在井网优化中的应用［J］. 煤炭学报，46（8）：2524–2533.

胡秋嘉，唐钰童，吴定泉，等，2015. 氮气泡沫解堵技术在樊庄区块多分支水平井上的应用［J］. 中国煤层气，12（5）：27–29.

胡旭光，2020. 气井带压起复杂管柱施工难点及对策［J］. 钻采工艺，43（4）：115–117.

胡尊敬，卢云霄，李勇，等，2020. 带压作业工艺技术在油气田开发中的应用［J］. 化工管理，（36）：126–127.

黄盛初，1995. 美国煤层气地面钻井开发技术［J］. 中国煤层气，（2）：25–30.

黄天镜，刘钰洋，吴英强，等，2021. 基于层次分析法的致密砂岩双甜点评价方法［J］. 科学技术与工程，21（5）：1775–1782.

黄中伟，李志军，李根生，等，2022. 煤层气水平井定向喷射防砂压裂技术及应用［J］. 煤炭学报，47（7）：2687–2697.

贾慧敏，2016. 高煤阶煤岩孔隙结构分形特征研究［J］. 石油化工高等学校学报，29（1）：53–56，85.

贾慧敏，胡秋嘉，樊彬，等，2021. 沁水盆地郑庄区块北部煤层气直井低产原因及高效开发技术［J］. 煤田地质与勘探，49（1）：34–42.

贾慧敏，胡秋嘉，刘忠，等，2017. 裂缝应力敏感性对煤层气井单相流段产水影响及排采对策［J］. 中国煤层气，14（5）：31–34.

贾慧敏，胡秋嘉，毛建伟，等，2020. 高阶煤煤层气井产量递减规律及影响因素［J］. 煤田地质与勘探，48（3）：59–64.

贾慧敏，孙世轩，毛崇昊，等，2017. 基于煤岩应力敏感性的煤层气井单相流产水规律研究［J］. 煤炭科学技术，45（12）：189–193.

姜文利，叶建平，乔德武，2010. 煤层气多分支水平井的最新进展及发展趋势［J］. 中国矿业，19（1）：101–103.

蒋裕强，李成勇，李志军，2009. 基于模糊综合评判和BP神经网络的气井产能预测新模型［J］. 油气田地面工程，28（10）：5–7.

蒋子为，石彦平，乌效鸣，2021. 疏水性钻井液体系增强煤层井壁稳定性的试验研究［J］. 能源化工，42（1）：55–60.

赖富强，罗涵，覃栋优，等，2018. 基于层次分析法的页岩气储层可压裂性评价研究［J］. 特种油气藏，25（3）：154–159.

黎铖，姜维寨，张君子，等，2016. 煤层气L型水平井录井综合导向技术应用研究［J］. 中国煤层气，13（2）：19–22.

李栋，2018. 煤矿井下射孔导向压裂与递进排采技术研究及应用［D］. 重庆：重庆大学.

李东晖，田玲钰，聂海宽，等，2022. 基于模糊层次分析法的页岩气井产能影响因素分析及综合评价模型－以四川盆地焦石坝页岩气田为例［J］. 油气藏评价与开发，12（3）：417–428.

李浩，谭天宇，孟振期，等，2019. 煤层气水平井储层保护成井技术［J］. 中国煤层气，16（4）：19–23.

李浩，谭天宇，徐明磊，等，2020. 煤层气仿树形水平井钻完井技术研究与应用［J］. 中国煤层气，17（3）：37–43.

李俊，张聪，张建国，等，2020. 煤层气田老井网立体开发方式探讨［J］. 煤田地质与勘探，48（5）：73–80.

李俊厚，等，2019. 带压作业技术工艺研究［J］. 化学工程与装备，（4）：48–49.

李强，2020. 基于纳米材料的煤层气微泡沫钻井液研究［D］. 北京：中国石油大学（北京）.

李强，李志勇，张浩东，等，2020. 响应面法优化纳米材料稳定的泡沫钻井液［J］. 钻井液与完井液，37（1）：23–30.

李志勇，李强，孙晗森，等，2020. 适用于煤层气钻井的微泡沫钻井液研究［J］. 煤炭学报，45（2）：703–711.

李宗源，陈必武，李佳峰，等，2017. 煤层气可控水平井洗井工艺技术研究与应用［J］. 中国煤层气，14（3）：17–20.

李宗源，刘立军，陈必武，等，2019. 煤层气鱼骨状可控水平井完井方法与实践［J］. 煤矿安全，50（9）：164–167.

刘彬，宋百强，王瑞城，等，2013. SN–015 煤层气 U 型水平井钻井液技术［J］. 中国煤层气，10（3）：15–36.

刘长雄，唐锋，廖军，等，2018. 利用氮气泡沫解除煤层气水平井堵塞的研究和应用［J］. 长江大学学报（自然版），15（1）：50–54.

刘春春，贾慧敏，毛生发，等，2018. 裸眼多分支水平井开发特征及主控因素［J］. 煤田地质与勘探，46（5）：140–145.

刘国强，屈圣力，李照，2019. 煤层气水平井防砂泵井液携煤粉流动特性分析［J］. 特种油气藏，26（4）：165–169.

刘吉明，孙厚俊，唐庆春，等，2017. 带压作业技术应用［J］. 采油工程文集，（3）：49–52.

刘键烨，罗东坤，李祖欣，等，2018. 煤层气选区评价指标权重研究［J］. 煤炭技术，37（11）：38–40.

刘俊华，孙万明，石连杰，等，2021. 基于电阻率测井数据预测产能的新方法［J］. 测井技术，45（4）：411–415.

刘克奇，田海芹，狄明信，2004. 卫城 81 断块沙四段第二砂层组权重储层评价［J］. 西南石油学院学报，26（3）：5–8.

刘明军，李兵，黄巍，2020. 煤层气水平井无导眼地质导向钻进技术［J］. 煤田地质与勘探，48（1）：233–239.

刘庆，张建宁，孔维军，等，2018. 基于模糊层次分析的断块油藏水驱开发潜力评价方法研究［J］. 复杂油气藏，11（4）：56–60.

路爽，刘启国，杜知洋，等，2017. 一种计算有限导流裂缝压裂水平井产能的新方法［J］. 油气藏评价与开发，7（1）：40–44.

鲁秀芹，杨延辉，周睿，等，2019. 高煤阶煤层气水平井和直井耦合降压开发技术研究［J］. 煤炭科学技术，47（7）：221–226.

卢云霄，范玉斌，叶庆峰，等，2019a. 国内带压作业装置的发展现状与优势［J］. 石化技术，26（12）：320–322.

卢云霄，胡尊敬，李勇，等，2019b. 带压作业工艺技术的研究及应用［J］. 石化技术，26（12）：283–284.

吕文雅，曾联波，陈双全，等，2021. 致密低渗透砂岩储层多尺度天然裂缝表征方法［J］. 地质论评，67（2）：543–556.

吕玉民，汤达祯，李治平，等，2011. 煤层气井动态产能拟合与预测模型［J］. 煤炭学报，36（9）：1481–1485.

马二龙，都诚，刘亦凡，等，2019. 煤层气水平井聚合物钻井液对煤层损害试验研究［J］. 长江大学学报（自然科学版），16（12）：54–57.

马腾飞，周宇，李志勇，等，2021. 新型低伤害高性能微泡沫钻井液性能评价与现场应用［J］. 油田化学，38（4）：571–579.

马争艳，杨昌明，2007. 美国煤层气产业化的成功经验与启示［J］. 中国国土资源经济，4：29–32.

孟庆春，左银卿，魏强，等，2010. 沁水煤层气田樊庄区块产能影响因素分析［J］. 中国煤层气，7（6）：11–23.

倪元勇，崔树清，王风锐，等，2014. 沁水盆地南部煤层气钻井工艺技术适用性分析及对策［J］. 中国煤层气，11（2）：9–11.
聂伟，张毅，张伟，等，2021. 带压作业工艺在注水井冲砂中的研究与应用［J］. 西部探矿工程，33（10）：105–108.
聂志宏，巢海燕，刘莹，等，2018. 鄂尔多斯盆地东缘深部煤层气生产特征及开发对策——以大宁—吉县区块为例［J］. 煤炭学报，43（6）：1738–1746.
潘继平，娄钰，王陆新，2016. 中国“十二五”油气勘探开发规划目标后评估及“十三五”目标预测［J］. 能源与节能，36（1）：11–18.
潘文娟，2006. 导向钻探技术的发展［J］. 煤矿现代化，（5）：75.
裴向兵，2021. 储层综合分类评价研究思路与方法［J］. 西部探矿工程，33（10）：41–44.
强海亮，2017. 氮气解堵在恢复煤层气井产能中的应用［J］. 内燃机与配件，（11）：143–145.
强小龙，任正城，颉红霞，等，2022. 致密气藏气井产能预测方法［J］. 石油化工应用，41（20）：48–50.
乔磊，王平，陈立海，等，2021. 基于多项式指数模型的煤层气储层测井产能预测研究［J］. 承德石油高等专科学校学报，23（4）：35–39.
秦勇，徐志伟，张井，1995. 高煤级煤孔径结构的自然分类及其应用［J］. 煤炭学报，20（3）：267–271.
邱先强，任广磊，李治平，等，2012. 煤层气藏产能动态预测方法及参数敏感性分析［J］. 油气地质与采收率，19（6）：73–77.
任建华，张亮，任韶然，等，2015. 柳林煤层气区块不同井型产能分析研究［J］. 煤炭学报，40（S1）：158–163.
任美洲，2021. 松软储层煤层气水平井钻井液技术［J］. 石化技术，28（8）：98–99.
申鹏磊，白建平，李贵山，等，2020. 深部煤层气水平井测—定—录一体化地质导向技术［J］. 煤炭学报，45（7）：2491–2499.
史玉胜，张红星，房克栋，等，2017. 某区块煤层气多分支水平井氮气措施探索［J］. 天然气与石油，35（1）：74–77.
隋光宗，2021. 带压作业装置在油田水井上的应用［J］. 化学工程与装备，（9）：142–143.
孙佃金，孙蕾，2015. 地质导向技术在煤层气水平井施工中的应用［J］. 煤田地质与勘探，43（2）：106–108.
孙钦平，赵群，姜馨淳，等，2021. 新形势下中国煤层气勘探开发前景与对策思考［J］. 煤炭学报，48（3）：221–226.
孙庆慧，高敏雪，2021. 产能利用率的测算方法与国内研究现状的可视化分析［J］. 调研世界，（11）：62–72.
孙艳芳，2013. 基于混沌时间序列与 RBF 神经网络的煤层气产能预测［M］.《2013 年煤层气学术研讨会论文集》编委会 . 2013 年煤层气学术研讨会论文集，北京：地质出版社 .
苏现波，1998. 煤层气储集层的孔隙特征［J］. 焦作工学院学报，17（1）：6–11.
谭天宇，李浩，李宗源，等，2019. 煤层气新型“L”型水平井精确连通技术研究［J］. 中国煤层气，16（4）：24–26.
唐放，李伟，廖意，等，2021. 基于自回归移动平均算法的产能预测方法研究［J］. 中国石油和化工标准与质量，41（23）：131–132.
唐鹏程，郭平，杨素云，等，2008. 国内外煤层气开采利用现状浅谈［J］. 矿山机械，36（24）：20–30.
陶秀娟，2022. 如何破解破碎性煤层气储层钻井液安全密度窗口扩大的难题［J］. 天然气工业，42（5）：119.
田高鹏，林年添，张凯，等，2021. 多波地震油气储层的自组织神经网络学习与预测［J］. 科学技术与工程，21（19）：7931–7941.
童凯军，单钰铭，李海鹏，等，2008. 支持向量回归机在气井产能预测中的应用［J］. 新疆石油地质，29（3）：382–384.
万照飞，郭增虎，王鹏，等，2020. 基于地震波形指示反演的陷落柱识别方法及应用［J］. 煤田地质与勘探，48（4）：212–218.
王勃，姚红星，姚红星，等，2018. 沁水盆地成庄区块煤层气成藏优势及富集高产主控地质因素［J］. 石油与天然气地质，39（2）：366–372.
王宏伟，李玉良，2009. 和煤 1 井煤层气井钻井液技术［J］. 探矿工程（岩土钻掘工程），（1）：25–30.
王建，等，2019. 发展带压修井技术的可行性浅析［J］. 化学工程与装备，（4）：105–106.
王建龙，2019. 延长气田煤层井壁失稳机理及钻井液技术研究［D］. 成都：西南石油大学.
王克营，杜江，2022. 基于多层次模糊分析法的湖南省煤系气有利区优选［J］. 中国煤炭地质，32（11）：10–13.
王林杰，2021. 煤层气钻井过程中的储层伤害及保护技术［J］. 云南化工，48（20）：160–161.
王涛，2020. 山西柳林煤层气“L”型水平井钻井液堵漏技术［J］. 中国煤炭地质，32（9）：163–166.
王志豪，周明顺，魏新路，等，2022. BP 神经网络算法在页岩气饱和度评价的应用［J］. 工程地球物理学报，19（2）：216–222.
魏晋诚，2021. 煤层气、页岩气共采资源丰度有利区段评价优选［D］. 徐州：中国矿业大学.
魏千盛，阳生国，李桢禄，等，2021. 基于 AHP 和模糊数学方法的气井产能影响因素评价［J］. 当代化工，50（7）：1640–1643.
魏迎春，王亚东，张劲，等，2014. 煤层气水平井钻井工程因素对煤粉产出影响的数值模拟——以柳林区块为例［J］. 矿业科学学报，7（6）：670–679.
吴斌，安庆，杜世涛，2020. 库拜煤田煤层气生产井适应性分析及井型优选［J］. 非常规油气，7（2）：94–102.
吴国代，桑树勋，杨志刚，等，2009. 地应力影响煤层气勘探开发的研究现状与展望［J］. 中国煤炭地质，21（4）：31–34.
鲜保安，陈彩红，王宪花，等，2005. 多分支水平并在煤层气开发中的控制因素及增产机理分析［J］. 中国煤层气，2（1）：14–17.
肖宇航，朱庆忠，杨延辉，等，2021. 煤储层能量及其对煤层气开发的影响——以郑庄区块为例［J］. 煤炭学报，46（10）：3286–3297.
徐凤银，闫霞，林振盘，等，2022. 我国煤层气高效开发关键技术研究进展与发展方向［J］. 煤田地质与勘探，50（3）：1–14.
徐蓝波，2021. 沁水盆地煤层气井储层保护双能协同钻井液技术研究［D］. 武汉：中国地质大学.
徐平，2021. 煤层气压裂水平井产能影响因素［J］. 中国石油和化工标准与质量，41（21）：22–23.
徐桃园，2020. 带压作业设备举升控制系统优化分析［J］. 中国石油和化工标准与质量，40（12）：13–14.
徐文军，张莎莎，吴财芳，等，2019. 基于层次分析法的煤储层构造复杂程度定量评价［J］. 河南理工大学学报（自然科学版），38（2）：20–26.
Xoдот B B，1976. 煤与瓦斯突出［M］. 宋世钊等译. 北京：煤炭工业出版社.
杨久强，林年添，张凯，等，2022. 深度神经网络模型超参数选取及评价研究——以含油气性多波地震响应特征提取为例［J］. 石油物探，61（2）：236–244.
杨洋，欧家强，吕亚博，等，2021. 基于生产动态分析的气井产能评价方法［J］. 世界石油工业，28（6）：74–79.
杨毅，杨坚，孙茂远，1997. 技术进步促进美国煤层气工业发展［J］. 中国煤炭，23（4）：44–48.

杨勇，崔树清，倪元勇，等，2014. 煤层气仿树形水平井的探索与实践［J］. 天然气工业，34（8）：92–96.

杨永国，秦勇，2001. 煤层气产能预测随机动态模型及应用研究［J］. 煤炭学报，26（2）：122–125.

姚艳斌，王辉，杨延辉，等，2021. 煤层气储层可改造性评价——以郑庄区块为例［J］. 煤田地质与勘探，49（1）：119–129.

叶双江，姜汉桥，陈民锋，2009. 基于灰色关联与神经网络技术的水平井产能预测［J］. 大庆石油学院学报，33（3）：53–55.

于广明，李畅，2021. 非常规油藏水平井产能预测方法与应用［J］. 石油知识，（5）：48–49.

余杰，李利，秦瑞宝，等，2021. 基于电阻率测井的高阶煤层割理孔渗评价方法及效果分析［J］. 中国海上油气，33（5）：80–86.

袁进科，陈礼仪，牛文林，等，2008. 低固相钻井液体系在古叙煤田勘探中的应用［J］. 探矿工程（岩土钻掘工程），（1）：21–23.

岳洁，常新龙，高攀明，2019. 地质导向钻井技术在深层煤层气井中的应用［J］. 化工管理，（10）：106–107.

岳前升，陈军，蒋光忠，等，2012. 沁水盆地基于储层保护的煤层气水平井钻井液的研究［J］. 煤炭学报，37（2）：416–419.

张冲，夏富国，夏玉琴，等，2021. 基于层次分析法的致密砂岩储层可压性综合评价［J］. 钻采工艺，44（1）：61–64.

张春泽，2014. 地质导向技术在煤层气开发中的应用［J］. 能源与节能，（8）：37–39.

张福强，易铭，2012. 提高煤层气水平井煤层钻遇率的关键技术［J］. 中国煤炭地质，24（9）：61–65.

张建国，韩晟，张聪，等，2021. 基于聚煤环境分区的煤体结构测井判别及应用——以沁水盆地南部马必东地区为例［J］. 煤田地质与勘探，49（4）：114–122.

张金波，鄢捷年，2003. 国外特殊工艺井钻井液技术新进展［J］. 油田化学，20（3）：285–290.

张双斌，刘国伟，季长江，2021. 煤层气水平井技术应用分析及优化［J］. 煤炭工程，53（3）：93–97.

张天翔，刘富，李兵，等，2021. 准南煤田乌鲁木齐矿区煤层气钻井液技术研究［J］. 能源化工，42（4）：44–49.

张艳玉，孙晓飞，尚凡杰，等，2012. 沁水煤层气井产能预测及其影响因素研究［J］. 石油天然气学报，34（11）：118–123.

张永平，杨延辉，邵国良，等，2017. 沁水盆地樊庄——郑庄区块高煤阶煤层气水平井开采中的问题及对策［J］. 天然气工业，37（6）：46–54.

张振华，2005. 辽河盆地小龙湾地区煤层气井钻井液技术探讨［J］. 特种油气藏，12（5）：68–71.

赵福，王平全，李旭，2008. 微泡沫钻井液 Aphron 最新进展［J］. 钻采工艺，31（1）：123–125.

赵军，张涛，何胜林，等，2021. 基于参数优选的储层渗透率深度置信网络模型预测初探［J］. 油气藏评价与开发，11（4）：577–585.

赵武鹏，朱碧云，袁延耿，等，2018. 氮气泡沫技术在郑庄区块水平井解堵的实践认识［J］. 煤矿安全，49（1）：160–163.

周游，张广智，张圣泽，等，2022. 基于层次专家委员会机器模型的致密储层裂缝开度预测方法［J］. 石油地球物理勘探，57（2）：287–296.

庄华军，2017. 煤层裂隙地震预测方法［D］. 成都：成都理工大学.

朱庆忠，2022. 我国高阶煤煤层气疏导式高效开发理论基础——以沁水盆地为例［J］. 煤田地质与勘探，50（3）：82–91.

朱庆忠，杨延辉，左银卿，等，2020. 对于高煤阶煤层气资源科学开发的思考［J］. 天然气工业，40（1）：55–60.

朱妍，2021. 煤层气为何屡交低分答卷［N］. 中国能源报，2021-1-11（001）.
朱智超，王宗敏，2019. 延川南煤层气水平井钻井液技术［J］. 石化技术，26（7）：130-131.
左景栾，孙晗森，周卫东，等，2012. 适用于煤层气开采的低密度钻井液技术研究与应用［J］. 煤炭学报，37（5）：815-819.
邹伟明，2020. 带压作业装备和工具技术的应用分析［J］. 化学工程与装备，（2）：67-68.
Gan H，Nandi S P，W alker P L，1972. Nature of porosity in American coals［J］. Fuel，51：272-277.
Roberts A，2001. Curvature attributes and their application to 3D interpreted horizons［J］. First break，19（2）：85-100.